21世纪高等学校计算机规划教材

21st Century University Planned Textbooks of Computer Science

C语言程序设计（第2版）

The C Language Programming (2nd Edition)

韩增红 佟继红 主编

王冬梅 许盟 副主编

人 民 邮 电 出 版 社

北 京

图书在版编目（CIP）数据

C语言程序设计 / 韩增红，佟继红主编. -- 2版. -- 北京 : 人民邮电出版社，2015.2
21世纪高等学校计算机规划教材. 高校系列
ISBN 978-7-115-38280-1

Ⅰ. ①C… Ⅱ. ①韩… ②佟… Ⅲ. ①C语言－程序设计－高等学校－教材 Ⅳ. ①TP312

中国版本图书馆CIP数据核字(2015)第021715号

内容提要

本书以 C 语言程序设计的基本原理为出发点，以程序设计及应用为主线，讲解由浅入深、循序渐进、突出重点。本书的特点是概念准确、内容合理、案例丰富、实用性强。

全书共 12 章，内容包括概述、数据类型和输入/输出、运算符和表达式、顺序结构程序设计、选择结构程序设计、循环结构程序设计、数组、函数、构造数据类型、指针、文件、综合应用及附录Ⅰ、附录Ⅱ和附录Ⅲ。每一章都附有适量的习题，读者可通过习题巩固已学的知识。书中全部程序均上机调试通过。

本书是面向没有程序设计基础的读者编写的入门教材，适用于本科、专科及各类成人教育的 C 语言程序设计课程，可作为计算机培训和计算机等级考试的教材，也可作为广大程序开发人员和计算机爱好者学习 C 语言程序设计的参考用书。为配合本书的学习，本书配有配套的《C 语言程序设计上机指导与习题（第 2 版）》，供学习者参考。

◆ 主　　编　韩增红　佟继红
副 主 编　王冬梅　许　盟
责任编辑　武恩玉
责任印制　沈　蓉　彭志环

◆ 人民邮电出版社出版发行　　北京市丰台区成寿寺路 11 号
邮编　100164　　电子邮件　315@ptpress.com.cn
网址　http://www.ptpress.com.cn
三河市君旺印务有限公司印刷

◆ 开本：787×1092　1/16
印张：18　　　　　2015 年 2 月第 2 版
字数：475 千字　　　2024年 8 月河北第14次印刷

定价：39.80 元

读者服务热线：(010) 81055256　印装质量热线：(010) 81055316
反盗版热线：(010) 81055315
广告经营许可证：京东市监广登字 20170147 号

前　言

C 语言是目前广泛使用的一种计算机程序设计语言。它因其功能丰富、表达能力强、使用灵活方便、应用面广、目标程序效率高、可移植性好，同时既具有高级语言的优点，又具有低级语言的许多特点，而成为当今软件开发领域中广泛应用的一种语言。C 语言既可用来编写系统软件，也可用来编写应用软件，是国际公认的最重要的几种通用程序设计语言之一，也是国内外大学介绍计算机程序设计方法的首选语言。

本书以 C 语言程序设计的基本原理为出发点，以程序设计为主线，以实际应用为目标，讲解由浅入深、循序渐进、突出重点，内容安排合理、案例丰富、实用性强。

全书共 12 章和 3 个附录。第 1 章为概述，简单介绍了程序设计的基础知识、C 语言的特点、程序结构和上机步骤及常用集成开发环境；第 2 章为数据类型和输入/输出，介绍了数据在计算机内的表示、C 语言的数据类型、常量和变量以及数据的输入和输出；第 3 章为运算符和表达式，介绍了常用运算符和表达式；第 4 章至第 6 章详细介绍了 C 语言的结构化程序设计方法，包括顺序结构程序设计、选择结构程序设计和循环结构程序设计；第 7 章为数组，介绍了各类数组的定义和使用方法；第 8 章为函数，详细介绍了 C 语言程序的结构、函数的定义及使用，并简单介绍了程序编译预处理；第 9 章为构造数据类型，介绍了结构体、共用体、枚举类型的定义及使用；第 10 章为指针，深入浅出地介绍了指针的概念和应用；第 11 章为文件，介绍了文件的概念和对文件的各种操作；第 12 章为综合应用，从结构化程序设计方法学角度出发，阐述了 C 语言开发应用程序的一般步骤和方法。各章后都附有适量的习题，对于检验读者的学习情况和巩固已学的知识都有裨益。书中全部实例和习题均已上机调试通过。

本书由韩增红、佟继红主编，王冬梅、许盟任副主编，参加本书编写的还有段立平、肖丽君、张泽梁、范银平、曹健、毕馨文等。韩增红编写第 1 章、第 8 章，段立平编写第 2 章、第 11 章，王冬梅编写第 3 章，张泽梁编写第 4 章、第 12 章，曹健编写第 5 章，许盟编写第 6 章，肖丽君编写第 7 章，范银平、毕馨文共同编写第 9 章，佟继红编写第 10 章。

感谢读者选用本书，同时欢迎您对本书的不足之处提出宝贵意见和建议。

编者

2014 年 11 月

目　录

第 1 章 概 述

计算机语言是人与计算机之间交流信息的工具，由计算机能够识别的语句组成，它使用一整套带有严格规定的符号体系来描述计算机语言的词法、语法、语义、语用。词法负责从构成源程序的字符串中，识别出一个个具有独立意义的最小语法单位（单词）；语法涉及语言的构成规律，确定程序的结构形式；语义说明语句代表的含义及该语句的执行过程；语用指出语句的实际用途。

C 语言是一种通用的程序设计语言，它具有丰富的运算符和表达式，以及先进的控制结构和数据结构。C 语言既具有高级语言简单易学、可移植性好的特点，又具有汇编语言生成代码质量高的优点。因此，C 语言具有较强的生命力和广泛的应用前景。

本章从程序设计基础知识入手，对 C 语言做了概括性介绍，让读者了解一个 C 语言程序的基本框架和它的书写格式，使读者能够学会编写简单的 C 程序，并能够进行编辑、编译、连接、调试运行等上机操作。

1.1 程序设计基础

在介绍 C 语言程序设计之前，我们先来了解一些有关程序设计的基础知识。

1.1.1 程序与程序设计语言

1. 程序

程序就是一系列遵循一定规则和思想并能正确完成指定工作的代码（也称为指令序列）。简单地说，程序主要用于描述完成某项功能所涉及的对象和动作规则。通常，一个计算机程序主要描述两部分的内容：一是描述问题的每个对象及它们之间的关系，即数据结构的内容；二是描述对这些对象进行处理的动作、这些动作的先后顺序以及它们所作用的对象，要遵守一定的规则，即求解某个问题的算法。

因此，对程序的描述，也可以用经典的公式来表示：

程序=数据结构+算法

一个设计合理的数据结构往往可以简化算法，而且一个好的程序应该具有可靠性、易读性、可维护性等良好特点。

计算机程序有以下共同的性质：

（1）目的性。程序有明确的目的，运行时能完成赋予它的功能。

（2）分步性。程序为完成其复杂的功能，由一系列计算机可执行的步骤组成。

（3）有序性。程序的执行步骤是有序的，不可随意改变程序步骤的执行顺序。

（4）有限性。程序是有限的指令序列，程序所包含的步骤是有限的。

（5）操作性。有意义的程序总是对某些对象进行操作，使其改变状态，完成其功能。

2. 程序设计语言

我们平时在使用计算机为我们工作时，计算机所做的工作实际上是由人们事先编好的程序来控制的，编写程序的工具就是程序设计语言。

程序设计语言（Programming Language）是一组用来定义计算机程序的语法规则。它是一种被标准化的交流技巧，用来向计算机发出指令。一种计算机语言能够让程序员准确地定义计算机所需的数据，并精确地定义在不同情况下所应当采取的行动。

程序设计语言有许多种，按照程序设计语言发展的过程，大概分为三类：机器语言、汇编语言和高级语言。

（1）机器语言

机器语言是由 0 和 1 二进制代码按一定规则组成的、能被机器直接理解和执行的指令集合。它的突出优点是具有最快的运行速度和最少的存储开销。它的缺点是机器指令不容易记忆，可读性差，编程工作量大，容易出错，通用性差，且随着不同的计算机系统而改变。现在已经没有人用机器语言直接编程了。

下面这三行就是某计算机的机器指令，功能是计算 A=15+10 的值：

```
10110000 00001111
00101100 00001010
11110100
```

首先，把 15 放入累加器 A 中，然后让 10 与累加器 A 中的值相加，结果仍放入 A 中，最后结束，停机。

（2）汇编语言

为了克服机器语言的缺点，人们用英文助记符描述机器指令，如用 ADD 表示加，SUB 表示减等，这种采用指令助记符表示的语言就是汇编语言，又称符号语言。例如，上述 A=15+10 的计算可用下面的汇编语言程序实现：

```
MOV  A,15          ；把 15 放入累加器 A 中
ADD  A,10          ；10 与累加器 A 中的值相加，结果仍放入 A 中
HLT                ；结束，停机
```

这 3 条汇编指令与前面 3 条机器指令的作用是一一对应的。两者相比，后者的清晰度明显有了改善。可见，汇编语言一定程度上克服了机器语言难读、难改的缺点，同时保持了其编程质量高、占存储空间少、执行速度快的优点。因而在程序设计中，对实时性要求较高的地方，如过程控制等，仍经常采用汇编语言。但汇编语言面向机器，使用汇编语言编程不仅需要直接安排存储，规定寄存器和运算器的动作次序，还必须知道计算机对数据约定的表示（定点、浮点、双精度）等。这对大多数人员来说，都不是一件简单的事情。此外，该语言还是依赖于机器，不同的计算机在指令长度、寻址方式、寄存器数目、指令表示等方面都不一样，这样使得汇编程序不仅通用性较差，而且可读性也差。这促使了高级语言的出现。

用汇编语言编写的程序，必须翻译成计算机所能识别的机器语言后，才能被计算机执行。

（3）高级语言

高级语言是由表达各种意义的英文单词和数学公式，按照一定的语法规则来编写程序的语言。例如，用“＋”表示加法、用“－”表示减法等。

高级语言是更接近于自然语言或数学语言的程序设计语言，便于学习和记忆。例如，上述计算 A=15+10 的 Basic 语言程序如下：

```
A=15+10        '15 与 10 相加的结果放入 A 中
PRINT  A       '输出 A
END            '程序结束
```

可见，高级语言编写的程序非常直观明了。

高级语言彻底摆脱了依赖于机器硬件的指令系统，是面向应用的计算机语言。它不再依赖于具体的计算机，用高级语言编写的程序可以在不同的计算机上使用，程序具有可移植性。编程时，用户不再考虑计算机的内部结构和硬件环境，可以集中精力考虑解题的算法和数据结构，因此编程效率大大提高。

高级语言不能直接在计算机上运行，因为计算机只能识别机器语言程序，高级语言编写的源程序必须经过另外的语言处理程序翻译成机器语言程序后才能被机器接受。因此，高级语言程序的执行速度通常比不上机器语言。

翻译程序分为两种：一种是解释系统；另一种是编译系统。解释系统是对高级语言编写的程序翻译一句执行一句；而编译系统是先将高级语言编写的程序文件全部翻译成机器语言，等生成可执行文件以后再执行。高级语言几乎在每一种机器上都有自己的翻译程序。C 语言的翻译程序属于编译系统。

高级语言可分为 3 类：面向过程的语言、面向问题的语言和面向对象的语言。

① 面向过程的语言致力于用计算机能够理解的逻辑来描述需要解决的问题和解决问题的具体方法、步骤。在程序中，不仅要告诉计算机“做什么”，还要告诉计算机“如何做”，即在程序中要详细描述用什么动作加工什么数据，即解题的过程和细节。面向过程的语言有 Fortran、Basic、Pascal、C 等。

② 面向问题的语言又称非过程化的语言或称第四代语言（4GLS）。用面向问题的语言解题时，不必关心问题的求解算法和求解的过程，只需指出问题是要计算机做什么和数据的输入和输出形式，就能得到所需结果。面向问题的语言是采用快速原型法开发应用软件的强大工具，能够快速地构造应用系统，从而大大地提高软件开发效率。它与数据库的关系非常密切，能够对大型数据库进行高效处理。目前应用最广泛的面向问题的语言有 SQL 等。

③ 面向对象的语言是将客观事物看作具有属性和行为的对象，通过抽象找出同一类对象的共同属性和行为，形成类。通过类的继承与多态可以很方便地实现代码重用，这大大地提高了程序的复用能力和程序开发效率。面向对象语言已是程序语言的主要研究方向之一。面向对象的语言有 C++、Java、Visual Basic 等。

1.1.2 程序设计方法

简单地说，程序设计就是用计算机语言编写程序的过程。学习计算机语言的目的就是利用该语言工具设计出可供计算机运行的程序。通常，程序设计是很讲究方法的，程序设计方法是影响程序设计成败以及程序设计质量的重要因素之一。C 语言主要采用结构化程序设计方法。

结构化程序设计是荷兰学者狄克斯特拉（E.W.dijkstra）在 1969 年提出的一种程序设计方法，它规定了一套如何进行程序设计的准则，采用了自顶向下、逐步求精的分析设计方法、分而治之的分割技术和模块化的组织结构，使得设计的程序具有合理的结构、易读、易调试和容易保证其正确性。

结构化程序设计方法采用：

（1）自顶向下；

（2）逐步细化；

（3）模块化设计；

（4）结构化编码。

结构化程序设计以模块化设计为中心，将待开发的软件系统划分为若干个相互独立的模块，这样使完成每一个模块的工作变得单纯而明确，为设计一些较大的软件打下了良好的基础。

由于模块相互独立，因此在设计其中一个模块时，不会受到其他模块的牵连，因而可将原来较为复杂的问题简化为一系列简单模块的设计。模块的独立性还为扩充已有的系统、建立新系统带来了不少的方便，我们可以充分利用现有的模块做积木式的扩展。

按照结构化程序设计的观点，任何模块都可以通过 3 种基本程序结构：顺序结构、选择结构和循环结构组合来实现。3 种基本结构应具有如下良好的特性：

（1）只有一个入口，即每个模块与外部联系只有单一的入口；

（2）只有一个出口，即每个模块与外部联系只有单一的出口；

（3）无死语句，即不存在永远都执行不到的语句；

（4）无死循环，即不存在永远都执行不完的循环。

每个模块根据其功能先编写程序框架，逐步深入，直到精确地编写出每一个程序结构，精确地编写每一条语句。

完成编程后，应该检查每条语句、每个程序结构的逻辑及每个模块的功能是否正确，直到检查整个程序是否达到问题的要求，通过编辑、编译、连接运行、调试检验程序是否达到精度要求。

程序设计的首要目标是在程序正确的前提下，提高程序的可读性、易维护性和可移植性。可读性是指使用良好的书写风格和易懂的语句编写程序；易维护性是指当业务需求发生变化时，不需要太多的开销就可以扩展和增加程序的功能；可移植性是指编写的程序在各种计算机和操作系统上都能运行，并且运行结果相同。

1.1.3 程序设计的基本过程

程序设计是人们根据要解决的实际问题，提出相应的需求，在此基础上设计数据结构和算法，然后再编写相应的源程序代码并测试该代码运行的正确性，通过反复调试直到能够得到正确的运行结果为止，最后整理设计文档的全过程。较小规模的程序设计由一个程序员完成，大型程序设计是由多个程序员分工、共同协作完成的，因此必须经过多种测试，并详细整理设计文档。一般来讲，这个过程应当按图 1-1 所示的步骤进行。

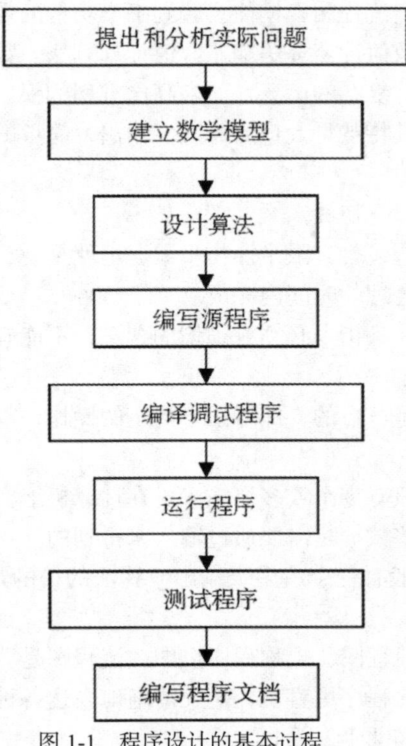

图 1-1 程序设计的基本过程

1. 提出和分析实际问题

提出实际需求的用户往往不具备太多的计算机知识，而程序设计人员可能又不具备用户的专业知识，因此，在程序开发初期首先必须由用户和程序设计人员一起对实际问题进行分析，充分理解用户的要求，明确哪些要求可以实现，哪些要求不能实现或需经一定的处理才能实现，确定开发的总目标，提出开发的任务和要求，从中获得必要的输入数据，明确问题要求做什么，需要什么样的数据输出。

按照分析问题的要求，弄清问题的性质，发现问题的特点，确定解决问题的目标这些步骤，能够使我们采取有效的方法解决问题。

2. 建立数学模型

要用计算机解决实际问题，首先要用理想模型模拟实际问题。理想模型是从实体中抽象出来并能用数学表达式精确定义的实体。建立数学模型的过程就是把错综复杂的实际问题进行简化抽象，用数学公式来描述实际问题的运动和变化过程。例如，用一些数学方程来描述人造卫星的飞行轨迹等。

在建立数学模型的过程中，分析问题的要求，确定解决问题的目标，明确问题的输入数据和输出信息，理解问题的约束限制条件，是选择制定数学模型、建立数学模型的关键步骤，是解决问题的关键所在。

3. 设计算法

一般来说，从实际问题抽象出数学模型通常是有关领域的专业工作者的任务，计算机工作人员只起辅助作用。程序设计人员的工作，最关键的一步就是设计算法。算法是指为解决某一特定问题而进行一步一步有限的操作过程，是一组规则的集合，可以用流程图来表示算法。编写程序代码之前，设计好算法，画出流程图，往往会起到事半功倍的效果。

算法可以分为两大类：数值计算算法和非数值计算算法。数值计算算法的目的是求数值解，其特点是少量的输入、输出，复杂的运算，如求高次方程的根、求函数的定积分等。非数值计算算法目的是对数据的处理，其特点是大量的输入、输出，简单的运算，例如，对数据的排序、查找等算法。

一个好的算法应当具有以下特性。

（1）有穷性。一个算法应包含有限个操作步骤。也就是说，在执行若干个操作步骤之后，算法将结束，并且每一步都在合理的时间内完成。

（2）确定性。算法中每一条指令必须有确切的含义，不能有二义性，并且对于相同的输入必然有相同的执行结果。

（3）可行性。一个算法是可行的，即算法中指定的操作，都可以通过已实现的基本运算执行有限次来实现。

（4）输入。一个算法一般有零个或多个输入。在计算机上实现的算法，通常是用来处理数据对象的，在大多数情况下这些数据是需要通过输入来得到的。

（5）输出。一个算法一般有一个或多个输出，算法的目的是求“解”，这些“解”只有通过输出才能得到。

描述算法的常用工具是流程图，也称程序框图，流程图是算法的图形描述，它用一组图形符号来表示各种操作，它往往比程序更直观，能较清晰地表达各种操作之间的逻辑关系，容易阅读和理解。常用的流程图符号如图 1-2 所示。

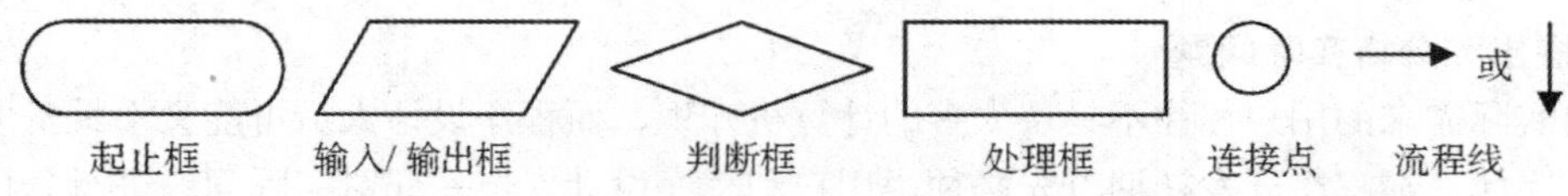

图 1-2　常用流程图符号

4. 编写源程序

如果算法正确，将它转换为任何一种高级语言程序并不困难，这一步通常称为编码。

现在的程序设计语言一般都是一个集成开发环境，自带编辑器，方便编辑程序。编写好的程序代码通过编辑器输入计算机内，利用编辑器可对输入的程序代码进行复制、删除、移动等编辑操作，然后以文件（源程序）形式保存。

5. 编译调试程序

源程序必须通过编译程序将源程序翻译成目标程序，这期间编译器对源程序进行语法结构检查，找出在程序编制过程中存在的语法错误，加以修改。这是一个重复进行的过程，需要反复调试程序。

6. 运行程序

将编译源程序生成的目标程序和程序中所需的系统中固有的目标程序模块（如调用的标准函数、执行的输入/输出操作的模块）连接后生成可执行文件。运行该程序，检查程序输出结果是否正确，如发现错误，检查程序的逻辑是否正确，主要解决算法设计错误。

7. 测试程序

测试程序是对照问题的要求，通过让程序试运行一组数据，分析输出的结果，检查是否达到问题要求的功能和精度要求，输出信息的格式是否符合要求。这组测试数据应是以任何程序都是有错误的前提精心设计出来的，称为测试用例。

测试有黑盒测试和白盒测试两种方法。对于不同的测试方法有不同的测试用例。

（1）黑盒测试也称为功能测试或数据驱动测试。它把程序看成一个黑盒子，完全不考虑程序的内部结构和处理过程，只对程序的接口进行测试，即检查程序是否能适当地接受输入数据并产生正确的输出信息。实际上目前有些软件开发商推出的软件 β 版即为测试版，免费提供给用户使用，从使用角度找出软件的问题，这属于黑盒测试方法。

（2）白盒测试是把程序看成一个透明的白盒子，也就是完全了解程序的内部结构和处理过程。这种方法按照程序内部的逻辑来测试，检验程序中的每条通路是否正确工作。因此白盒测试又称为结构测试或逻辑驱动测试。白盒测试一般由计算机专业人员进行。

例如，对于求解一元二次方程根：$ax^2+bx+c=0$，测试用例可为：

$a=0$，$b=0$，$c=0$，$b^2-4ac\geqslant 0$，$b^2-4ac<0$

等各种特殊情况时对应输入 a、b、c 的值，观察程序运行的结果，属于白盒测试法；若输入任何 a、b、c 的值，包括非法的数据，观察程序运行的结果，属于黑盒测试法。

8. 编写程序文档

在程序准确无误后，要认真编写程序文档。其包括设计要求、设计思路、设计过程、使用的算法、数据结构、输出信息及格式等，在源程序中要用注释语句加上必要的说明。如果没有程序文档，编制的程序过一段时间后自己也看不懂，更不要说给别人看，对此要引以为戒，要学会从学习程序设计开始就养成良好的习惯。

1.2 C 语言及其特点

C 语言是一种得到广泛重视并普遍应用的计算机程序设计语言，也是国际公认的最重要的几种通用程序设计语言之一，它既可用来编写系统软件，也可用来编写应用软件。

1.2.1 C 语言的发展过程

C 语言的发展是一个充实和完善的过程。

C 语言是由贝尔实验室的丹尼斯·里奇（Dennis Ritchie）和布莱恩·柯林汉（Brian Kernighan）根据 B 语言开发出来的，而 B 语言又是由一种早期的编程语言 BCPL（Basic Combined Programming Language）发展演变而来的。BCPL 的根源可以追溯到 1960 年的 ALGOL 60（Algol Programming Language）。ALGOL 60 是一种面向问题的高级语言，离硬件较远。1963 年，英国剑桥大学推出 CPL（Combined Programming Language），CPL 修改了 ALGOL 60，使其能够直接作较低层次的操作。1967 年，英国剑桥大学的 Martin Richards 对 CPL 做了改进，推出了 BCPL 语言。1970 年，美国贝尔实验室的 Ken Thompson 以 BCPL 为基础，又做了进一步简化，设计出了很简单的而且很接近硬件的 B 语言（取 BCPL 的第一个字母），并用 B 语言写了第一个 UNIX 操作系统，在 PDP-7 上实现。1971 年，在 PDP-11/20 上实现了 B 语言，并写了 UNIX 操作系统。但 B 语言过于简单，功能有限。1972 年至 1973 年间，Dennis Ritchie 在 B 语言的基础上增加了数据类型（Datatype）和结构（Structure）设计出了 C 语言（取 BCPL 的第二个字母）。C 语言既保持了 BCPL 和 B 语言的优点（精练，接近硬件），又克服了它们的缺点

（过于简单，数据无类型等）。

最初的 C 语言是为描述和实现 UNIX 操作系统提供的一种工具语言。但 C 语言并没有被束缚在任何特定的硬件或操作系统上，它具有良好的可移植性。1977 年出现了不依赖于具体机器的 C 语言编译文本——《可移植 C 语言编译程序》，用该程序编写的 UNIX 系统迅速在各种机器上实现，UNIX 系统支持的 C 语言也被移植到相应的计算机上。C 语言和 UNIX 系统在发展过程中相辅相成，得到了广泛应用，使它先后被移植到各种大、中、小、微型计算机上。

以 1978 年发表的第七版本 UNIX 系统中的 C 语言编译程序为基础，B.W.Kernighan 和 D.M.Ritchie 合著了《The C Programming Language》。这本书中介绍的 C 语言成为后来广泛使用的 C 语言版本的基础，被称为标准 C 语言。1983 年，美国国家标准化协会（ANSI）根据 C 语言问世以来的各种版本对 C 语言的发展和扩充制定了新的标准，称为 ANSI C。1990 年，C 语言成为国际标准化组织（ISO）通过的标准语言。

1.2.2 C 语言的特点

一种语言之所以能够存在和发展，并具有生命力，总是有不同于其他语言的特点。C 语言也是如此，它的特点是多方面的，人们从不同的角度可总结出众多的特点，但若全面考虑，可归纳为以下几点。

1. C 语言是比较低级的语言

有人把 C 语言称为高级语言中的低级语言，也有人称它是中级语言。它具有许多通常只有像汇编语言才具备的功能，如位操作、直接访问物理地址等，这使 C 语言在进行系统程序设计时显得非常有效，而过去系统软件通常只能用汇编语言编写。事实上，C 语言的许多应用场合是汇编语言的传统领地，现在用 C 语言代替汇编语言，使程序员得以减轻负担，提高效率，而且写出的程序具有更好的可移植性。

C 语言简洁紧凑，灵活方便。C 语言只有 32 个关键字，9 种控制语句，程序书写自由，主要用小写字母表示。它把高级语言的基本结构和语句与低级语言的实用性相结合。

2. C 语言是结构化的程序设计语言

C 语言的主要结构成分是函数，函数允许一个程序中的各任务分别定义和编码，使程序模块化。C 语言还提供了多种结构化的控制语句，如用于循环的 for、while、do-while 语句，用于判定的 if-else、switch 语句等，十分便于采用自顶向下、逐步细化的结构化程序设计技术。因此，用 C 语言编制的程序容易理解、便于维护。

3. C 语言具有丰富的运算能力

在 C 语言中，除了一般高级语言使用的算术运算及逻辑运算功能外，还具有独特的以二进制位（bit）为单位的位与、位或、位非以及移位操作等运算。并且 C 语言具有如 a++、b–等单项运算和+=、– =等复合运算功能。

4. C 语言数据类型丰富，具有现代化语言的各种数据类型

C 语言的基本数据类型有整型（int）、浮点型（float）、字符型（char）。在此基础上，按层次可产生各种构造类型，如数组、指针、结构体、共用体等。同时还提供了用户自定义数据类型。用这些数据类型可以实现复杂的数据结构，如栈、链表、树等。因此，C 语言具有较强的数据处理能力。

5. C 语言具有预处理能力

在 C 语言中提供了#include 和#define 两个预处理命令来实现对外部文件的包含以及对字符

串的宏定义。同时还具有#if ~ #else 等条件编译预处理语句。这些功能的使用提高了软件开发的工作效率，并为程序的组织和编译提供了便利。

6. C 语言可移植性好

目前，C 语言在许多机器上实现大部分是由 C 语言编译移植得到的。C 编译程序的可移植性，也就使 C 语言程序便于移植。

C 语言的优点很多，但也有一些不足。例如，语法限制不太严格、类型检验太弱、不同类型数据转换比较随便，这就要求程序员对程序设计的方法和技巧更熟练，以保证程序的正确性。

总之，C 语言已成为国内外广泛使用的一种编程语言，它不仅是面向过程的程序设计语言中功能最强、效率最高的语言，更是面向对象程序设计语言 C++、Java 和 C#的基础，并且非常适合用于程序设计语言课程的教学工作中。

1.3 简单的 C 语言程序

学习 C 语言的关键是要把握程序设计的思想，反复实践，培养自己独立编写程序的能力。下面通过几个简单的 C 程序实例介绍 C 语言程序的基本结构和编写方法，使读者对 C 语言程序有一个初步的认识。

例 1.1 编写 C 语言程序，实现在屏幕上显示字符串“This is a C program.”。

具体程序如下：

```
/* ex1_1.c 在屏幕上输出字符串 */
#include "stdio.h"
void main(void)
{
  printf("This is a C program.\n");
}
```

运行结果：

```
        This is a C program.
```

说明：

（1）这是一个完整的 C 语言程序。C 语言程序结构一般由注释、编译预处理和程序主体组成。

（2）/* …… */部分为注释语句。注释是程序员为读者作的说明，不影响程序的执行。注释一般分为两种：序言注释和注解性注释。前者用于程序开头，说明程序或文件的名称、用途、编写时间、编写人员以及输入/输出说明等；后者用于对程序中难于理解的部分加以解释说明。

注释使程序变得清晰，能帮助读者阅读和理解程序，提高程序的可读性。给程序加注释是一个良好的编程习惯。C 语言注释部分由“/*”开始，至“*/”结束，应括在/* …… */之间，/和*之间不允许留有空格。注释部分允许出现在程序中的任何位置上。注释可占多行，但不允许在/* …… */中间又出现/* …… */注释，即不允许嵌套。

（3）其中以“#”开头的语句是预处理命令。这些命令是在编译系统翻译代码之前需要由预处理程序处理的语句。本例中的#include 称为文件包含预处理命令。

#include "stdio.h"的作用是在编译之前请求预处理程序将文件 stdio.h 的内容增加（包含）到

程序 ex1_1.c 中来，以作为程序的一部分。文件 stdio.h 是系统定义的一个头文件，它为输入和输出提供支持，在本程序中的 printf("This is a C program.\n");语句的执行需要 stdio.h 的支持，没有它，程序将不能通过编译系统的翻译。

（4）void main(void)表明以下是一个 C 程序的主函数，每一个 C 程序都必须有一个 main()函数，main()是程序的入口。main 前面的 void 表示该 main()函数没有返回值。用{}括起来的部分是函数体。描述一个函数所执行算法的过程称为函数定义。例如，此程序中的 main()函数头和函数体构成了一个完整的函数定义。

（5）printf()是 C 语言提供的标准输出库函数，它的功能是将一对双引号中的内容（称为字符串常量）输出到标准输出设备显示器上。"\n"是换行符，即在输出字符串"This is a C program."后回车换行。printf()后的分号是语句的结束符，C 语言程序的每一个语句必须以分号";"结束。

例 1.2 编写程序，从键盘输入两个实数，计算并输出这两个实数平方之和的平方根。

具体程序如下：

```
/* ex1_2.c 计算两个实数平方之和的平方根 */
#include "stdio.h"
# include "math.h"
void main(void)
{
  double x,y,s;                              /* 定义 x，y 和 s3 个双精度实型变量 */
  printf("Input two real numbers: ");        /* 输出一行提示信息 */
  scanf("%lf%lf",&x,&y);                     /* 用标准输入函数输入两个实数，赋值给 x 和 y */

  s=sqrt(x*x+y*y);                         /* 计算 $\sqrt{x^2+y^2}$ ，并将计算结果赋给变量 s */
  printf("s= %lf\n",s);                      /* 将 s 变量的值输出到屏幕上*/
}
```

运行输入：

```
Input two real numbers: 3.0 4.0 <回车>
```

运行结果：

```
s=5.000000
```

说明：

（1）当运行该程序时，首先，屏幕上显示一条提示信息：

```
Input two real numbers:
```

此时用户从键盘输入两个数。如果此时用户输入 3.0 和 4.0，即

```
Input two real numbers: 3.0 4.0 <回车>
```

带下划线部分是由用户输入的，输入<回车>以示输入结束。此时屏幕显示运行结果（s=5.000000）。

（2）该程序从 main()开始运行。double x,y,s;是数据类型说明语句，把 x、y 和 s 定义为双精度实型（double）变量，double 是类型说明符。值得注意的是，所有 C 语言程序中的变量，必须在声明其数据类型之后才能使用，以便给变量分配相应的内存空间，用来存放变量的值。

（3）printf("Input two real numbers: ");输出语句的作用是在屏幕的当前光标位置处显示输入提示，提醒用户需要从键盘输入两个实数。

（4）scanf("%lf%lf",&x,&y);是输入语句，其中 scanf()是 C 语言提供的标准输入库函数，它

的功能是把用户从键盘上输入的数据传送给对应的变量；"%lf%lf"是输入/输出的格式说明字符串，用来指定输入/输出时的数据类型和格式，%lf 是用于输入双精度实型数据的格式说明符。输入/输出函数在本书第 2 章中介绍。

程序执行 scanf("%lf%lf",&x,&y);时，屏幕将等待输入，直到用户从键盘输入两个实数，两个数之间用空格分隔，最后以输入回车结束，这样用户输入的两个实数就分别赋给了变量 x 和 y。

（5）s=sqrt(x*x+y*y);是赋值语句，用于将表达式 sqrt(x*x+y*y)的计算结果赋值给变量 s。其中*是乘号，sqrt()是求平方根函数，它是在 math.h 头文件中声明的标准库函数，因此要使用该函数，就要在程序前面加上# include "math.h"。

（6）printf("s= %lf\n",s); 是输出语句，它先在新的一行上输出字符串"s="，然后按实型数据格式（%lf）输出变量 s 的值，并使光标移到下一行。执行输出时，%lf 的位置会被后面对应的表达式的值所取代，即输出 s 的值。

1.4 函数

C 语言是函数型语言，函数是构成 C 语言程序的基本单位。

虽然 main()也是函数，但它是一个特殊的函数。大多数函数是在程序运行时被调用，当程序执行到函数调用语句时，程序暂停主调函数的执行，而去执行被调函数，当被调函数执行完毕时，程序控制立即返回到主调函数中执行调用函数的下一行代码，继续程序的执行。此过程可比喻为查字典，当你在看书时遇到一个不认识的字，于是，就停止阅读去查字典，字典查完后，又接着看书。

当程序需要服务时，它可以调用函数实现所需要的服务，然后当函数返回时，再从它原来的地方继续执行。

例 1.3 设计一个整数加法器，通过调用该加法器，计算两数之和。

具体程序如下：

```
/* ex1_3.c 计算两个整数之和 */
#include "stdio.h"
int add(int x,int y);                          /* 函数声明 */
void main()                                    /* 主函数 */
{
  int a,b,sum;                                 /* 定义 a，b 和 sum3 个整型变量 */
  printf("Input two integers: ");              /* 输出一行提示信息 */
  scanf("%d,%d",&a,&b);                        /* 输入两个整数，赋值给 a 和 b */
  sum=add(a,b);                                /* 调用函数 add()，将得到的值赋给变量 sum */
  printf("sum=a+b=%d\n",sum);                  /* 屏幕输出 sum 变量的值 */
}
int add(int x,int y)                           /* 定义 add 函数和形式参数 x，y */
{
  int z;                                       /* 定义 z 变量 */
  z=x+y;                                       /* 将变量 x 与 y 相加的和赋给 z */
  return(z);                                   /* 返回 z 的值，通过 add()带回到调用处 */
}
```

运行输入：

```
Input two integers: 10,20<回车>
```

运行结果：

```
sum=a+b=30
```

说明：

（1）该程序采用了函数调用来计算两数之和。此程序由两个函数组成：主函数 main()和用户自定义函数 add()。main()函数负责数据的输入和输出；add()函数负责将 x 与 y 相加的和赋给变量 z，并将变量 z 的值返回到主函数 main()中，即两个函数共同合作完成任务。

（2）int add(int x,int y)；是函数声明语句。在 C 语言程序中，一个函数必须在函数声明后才能使用（被调用）。函数声明告诉编译器，该函数是存在的，后面编译器在看到该函数被调用时就不会产生错误，同时编译器还对函数调用进行正确性检查。

（3）sum=add(a,b)；为函数调用语句。add()函数调用使程序执行 add()函数中的语句，并将该函数的返回值赋给变量 sum。

（4）关于函数的说明：

add()函数是求两个整数之和，然后将结果返回给调用它的函数。因此，在函数头部要写有 int（整型）返回类型。如果一个函数不需要返回值，则可以像主函数 main()那样，在头部声明为 void（空类型）。

函数定义由函数头和函数体构成。函数头又由函数类型、函数名、参数类型和参数名构成。“int add(int x,int y)”就是函数头。函数体是由紧随函数头之后的大括号“{……}”部分构成。

函数头部的函数参数允许向函数传递值。add()函数中的 x、y 就是函数的参数。参数声明时要指出其类型。add()函数中的参数声明为“int x,int y”，它指出 x 和 y 的类型都是整型。

函数参数分为形式参数和实际参数。函数定义中的参数称为形式参数，简称形参。add()函数中的 x、y 就是形参。调用函数时实际传递的值称为实际参数，简称实参。主函数 main()调用 add()函数使用的 a、b 就是实参。执行函数调用时，将实参值复制给形参，使得形参变量也具有实参的值。实参可以是表达式，它代表赋值一方；形参只能是变量，因为它要接受赋值。此程序在执行调用 add()函数时，将实参 a 和 b 的值分别传递给 add()函数中的形参 x 和 y，add()函数收到数据后，对它们进行计算，将结果放入变量 z 中，并通过 return(z);语句将结果变量 z 的值返回给主函数。

函数头部有返回值类型说明时，函数体中一般要用 return 语句返回值，同时，return 语句也使函数退出。如果函数体中没有 return 语句，函数将在结尾处自动无值返回。如果有返回值，则该返回值应该具有函数头中声明的返回类型。add()函数中执行 return(z);语句时，即返回一个 int 型值到主函数 main()中。

函数分为标准库函数和用户自定义函数。上例中的 add()函数是用户自定义函数，scanf()函数和 printf()函数都是标准库函数（简称库函数）。库函数是 C 系统提供的，可以为任何程序所使用。库函数无需用户声明和定义，但要将含有其函数声明的头文件包含到程序中。

一个 C 语言程序由一个主函数和若干个其他函数组成。由主函数调用其他函数，其他函数也可以相互调用。同一个函数可以被一个或多个函数调用任意多次。

函数定义包含函数声明，所以可以将函数定义放在函数声明的位置，即将用户自定义函数的定义放在主函数 main()之前。主函数 main()可以放在程序中的任意位置。

例 1.4　从键盘输入两个整数，求其中较小数，并输出结果。

具体程序如下：

```
/* ex1_4.c 输出两个数中较小数 */
#include "stdio.h"
int min(int x,int y)                    /* 定义 min() 函数，x,y 为形参 */
{                                       /* 函数体开始 */
 int z;                                 /* 定义函数中使用的变量 z */
 if(x<y) z=x;                           /* 条件语句：如果 x 小于 y，那么把 x 的值赋给 z */
 else   z=y;                            /* 否则把 y 的值赋给 z */
 return(z);                             /* 将 z 的值返回，通过 min() 带回调用处 */
}                                       /* 函数体结束 */
Void main()                             /* 主函数 */
{                                       /* 函数体开始 */
 int a,b,c;                             /* 定义 3 个整型变量 a，b 和 c */
 printf("Input two integers: ");        /* 输出一行提示信息 */
 scanf("%d,%d",&a,&b);                  /* 用标准输入函数输入两个整数，赋值给 a 和 b */
 c=min(a,b);                            /* 调用 min() 函数，将函数返回值赋给变量 c */
 printf("min=%d\n",c);                  /* 输出变量 c 的值 */
}                                       /* 函数体结束 */
```

运行输入：

```
      Input two integers: 6,9<回车>
```

运行结果：

```
      min=6
```

说明：

本程序包括主函数 main()和被调用的函数 min()。min()函数定义放在主函数 main()之前，此时，函数定义的同时也是函数声明。

程序从主函数 main()开始运行。程序执行 scanf()时，操作员由键盘输入两个整数值分别存放到变量 a 和 b 中。程序执行 c=min(a,b);时，调用 min()函数，将 a 的值传送给 x，b 的值传送给 y，程序转到 min()函数执行，min()函数中的 if 语句的作用是将 x 变量和 y 变量中的较小值赋给 z 变量。return 语句的作用是将 z 变量的值返回给 min()函数同时程序返回主函数 main()执行，min()函数值再送给 c 变量。最后 printf()将 c 变量的值输出到屏幕。

通过以上几个实例，可以看到 C 语言程序的结构有如下特点。

（1）C 语言程序是由函数组成的

C 语言源程序由若干个函数组成，函数是 C 程序的基本组成单位。组成程序的若干函数中必须有且仅有一个名为 main 的函数。例 1.3 中包含两个函数： main()和 add()。因为在 main()函数中调用 add()函数，所以 main()为主函数，add()为被调用的函数。被调用函数可以是系统提供的库函数（如 printf()函数），也可以是用户根据需要自己定义的函数（如例 1.3 中的 add()函数）。一个 C 程序可以包含零个或多个用户自定义函数。

（2）C 语言函数由函数头部和函数体两部分组成

① 函数的头部。

这部分包括函数类型、函数名、参数类型和参数名。

如例 1.3 中 add()函数的说明部分：

```
int       add       ( int      x ,      int      y )
↓         ↓           ↓        ↓        ↓        ↓
函数类型   函数名     参数类型   参数名   参数类型   参数名
```

函数类型是函数返回值的类型，函数名后必须有一对圆括号()，这是函数的标志，参数可有可无，如 main()函数无参数。如果有参数，放在圆括号中，如 int add(int x,int y)。

参数类型的说明也可以放在圆括号外，例如：

```
add(x,y)
int x,y;
```

这种参数类型的说明形式是传统的函数说明形式，和放在圆括号中的参数说明形式 int add(int x,int y)作用一样。

② 函数体。

函数体由紧随函数头部之后的大括号括起来的部分组成，其中的语句序列实现函数的预定功能。注意，一个函数内如果有多对大括号，则最外层的一对大括号中的内容为函数体的范围。

函数体一般包含说明语句和可执行语句两部分。说明语句部分一般包括变量定义、自定义类型定义、自定义函数说明、外部变量说明等，其中变量定义是主要的；可执行语句部分一般由若干条可执行语句构成。例如，在例 1.3 的 main()函数中的 int a,b,sum；是说明语句（变量定义）部分，其余 4 条语句是可执行语句部分。

函数体中的说明语句必须放在所有可执行语句之前。如果不需要说明语句，也可以缺省说明语句部分，如例 1.1 中，主函数 main()的函数体就缺省了说明语句部分。

（3）main()函数。

C 程序必须有 main()函数，习惯上称其为主函数。C 语言程序总是从 main()函数开始执行，并且在 main()函数中结束。main()函数可以在整个程序的任意位置，通常我们总是把 main()函数放在程序中其他函数的前面。

（4）C 语言本身没有输入/输出语句。

输入和输出的操作是由库函数 scanf()和 printf()等函数来完成的。C 语言对输入/输出实行“函数化”。

1.5 C 语言程序的调试

学习程序设计，上机实践是非常重要的。在计算机上运行程序，从结果中了解程序的运行过程，进而了解程序的结构，比只看书要有效得多。另外，上机可以提高对程序设计的兴趣，也可以对已有的程序做各种修改，进而学习更多的知识。

1.5.1 调试步骤

C 语言的翻译程序属于编译系统。要完成一个 C 程序的调试，要经过编辑源程序文件（*.c）、编译源程序生成目标程序文件（*.obj）、连接目标程序与有关的库函数形成可执行文件（*.exe）和运行可执行程序 4 个步骤。从纸上编写好的一个 C 语言程序到可以在计算机上执行该程序的调试过程如图 1-3 所示。

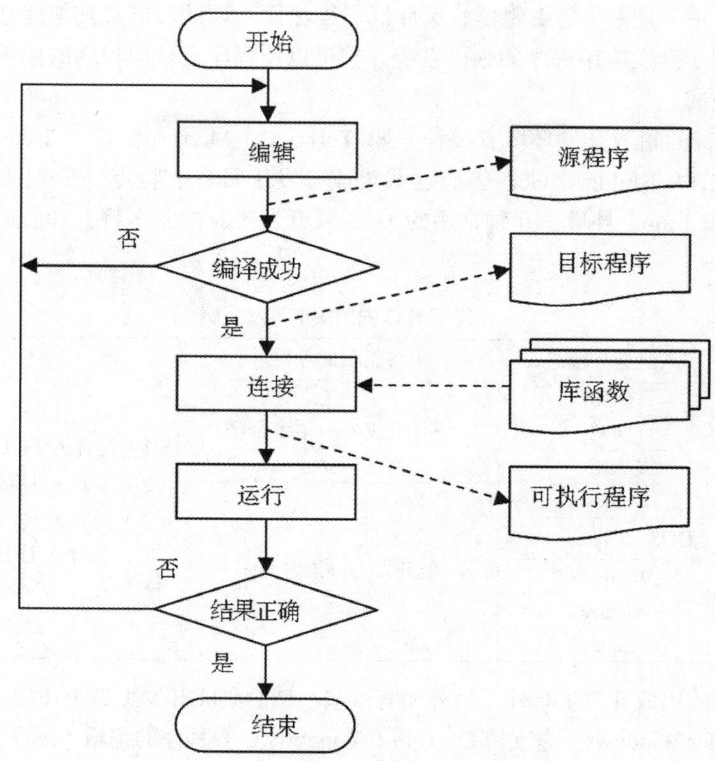

图 1-3 C 语言程序上机调试过程示意图

第 1 步：编辑。启动 C 语言集成开发系统，进入源程序文件的编辑状态。可以根据需要输入或修改源程序。编辑完成后，保存源程序文件，源程序文件的扩展名为.c。

此外，也可以用任何其他的编辑器来编辑源程序，如 Windows 的写字板、记事本、Word 等，要注意的是，C 源程序的存储格式必须是文本文件，在保存时要选择文件类型为文本文件。

第 2 步：编译。编译是将已生成的 C 语言源程序文件和预处理生成的中间文件转换为机器可识别的目标程序（即二进制代码），目标程序文件的主文件名与源程序文件的主文件名相同，扩展名为.obj。

在编译过程中，编译程序会自动对源程序进行语法和语义分析，并报告出错行和原因。如有错误，用户必须重新修改源程序文件，所有错误修改完后，再进行编译，如此反复，直到没有编译错误为止。

第 3 步：连接。编译成功后，要将生成的目标程序与所指定的库函数连接为一个整体，从而生成可执行文件。可执行文件的主文件名与源程序文件的主文件名相同，扩展名为.exe。

第 4 步：运行。在 CPU 的控制下，逐条执行装入内存的可执行文件，并将运行结果显示在显示器上。如果运行的结果达到预期的目标，则说明程序编写正确，否则，就需要进一步检查修改源程序，重复上述步骤，直到得到正确的运行结果为止。

1.5.2 常用的 C 语言集成开发环境

C 语言程序的开发在特定的集成开发环境下进行，因为有功能强大的集成开发环境的支持，从而使 C 语言程序的开发工作变得更轻松。集成开发环境（Integrated Development

Environment，IDE）是一个将编辑器、编译器、连接器、调试器以及其他建立应用程序的多种工具集成在一起用于开发应用程序的软件系统。它可以使程序员从源程序的编辑到最后的运行均可在集成环境中完成。

适合 C 语言的集成开发环境有多种，如 Turbo C、Microsoft C、Visual C++、Dev C++、Borland C++、C++ Builder、Gcc 等。这些集成开发工具各有特点，分别适合于 DOS 环境、Windows 环境和 Linux 环境，几种常用的 C 语言开发工具的基本特点和所适合的系统环境见表 1-1。

表 1-1　　常用的 C 语言集成开发工具

开发工具	运行环境	各工具的差异	基本特点
Turbo C	DOS	不能开发 C++语言程序	（1）符合 ANSI C （2）各系统具有一些扩充内容 （3）能开发 C 语言程序（集程序编辑、编译、连接、调试、运行于一体）
Microsoft C	DOS		
Borland C	DOS		
Visual C++	Windows	能开发 C++语言程序	
Borland C++	DOS 、Windows		
Dev C++	Windows		
C++ Builder	Windows		
Gcc	Linux		

除表中列出的集成开发工具外，另外还有一些小型的集成开发工具也比较适合于学习者使用，如 Turbo C/C++ for Windows，它支持 C、C++、Windows C 等程序的编辑、编译、调试和运行。

本书中的 C 语言源程序都是在 Microsoft Visual C++ 6.0 环境下开发的。

1.5.3　Visual C++ 6.0 集成开发环境

Visual C++ 6.0 集成开发环境作为一种功能强大的程序编译器，被相当多的程序员所使用，使用 Visual C++也可以完成 C 语言的编译运行。由于 Visual C++集成开发环境运行于 Windows 下，对于习惯于图形界面的用户来说是比较易学的，本小节简要介绍一下如何用 Visual C++来完成 C 语言程序设计。

1. 启动 Visual C++ 6.0

单击“开始”按钮，选择“程序”菜单中的“Microsoft Visual C++ 6.0”子菜单，然后单击“Micr osoft Visual C++ 6.0”，就可以启动 Visual C++ 6.0 集成开发环境。如果已在桌面上建立了该快捷方式，则可以在桌面上双击“Microsoft Visual C++ 6.0”快捷图标以进入系统。

2. Visual C++ 6.0 的工作界面

启动系统后，即可进入 Visual C++ 6.0 工作界面，如图 1-4 所示。Visual C++ 6.0 工作界面由标题栏、菜单栏、工具栏、工作区窗口、编辑区窗口、输出窗口和状态栏组成，分别介绍如下。

（1）标题栏：主窗口的最上端是标题栏，标题栏用于显示应用程序名和所打开的文件名。

（2）菜单栏和工具栏：标题栏的下面是菜单栏和工具栏，用于提供用户操作的命令接口。菜单以文字和层次化的方式提供命令接口；工具栏由一系列命令按钮组成，使用方便，默认情况下，标准工具栏自动打开，包含文件操作、编辑操作等常用的 15 个按钮。

（3）工作区窗口：主窗口的左侧是项目工作区窗口，工作区窗口用来显示所设定的工作区的信息。Visual C++ 6.0 以项目管理程序，每一个程序都应该属于一个项目，如果一个程序由多个文件组成，则这些文件都在同一个项目中，因此项目名与文件名可以不同。当打开一个项目时，工作区窗口将会显示关于当前项目的文件、类以及资源的信息。

（4）编辑区窗口：主窗口的右侧是编辑区窗口，用来输入和编辑源程序。Visual C++ 6.0 允许同时打开多个文件，用户可以选择其中一个作为当前编辑的文件。

（5）输出窗口：主窗口的下面是输出窗口，输出窗口主要用于显示项目建立过程中生成的错误信息，还可以通过选择不同的标签显示其他信息。

（6）状态栏：主窗口的最底端是状态栏，给出当前操作或所选择命令的提示信息。

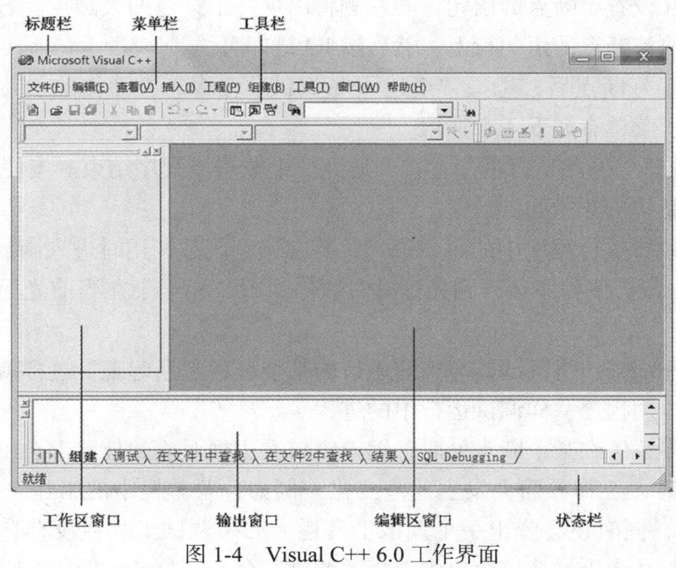

图 1-4　Visual C++ 6.0 工作界面

3. Visual C++ 6.0 的编辑器

Visual C++ 6.0 的编辑器能够使程序员快速高效地编制程序，其特点如下。

（1）自动语法：用高亮度和不同颜色的文字显示不同的语法成分。

（2）自动缩进：帮助排列源代码，增强程序的可读性。

（3）参数帮助：在输入系统提供的标准库函数时，将自动显示该函数的参数信息。

（4）集成的关键字帮助：能够快速得到任何关键字、MFC 类或 Windows 函数的帮助信息。

（5）拖放编辑：能够用鼠标选择文本并自由拖动到任意位置。

（6）自动错误定位：能够自动将光标移动到有编译错误的源代码处。

编辑 C 语言程序文件时，要注意保存时必须给出源文件的扩展名.c，否则，系统会自动给出扩展名为.cpp。

4. Visual C++ 6.0 的调试器

调试器是 Visual C++ 6.0 集成环境中最出色的组件之一，它几乎可以帮助找到程序开发中可能产生的所有错误，正确熟练地使用调试器是每一个程序开发人员的必备技能。

调试器的主要调试方法有设置断点（Breakpoints）、跟踪（Trace）和观察（View）。所谓断点，是指在源程序的某代码行前加一个标记，设置断点的目的是告诉调试器运行到此行代码时暂停执行，以使程序员能够观察程序中的变量、表达式、调试输出信息以及内存、寄存器和堆栈的值，进而了解程序的运行情况，并决定下一步如何跟踪程序的运行。

设置断点的方法为：在 Visual C++ 6.0 的编辑窗口中打开要进行调试的源程序，然后将光标移到要设置断点的语句行上，执行下列操作之一：

- 按 F9 键。
- 单击编译微型工具条（Build MiniBar）上的 Insert/Remove Breakpoint 图标（ ）。
- 右键单击要设置断点的语句行，在弹出的快捷菜单中选择“Insert/Remove Breakpoint”。
- 按 Alt+F9 组合键，在打开的 Breakpoints 对话框中设置断点。
- 选择“编辑|断点”命令，在打开的 Breakpoints 对话框中设置断点；Breakpoints 对话框为设置断点提供了更大的选择范围。

设置断点后，在设置了断点的语句行的左侧将出现一个红色的大圆点。若要取消一个断点，只要将光标移到要取消断点的语句行上，然后按 F9 键即可。

在源程序中设置好断点后，选择“组建|开始调试”命令，在弹出的子菜单中选择启动调试器运行的方式，该子菜单有如下 4 个选项。

- Go：从当前语句开始执行程序，直到遇到一个断点或程序结束。当使用 Go 命令启动调试器时，程序执行是从头开始的。
- Step Into：单步执行程序中的每条语句，并在遇到函数调用时进入函数体内单步执行。
- Run to Cursor：使程序运行到光标处时暂停执行，相当于在当前光标处设置了一个临时断点。
- Attach to Process：将调试器与当前运行的某个进程联系起来，这样就可以跟踪、进入进程内部，就像调试应用程序一样调试运行中的进程。

当被调试的程序暂停在某个断点处时，编辑窗口左边框对应的位置上会出现一个指示停止位置的黄色箭头。此时，工作界面会发生一些变化。例如，菜单栏中的组建（Build）菜单被调试（Debug）菜单取代，同时还会弹出一个调试工具栏。如果调试工具栏没有自动出现，可在任意工具栏上右键单击，从弹出的快捷菜单中选择“调试”命令，打开如图 1-5 所示的调试工具栏。

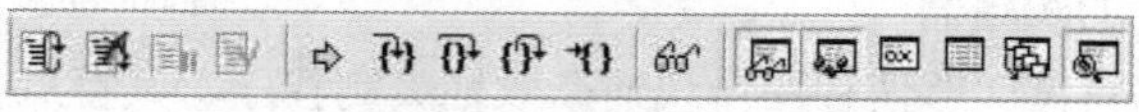

图 1-5　调试工具栏

调试工具栏提供了一系列程序调试命令按钮，共 16 个命令按钮，分成 4 组，它们的功能介绍如下。

第 1 组和第 2 组中包含的是一些常用的调试命令。

- Restart（快捷键：Ctrl+Shift+F5）：终止当前的调试过程，重新开始执行程序，并在程序的第一条语句处暂停。
- Stop Debugging（快捷键：Shift+F5）：退出调试器，同时结束调试过程和程序运行。
- Break Execution：中断程序的运行，进入调试状态，多在程序进入死循环时使用。
- Apply Code Change（快捷键：Alt+F10）：当源程序在调试过程中进行了修改时，重新进行编译。
- Show Next Statement：显示当前命令指针所指向的源代码行。
- Step Into（快捷键：F11）：用于逐行地单步运行程序。如果执行的下一条语句是函数调用，则进入函数单步执行状态，即下一步执行的是函数的第一条语句。
- Step Over（快捷键：F10）：与 Step Into 命令相似，Step Over 命令也用于单步运行程序。不同的是，如果执行的下一条语句是函数调用，则调试器直接执行完该函数，并在函数调用的下一条语句处暂停。

- Step Out（快捷键：Shift +F11）：运行到函数体外，即从当前位置运行到调用该函数语句的下一条语句。
- Run to Cursor（快捷键：Ctrl +F10）：使程序运行到当前光标处暂停。

在调试程序过程中，当暂停程序执行时，需要观察目前状态下程序中某些变量和表达式的值，以帮助找出程序中存在的错误。调试工具栏第 3 组和第 4 组中的命令按钮就是为了此目的而设计的。

- QuickWatch（快捷键：Shift +F9）：单击该按钮，可以打开 QuickWatch 对话框，如图 1-6 所示。在对话框的表达式文本框中输入要查看的变量或表达式，然后单击重置按钮，变量或表达式的值就会出现在当前值框中。QuickWatch 对话框只能显示一个变量或表达式的值。当关闭对话框时，所查看的信息也随之消失。如果希望连续监视一个变量或表达式，可单击对话框中的添加监视按钮，将变量或表达式加入 Watch（监视）窗口中。

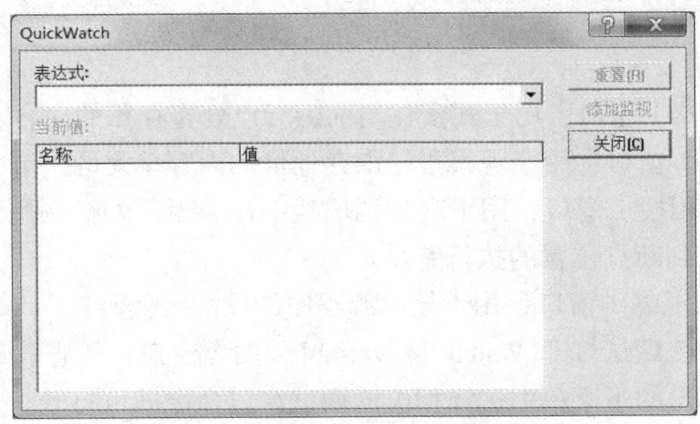

图 1-6 QuickWatch 对话框

调试工具栏中第 4 组的 6 个按钮分别用于激活 6 个调试窗口，它们的作用分别如下。

- Watch（监视）窗口：用于监视指定变量或表达式的值，如图 1-7 所示。此窗口包含 4 个选项卡，可以把要查看的变量或表达式添加到其中的某个选项卡上。方法是，选中某个选项卡中的一个空白矩形框，在左边的名称框中输入变量或表达式，按回车键后相应的值出现在右边的值框中。如果输入的是数组或结构体等集合类型，在名字的左边将显示一个“+”号，单击此“+”号，可展开显示数组的元素或结构体变量的成员。

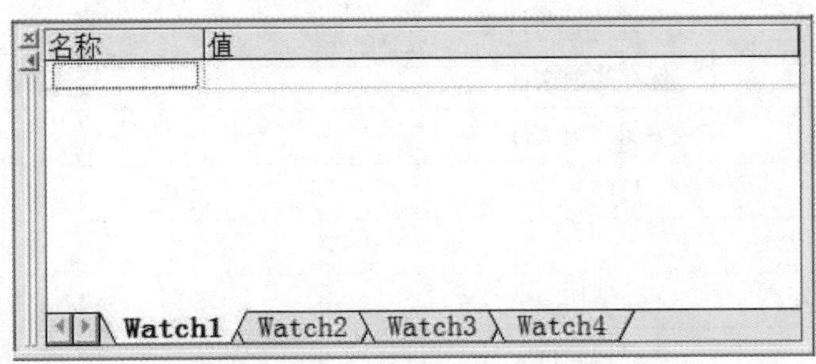

图 1-7 Watch 窗口

- Variables（变量）窗口：该窗口用于观察断点处或其附近变量的当前值，如图 1-8 所示。它有 3 个选项卡。
- Auto 选项卡：用于显示当前执行的语句及上一条语句中使用的变量的值，还可显示在执行 Step Over 或 Step Out 调试命令时从函数过程返回的值。

- Locals 选项卡：用于显示当前函数中局部变量的值。
- this 选项卡：用于显示由 this 指针指向的对象。
- Variables 窗口中的变量是由调试器自动输入和调整的，而前面介绍的 Watch 窗口中的变量是由用户输入的，删除这些变量也必须由用户自己完成。

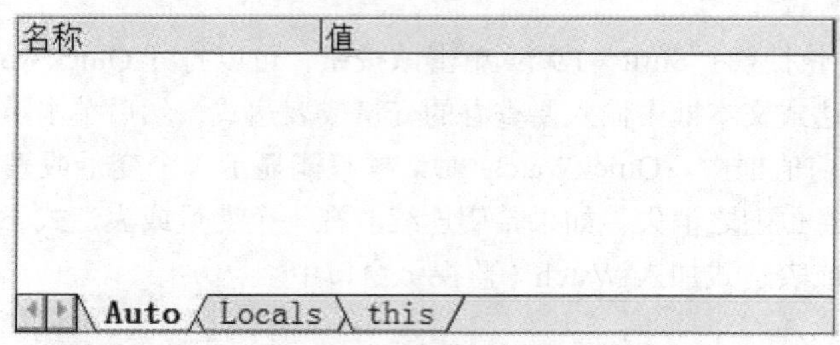

图 1-8 Variables 窗口

- Register（寄存器）窗口：用于观察在当前运行点处寄存器的内容。
- Memory（内存）窗口：用于观察指定内存地址的内存单元的内容。
- Call Stack（调用栈）窗口：用于观察调用栈中还未返回的被调用函数列表。调用栈给出了从嵌套函数调用一直到断点位置的执行路径。
- Disassmbly（反汇编）窗口：用于显示源程序的反汇编代码。

启动调试器时，系统默认打开 Watch 和 Variables 两个窗口，要查看其他窗口，选择“查看|调试窗口”命令，在弹出的子菜单中选择相应的调试窗口命令即可打开。

5. 常用快捷键及其功能

为了使程序员能够方便快捷地完成程序的开发，Visual C++ 6.0 开发环境提供了大量的快捷方式来简化一些常用的操作步骤。一些常用操作的快捷键及其功能见表 1-2。

表 1-2　Visual C++ 6.0 中常用快捷键及其功能

功　能	快 捷 键
文件操作	
创建新文件、新项目等	Ctrl+N
打开文件、项目等	Ctrl+O
保存当前文件	Ctrl+S
关闭当前文件	Ctrl+F4
打印文件	Ctrl+P
编辑操作	
剪切	Ctrl+X
剪切一行	Ctrl+L
复制	Ctrl+C
粘贴	Ctrl+V
撤销上一个操作	Ctrl+Z

续表

功　能	快 捷 键
重复上一个操作	Ctrl+Y
全选	Ctrl+A
将选定区域转换成小写	Ctrl+U
将选定区域转换成大写	Ctrl+Shift+U
显示变量类型	Ctrl+T
编辑断点	Ctrl+B/Alt+F9
组建操作	
编译当前源文件	Ctrl+F7
组建可执行程序	F7
运行可执行程序	Ctrl+F5
调试操作	
继续运行	F5
重新开始运行	Ctrl+Shift+ F5
停止调试	Shift+ F5
单步进入，跟踪时进入函数内部	F11
单步跳过，跟踪时不进入函数内部	F10
单步跳出	Shift +F11
运行到光标处	Ctrl +F10
设置/清除断点	F9
断点无效	Ctrl+ F9
清除所有断点	Ctrl+Shift+F9
快速查看变量或表达式的值	Shift+F9

关于在 Visual C++ 6.0 环境下调试运行 C 语言程序的具体过程，请参见与本书配套的实验指导书。

本章小结

一个计算机程序主要描述两部分的内容：数据结构和算法。

程序设计语言大概分为三类：机器语言、汇编语言和高级语言。高级语言不能直接在计算机上运行，高级语言编写的源程序必须经过另外的语言处理程序翻译成机器语言程序后才能被机器接受。翻译程序分为两种：一种是解释系统；另一种是编译系统。C 语言的翻译程序属于编译系统。

结构化程序设计采用了自顶向下逐步求精的分析设计方法、分而治之的分割技术和模块化的组织结构。按照结构化程序设计的观点，任何算法功能都可以通过由程序模块组成的 3 种基本程序结构的组合：顺序结构、选择结构和循环结构来实现。

C 语言程序由函数构成。函数分为标准库函数和用户自定义函数两种。每个程序必须有且仅有一个主函数 main()。C 程序总是从 main()函数开始运行。

函数定义由函数头和函数体组成。函数调用前必须要有函数声明。

程序中的每个语句后必须有一个分号“;”，分号是 C 语句的一部分。

一行内可写多条语句，一个语句也可以写在多行上。

C 程序注释部分应括在/* …… */之间，/和*之间不允许留有空格。

调试一个 C 语言程序要经过编辑源程序、编译源程序、连接目标程序和运行可执行程序 4 个步骤。

习　题

1．什么是计算机程序？

2．什么是程序设计语言？

3．程序设计语言分为哪几类？

4．结构化程序设计的基本思想是什么？

5．简述程序设计的基本过程。

6．C 语言区别于其他高级语言最显著的特点是什么？

7．C 语言的程序结构有何特点？

8．简述 C 语言程序的调试步骤。

9．参照本章例题，编写一个简单的 C 程序，输出以下信息：

```
*********************
*   1.Enter list      *
*   2.Save the file   *
*   3.Display list    *
*   0.Quit            *
**********************
```

10．编写一个 C 程序，输入 a、b、c 3 个整数，输出其中最小者。

11．上机运行本章例题，熟悉 Visual C++ 6.0 集成环境以及 C 语言程序的调试步骤。

第 2 章 数据类型和输入/输出

在程序设计中，数据是程序设计的必要组成部分，是程序处理的对象。与其他程序设计语言一样，C 语言规定了可编程的数据类型、表达式、基本语句及语法规则等，方便我们对现实世界中各种各样数据进行描述和处理。本章介绍 C 语言的基本数据类型：整型、浮点型、字符型，相应类型的变量和常量，以及数据的输入/输出的方法。

通过本章的学习，读者应掌握 C 语言中数据的基本概念，掌握常用输入/输出函数的使用方法，为以后各章的学习打下基础。

2.1 数据在计算机内部的表示

在计算机中，无论是数值型数据还是非数值型数据，都是以二进制的形式存储的，即无论是参与运算的数值型数据，还是文字、图形、声音和动画等非数值型数据，都要转换为以 0 和 1 组成的二进制代码表示，计算机才能对其进行传送、存储和加工处理。

2.1.1 常用的进位制

数制是指用一组固定的符号和统一的规则来计数的方法。

计数是数的记写和命名，各种不同的记写和命名方法构成计数制。按进位的方式计数的数制称为进位计数制，简称数制。在日常生活中通常使用十进制数，计算机采用的是二进制数，除此之外，当我们进行程序设计时，与二进制之间进行转换比较方便的八进制、十六进制数表示法，它们也经常使用。

数据无论采用哪种进位制表示，都涉及两个基本概念：基数和权。一般来说，R 进制数只采用 R 个基本数字符号，R 称为数制的“基数”，而数制中每一固定位置对应的单位值称为“权”，R 进制数进位原则是“逢 R 进 1”。常见进位计数制的基数和数码见表 2-1。

表 2-1 常见进位计数制的基数和数码表

进 位 制	基 数	数字符号	标 识
二进制	2	0，1	B
八进制	8	0，1，2，3，4，5，6，7	O 或 Q
十进制	10	0，1，2，3，4，5，6，7，8，9	D
十六进制	16	0，1，2，3，4，5，6，7，8，9，A，B，C，D，E，F	H

任何一种进位制数都可以表示成按位权展开的多项式之和的形式：

$(X)_R=D_{n-1}R^{n-1}+D_{n-2}R^{n-2}+\ldots+D_0R^0+D_{-1}R^{-1}+\ldots+D_{-m}R^{-m}$

其中，X 为 R 进制数，D 为数码，R 为基数，n 是整数位数，m 是小数位数，下标表示位置，上标表示幂的次数。

例如，十进制数$(3123.47)_{10}$可以表示为：

$(3123.47)_{10}=3\times(10)^3+1\times(10)^2+2\times(10)^1+3\times(10)^0+4\times(10)^{-1}+7\times(10)^{-2}$

同理，八进制数 $(3123.47)_8$可以表示为：

$(3123.47)_8=3\times(8)^3+1\times(8)^2+2\times(8)^1+3\times(8)^0+4\times(8)^{-1}+7\times(8)^{-2}$

2.1.2 数值与字符在计算机中的表示

广义上的数据是指表示现实世界中各种信息的一组可以记录和识别的标记或符号，它是信息的载体，是信息的具体表现形式。在计算机领域，狭义的数据是指能够被计算机处理的数字、字母和符号等信息的集合。

计算机除了用于数值计算之外，还要进行大量的非数值数据的处理，但各种信息都是以二进制编码的形式存在的。本节主要介绍数值型数据编码和字符型数据编码。

1. 计算机中数值型数据的编码

（1）机器数与真值。

在计算机中，只有 0 和 1 两种形式，数是有正有负的，那么，在表示数的正、负时，也必须用 0 和 1 表示，通常一个数的最高位为符号位，用 0 表示正，用 1 表示负，称为数符。若机器的字长为 8 位，则 D_7为符号位，$D_6\sim D_0$为数值位。例如，$(\underline{1}1100001)_2=(-97)_{10}$。

通常情况下，把机器内存放的正负符号数码化的数称为机器数，把机器外部由正负号表示的数称为真值。

例如，真值$(-1100001)_2$，其机器数为 11100001。

为了运算方便（把减法变为加法），在机器中负数有 3 种表示方法：原码、反码和补码。

① 原码。原码是一种直观的二进制机器数表示形式，其中最高位表示符号。最高位为 0，表示该数为正数；最高位为 1，表示该数为负数，有效值部分用二进制数绝对值表示。例如，设机器的字长为 8 位，则$(+10)_{10}$的二进制原码表示为$(00001010)_2$，$(-10)_{10}$的原码为$(10001010)_2$。

② 反码。反码是一种中间过渡的编码，采用它的主要原因是为了计算补码。编码规则是正数的反码与其原码相同，负数的反码符号位与原码相同（仍为 1），其余各位按位求反（0 变 1，1 变 0）。例如，设机器的字长为 8 位，则$(+10)_{10}$的二进制反码为$(00001010)_2$，而$(-10)_{10}$的二进制反码为$(11110101)_2$。

③ 补码。正数的补码等于它的原码，而负数的补码为该数的反码最末位加 1。例如，$(+10)_{补}=(00001010)_2$，而$(-10)_{补}=(11110110)_2$。

（2）定点数和浮点数。

在计算机中，由于所要处理的数值数据可能带有小数，根据小数点的位置是否固定，数值的格式分为定点数和浮点数两种。

定点数是指在计算机中小数点的位置固定不变的数，主要分为定点整数和定点小数两种。

利用浮点数的主要目的是扩大实数的表示范围。一个数 N 用浮点形式表示（即科学计数法），可以写成：

$$\mathbf{N=M\times R^E}$$

其中 R 表示基数，E 表示 R 的幂，称为数 N 的阶码。阶码确定数 N 的小数点位置。M 表示数 N 的全部有效数字，称为数 N 的尾数。

2. 计算机中的字符型数据编码

在计算机中，通常用若干位二进制数代表一个特定的符号，用不同的二进制数据代表不同的符号，并且二进制代码集合与符号集合一一对应，这就是计算机的编码原理。常见的符号编码如下。

（1）ASCII 码。

ASCII（American Standard Code for Information Interchange，美国信息交换标准代码）码诞生于 1963 年，是一种比较完整的字符编码，现已成为国际通用的标准编码，已广泛用于微型计算机与外设的通信。每个 ASCII 码以 1 个字节（Byte）储存，从 0 到数字 127 代表不同的常用符号，如大写 A 的 ASCII 码是十进制数 65，小写 a 则是十进制数 97。标准 ASCII 码使用 7 个二进制位对字符进行编码，标准的 ASCII 字符集共有 128 个字符，其中有 96 个可打印字符，包括常用的字母、数字和标点符号等，另外还有 32 个控制字符。对应的标准为 ISO646 标准。

标准 ASCII 码只用了字节的低 7 位，最高位并不使用。后来为了扩充 ASCII（Extended ASCII），将最高的一位也编入这套编码中，成为 8 位的扩充 ASCII 码，这套编码加上了外文和表格等特殊符号，成为目前常用的编码。ASCII 码见书后附录Ⅰ。

（2）汉字编码。

对于我国所使用的汉字，在利用计算机进行汉字处理时，同样也必须对汉字进行编码。由于汉字信息在计算机内部也是以二进制方式存放的，并且因为汉字数量多，用一个字节的 128 种状态不能全部表示出来，因此在 1980 年我国颁布的《信息交换用汉字编码字符集——基本集》，即国家标准 GB2312-80 方案中规定用两个字节的 16 位二进制数表示一个汉字，每个字节都只使用低 7 位（与 ASCII 码相同），即有 128×128=16384 种状态。由于 ASCII 码的 34 个控制代码在汉字系统中也要使用，为不致发生冲突，因此不能作为汉字编码，所以汉字编码表的大小是 94（区）×94（位）=8836，用以表示国标码规定的 7445 个汉字和图形符号。

每个汉字或图形符号分别用两位的十进制区码（行码）和两位的十进制位码（列码）表示，不足的地方补 0，组合起来就是区位码。把区位码按一定的规则转换成的二进制代码叫作信息交换码（简称国标区位码）。国标码共有汉字 6763 个（一级汉字，是最常用的汉字，按汉语拼音字母顺序排列，共 3755 个；二级汉字，属于次常用汉字，按偏旁部首的笔画顺序排列，共 3008 个），数字、字母和符号等 682 个，共 7445 个。

2.2 字符集和保留字

2.2.1 基本符号集

C 语言的基本符号是指在 C 程序中可以出现的字符，主要是 ASCII 字符集中的字符组成，包括数字、大小写英文字母、特殊符号、转义字符和键盘符号。这些字符多数是可以见到的，对于不可见的字符（如回车键），C 语言规定用转义字符来表示，转义字符我们在本书 2.4 节介绍。C 语言的基本符号具体包括以下几部分。

（1）数字 10 个： 0、1、2、3、… 、9

（2）大小写英文字母各 26 个： A、B、C、… 、Z、a、b、c、… 、z

（3）下划线： _

（4）特殊符号，主要是指运算符和操作符，它通常是由 1～2 个特殊符号组成：

+ 、—、* 、 /、 % 、 < 、 <=、 >、 >=、 ==、 !=、 &&、 ||、 !、

,、 &、|、 ~ 、 =、 ++、--、 ? : 、 <<、 >> 、 ()、[、]、 . 、

->、 +=、 -=、 *=、 /=、 %=、 &=、 ^=、 |=、 ^ 、 #、 sizeof。

2.2.2 标识符

标识符是一个在 C 语言中作为名字的字符序列，用来标识变量名、类型名、数组名、函数名、文件名等，其实标识符就是一个名字，C 语言规定了标识符的命名规则。C 语言的标识符可分为用户标识符、保留字和预定义标识符三类，有些书中称保留字为“关键字”。

1. 用户标识符

用户可以根据需要对 C 程序中用到的变量、符号常量、自定义的函数或文件指针进行命名，形成用户标识符，这类标识符的构成规则如下：

（1）一个标识符由英文字母、数字、下划线组成，且第一个字符不能是数字，必须是字母或下划线。例如，a、_A、aBc、x1z、y_3 都是合法的标识符，而 123、3_ab、#abc、!45、 a*bc 都是非法标识符。

（2）标识符中大、小写英文字母的含义不同。如 SUM、Sum 和 sum 代表 3 个不同的标识符，这一点一定要注意。

（3）标准 C 不限制标识符的长度，但它受各种版本的 C 语言编译系统限制，同时也受到具体机器的限制。例如在某版本 C 中规定标识符前 8 位有效，当两个标识符前 8 位相同时，则被认为是同一个标识符。因此，为了避免出错和增加可移植性，标识符最好前 8 个字符有所区别。

（4）用户取名时，应当尽量遵循“简洁明了”和“见名知意”的原则。一个写得好的程序，标识符的选择应尽量反映出所代表对象的实际意思。如表示“年”可以用 year，表示“长度”可以用 length，表示加数的“和”可以用 sum 等，这样的标识符增加了可读性，使程序更加清晰。

另外，尽量避免使用容易混淆的字符。例如，字母“l”和数字“1”，字母“o”和数字“0”等。

2. 保留字

保留字是 C 语言编译系统固有的，用做语句名、类型名的标识符。C 语言共有 32 个保留字，每个保留字在 C 程序中都代表着某一固定含义，所有保留字都要用小写英文字母表示，且这些保留字都不允许作为用户标识符使用。C 语言的保留字见表 2-2。

表 2-2　C 语言保留字

描述数据类型定义	描述存储类型	描述数据类型	描述语句
typedef	auto	char	break
void	extern	const	case
	register	double	continue
	static	float	default
	volatile	int	do
		long	else
		short	for
		signed	goto

续表

描述数据类型定义	描述存储类型	描述数据类型	描述语句
		struct	if
		union	return
		unsigned	sizeof
		enum	switch
			while

（1）所有保留字都用小写字母表示。

（2）用户自定义的常量名、变量名、函数名和类型名不能使用上述保留字。

3. 预定义标识符

这些标识符在 C 语言中都具有特定含义，如 C 语言提供的编译预处理命令#define 和#include，C 语言语法允许用户把这类标识符作其他用途，但这将使这些预定义标识符失去系统规定的原意，鉴于目前各种计算机系统的 C 语言已经把这类标识符作为统一的编译预处理中的专用命令名使用，因此为了避免误解，建议用户不要把这些预定义标识符另作它用或将它们重新定义。

2.3　C 语言的数据类型

数据实际上是现实世界的一种形式化的表达，在计算机应用中，数据是计算机程序处理的所有信息的总称，它不仅有数学中的整数和实数，还有字符，甚至还有图形、图像、动画和声音等。不同的数据在计算机内的存储方式不同，因此，用户在程序设计过程中所使用的每个数据都要根据其不同的用途赋以不同的类型，一个数据只能有一种类型。C 语言提供的数据类型见表 2-3。C 语言中据有常量与变量之分，它们分别属于以上这些类型。本章将重点介绍基本类型。

表 2-3　C 语言的数据类型

分　类	说　明	数据类型	
基本类型	C 语言中最基本的类型，数据不可再分解为其他类型的数据	整型	基本整型（int）
			短整型（short）
			长整型（long）
		实型	单精度型（float）
			双精度型（double）
		字符型（char）	
构造类型	数据可以分解为若干个“成员”或“元素”	数组类型	
		结构体类型（struct）	
		共用体类型（union）	
		枚举类型（enum）	
指针类型	用于描述内存单元地址	指针类型（*）	
空类型	一种特殊的数据类型，一般用于对函数的类型说明	空类型（void）	

2.4 常量

常量是指在程序运行过程中其值始终不可改变的量。在 C 语言中常用的常量有数值常量、字符常量、字符串常量。这些数据（常量）在程序中不需预先说明就能直接引用。此外，在 C 语言中还存在另外两种表现形式不同的常量：符号常量和转义字符。本节主要介绍这 4 种常量的表示和使用方法。

2.4.1 数值常量

在C语言中使用的数值常量有两种：整型常量和实型常量。

1. 整型常量

整型常量简称整数，C语言中有3种形式的整型常量：十进制整型常量，八进制整型常量和十六进制整型常量，每种形式的整型常量又都可表示成短常量和长常量，凡在整型常量后面紧跟大写字母L（或小写字母l），则表示此常量为长整型常量。

（1）八进制整型常量。

八进制整型常量必须以 0 开头，即以 0 作为八进制数的前缀。数码取值为 0 ~ 7。八进制数通常是无符号数。

以下各数是合法的八进制数：

015（十进制为13） 0101（十进制为65） 0177777（十进制为65535）

以下各数不是合法的八进制数：

256（无前缀0） 03A2（包含了非八进制数码） -0127（出现了负号）

（2）十六进制整型常量。

十六进制整型常量的前缀为0X或0x。其数码取值为0~9、A~F或a~f。

以下各数是合法的十六进制整型常量：

0X2A（十进制为42） 0XA0（十进制为160） 0XFFFF（十进制为65535）

以下各数不是合法的十六进制整型常量：

5A（无前缀0X） 0X3H（含有非十六进制数码）

（3）十进制整型常量。

十进制整型常量没有前缀。其数码为 0 ~ 9。

以下各数是合法的十进制整型常量：

237 -568 65535 1627

以下各数不是合法的十进制整型常量：

023（不能有前导0） 23D（含有非十进制数码）

说明：十进制整型常量可以是正数和负数，分别在前面加“+”和“–”表示，但“+”可以省略。

2. 实型常量

C 语言中的实型常量就是实数，由于计算机中的实数以浮点形式表示，因此，实型常量也称为浮点数。在C语言中实型常量只使用十进制。实型常量有两种表示形式：小数形式和指数形式。

（1）小数形式。

由正负号、数字和小数点组成，其中小数点不能缺少，正数符号可以省略。如：

0.123　　.123　　123.0　　+123.　　0.0　　–1.23

（2）指数形式。

在实际应用中，有时会遇到绝对值很大或很小的数，这时候我们将其写成指数形式更方便、直观。指数形式也称科学计数法，由尾数、指数符号 E（或 e）和指数部分构成。其一般形式为：

mE±n

它表示 $m\times10^{\pm n}$，其中 m 是小数形式的实型常量，n 是十进制整数，如：

345E+2　　　　　（相当于 345×10^{2}）

-3.2E+5　　　　　（相当于 -3.2×10^{5}）

.5E-2　　　　　　（相当于 0.5×10^{-2}）

但下面都是不合法的实型常量：

E3　　5.1E(-4)　　2.1E3.5

因为在指数形式中，E 前面不能没有数字，E 后面必须为整数，也不能加括号。

2.4.2　字符常量和字符串常量

1. 字符常量

C 语言的字符常量代表 ASCII 码字符集里的一个字符，C 语言中的字符常量在程序中要用单引号括起来，以便与一般的用户标识符区分，例如：

'a'、'b'、'x'、' '、'?'、'0'、'A'

字符常量两侧的一对单引号是必不可少的，例如，'3' 是字符常量，而 3 则是一个整数，再如，'a' 是字符常量，而 a 则是一个标识符。

C 语言规定，字符常量都具有数值，字符常量都可以作为整数常量来处理（这里整数常量指的是相应字符的 ASCII 码值），因此字符常量可以参与算术运算。例如：

字 符	十进制（ASCII 代码值）
'a'	97
'A'	65
'5'	53
'?'	63

由于字符常量是个整数值，因此它可以像整数一样参加数值运算。例如：

```
a='D';
b='A'+5;
s='! '+'G';
```

它们分别相当于下列运算：

```
a=68
b=65+5
s=33+71
```

例 2.1　字符常量举例。

```
#include <stdio.h>
void main()
{
  char ch;
  ch='b';
  printf("%c,%d",ch,ch);  /* 输出'b'字符和'b'字符的ASCII码值*/
}
```

运行结果：

```
    b,98
```

说明：

（1）'a'和'A'是不同的字符常量。

（2）其中单引号只是作为定界符使用，并不表示字符常量本身。

另外，还有一些字符是不可显示字符，也无法通过键盘输入，如换行、回车等控制符。C 语言提供了一种称为转义字符的表示方法，就是用反斜杠开头来表示一个特殊的功能符号。常用的转义字符见表 2-4。

表 2-4　常用的转义字符

字符形式	功　能	ASCII 码值
\n	换行	10
\t	水平制表（下一个 tab 键的位置）	9
\v	垂直制表（竖向跳格）	11
\b	退格	8
\r	回车	13
\f	走纸换页	12
\0	空字符	0
\a	响铃	7
\\	反斜线\	92
\'	单引号'	39
\"	双引号"	34
\ddd	1 ~ 3 位八进制所代表的字符	
\xhh	1 ~ 2 位十六进制所代表的字符	

转义字符是 C 语言中使用字符的一种特殊表现形式，它们代表某个特定的 ASCII 码字符。广义地讲，C 语言字符集中的任何一个字符均可用转义字符来表示。表中的\ddd 和\xhh 正是为此而提出的。ddd 和 hh 分别为八进制和十六进制的 ASCII 代码。例如，'\101'表示字母'A'，'\102'表示字母'B'，'\134'表示反斜线，'\x0A'表示换行等。注意，当表示单引号（'）、双引号（"）和反斜线（\）等代码序列时，要用反斜线"\"后面跟有一个字符或一个数字表示。例如：'\''表示单引号字符；'\"'表示双引号字符；'\\' 表示反斜线字符。

例 2.2　转义字符举例。

```
#include <stdio.h>
void main()
{
  printf("\t Hello!");      /* 先横向跳格 */
  printf("\n1234567890");  /* 先换行再输出"1234567890"数字字符串 */
  printf("\bHello!");       /* 先退格再输出"Hello!"字符串*/
}
```

输出结果：

```
        Hello!（从光标当前位置向右移动 8 个空格，再输出"Hello!"字符串）
123456789Hello!（前面数字字符串最后一位数字 0 被覆盖）
```

2. 字符串常量

C 语言中的字符串常量是由一对双引号（" "）括起来的零个或多个字符的序列。注意，不要将字符常量和字符串混淆。例如，'a'与"a"是 C 语言中两种不同类型的数据。

C 语言对字符串的长度不加限制。例如：

```
"china"
"0123456789"
"a"
" "        （引号中有一个空格）
""         （引号中什么也没有）
```

注意，字符串中如果包括双引号（"）和反斜线（\），也应使用转义字符形式。例如，要输出字符串：

```
"I say: "Goodbye!""
```

C 语言中正确的表示形式是：

```
"I say: \"Goodbye!\""
```

字符串在计算机内存中存储时，C 编译程序总是自动地在字符串的结尾加一个转义字符'\0'作为字符串的结束标志。它也是一字节代码，在 ASCII 码中，其代码值为 0。因此，长度为 n 个字符的字符串，在内存中占有 n+1 个字节的空间。例如字符串：

```
"China"
```

有 5 个字符，它存储于内存中时，占用 6 个字节空间。它在内存中的形式如图 2-1 所示。

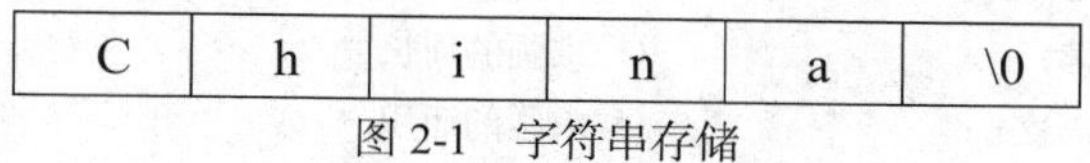

图 2-1　字符串存储

了解了这一点，可以看出字符常量和字符串在表示形式和存储性质上是不同的。例如，"a"和'a'是两个不同的常量。字符'a'占一个字节，而字符串"a"占两个字节。在内存中的形式如图 2-2 所示。

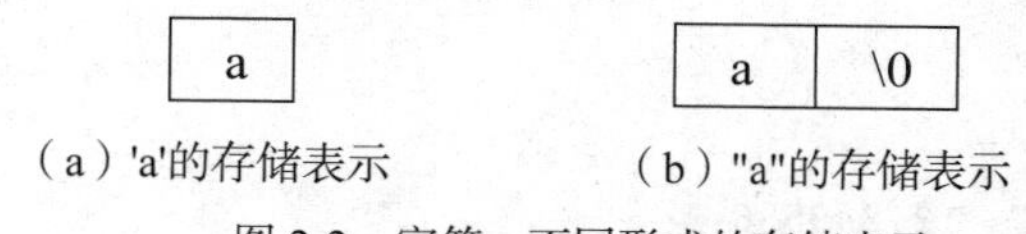

（a）'a'的存储表示　（b）"a"的存储表示

图 2-2　字符 a 不同形式的存储表示

字符串以'\0'结束，这种形式表明，C 语言中的字符串的长度是不受限制的，其长度可以根据'\0'来判断。但是，字符串中的'\0'在输出时，它并不显示。

例 2.3　字符常量和字符串输出举例。

```
#include <stdio.h>
void main()
{
 printf("%c%c%c%c%c\n",'H', 'e', 'l', 'l', 'o');
 printf("%s\n","Hello");
}
```

运行结果：

```
        Hello
        Hello
```

2.4.3　符号常量

在 C 语言程序中，经常用到某些常量，或者为便于阅读程序、理解常量的含义，可以把常量用一个标识符来命名。为了便于与一般变量区分，标识符命名的常量一般用大写字母表示，变量一般用小写字母表示。标识符命名的常量在使用之前必须预先定义，其定义的一般格式是：

#define 标识符 常量

例如：

```
#define  PI  3.1415926
#define  NULL  0
#define  EOF  -1
```

其中 PI、NULL 和 EOF 在程序中代替常量，它们代替的常量值分别是 3.1415926、0 和–1。

#define 是宏定义，每个#define 定义一个标识符常量，并且占据一个书写行。使用#define 时不要以分号结束，它不是一个语句，而是通知编译系统的预处理命令，使得在编译程序时，将程序中所有该符号都用所定义的常量替换（关于预处理的详细讨论见第 8 章）。

例 2.4 标识符命名的常量举例。

```
#include <stdio.h>
#define PI 3.1415926                    /* 定义符号常量 PI */
void main()
{
  float radius,circum,area;             /* 定义 3 个变量，分别表示圆的半径、周长和面积 */
  scanf("%f",&radius);                  /* 通过键盘输入半径的值 */
  circum=2*PI*radius;                   /* 求圆的周长 */
  area=PI*radius*radius;                /* 求圆的面积 */
  printf("circumference is %f\n",circum);    /* 输出圆的周长 */
  printf("area is %f\n",area);          /* 输出圆的面积 */
}
```

运行输入：

```
    3
```

运行结果：

```
    circumference is 18.849556
    area is 28.274334
```

这个程序是按输入的半径值，求圆的周长及圆的面积。第一行定义了一个常量 PI，以后凡在程序中出现 PI，都表示 3.1415926。PI 是一个常量，在程序中只能引用，而不能被改变。使用标识符来代替常量至少有两个好处。

其一，可以使程序更清晰易读。

其二，程序更易修改。

2.5 变量

变量是指程序执行过程中，其值可以改变的量。一个变量有 3 个相关的要素：

（1）变量名。

（2）变量的存储单元。

（3）变量（存储单元存放）的值。

本节主要介绍变量的定义、存储和基本属性。变量的属性包括变量的值和变量的类型。

2.5.1　变量的定义和变量的存储

1. 变量的定义

在 C 语言中，要求程序中使用的每一个变量都必须先定义，然后才能使用。

定义变量用变量定义语句进行，其一般形式为：

存储类型 数据类型 变量名;

具有相同存储类型和数据类型的变量可以在一起说明，它们之间用逗号分隔。例如：

```
static  int i,j,k;      /* 定义整型变量 i,j,k */
float f,p;              /* 定义实型变量 f,p */
char ch;                /* 定义字符型变量 ch */
```

变量名用标识符表示，但变量名不能与 C 语言中的保留字重名，就是不能与语句名、类型名等重名。例如：

```
sum   dass   student_name    _above
```

是合法的变量名，而

```
int   char   static   while
```

是不合法的变量名。

(1) 整型变量。

C 语言中的整型变量可分为 4 种。

① 基本型：类型说明符为 int，在内存中占 4 个字节。

② 短整型：类型说明符为 short int 或 short，在内存中占 2 个字节。

③ 长整型：类型说明符为 long int 或 long，所占字节和取值范围均与基本型相同。

④ 无符号型：类型说明符为 unsigned。

无符号型又可与上述 3 种类型匹配而构成以下 3 种类型。

a. 无符号基本型：类型说明符为 unsigned int 或 unsigned。

b. 无符号短整型：类型说明符为 unsigned short。

c. 无符号长整型：类型说明符为 unsigned long。

各种无符号类型量所占的内存空间字节数与相应的有符号类型量相同。但由于省去了符号位，故不能表示负数。

有符号短整型变量：最大表示 32767，在内存中的存储形式如下：

0	1	1	1	1	1	1	1	1	1	1	1	1	1	1	1

无符号短整型变量：最大表示 65535，在内存中的存储形式如下：

1	1	1	1	1	1	1	1	1	1	1	1	1	1	1	1

(2) 实型变量。

C 语言中的实型变量分为两种：单精度类型和双精度类型。分别用保留字 float 和 double 进行定义。在 VC 6.0 环境下，一个 float 型数据在计算机中占 4 个字节，数值精度约 6 位有效数字；一个 double 型数据占 8 个字节，数值精度约 12 位有效数字；一个 long double 型数据占 16 个字节，数值精度约 24 位有效数字。

(3) 字符变量。

C 语言中的字符变量用保留字 char 来说明，每个字符变量中只能存放一个字符。在一般系统中，一个字符变量在计算机内存中占一个字节。与字符常量相同，字符变量也可出现在任何允许整型变量参与的运算中。

C 语言中没有专门的字符串变量，如果需要把字符串存放在变量中，则要用一个字符型数组来实现。

（4）各类数据的精度。

数据类型用于说明变量在内存中所占空间的大小和变量的取值范围。计算机给不同的数据类型的变量分配不同大小的存储空间。但相同的数据类型变量在不同的计算机中占有的空间也不完全相同，也就是说变量的取值范围不同，变量的精度不同。表 2-5 给出了 VC 6.0 环境下几种基本数据类型所占的空间和数的范围。对于构造数据类型和用户自定义数据类型，空间的大小和数的范围随不同的场合而不同。

表 2-5　　基本数据类型和数的范围

类　型	字 节 数	数的范围
int	4	–2 147 483 648 ~ 2 147 483 647 即-2^{31} ~ $(2^{31}-1)$
short	2	–32 768 ~ 32 767 即-2^{15} ~ $(2^{15}-1)$
long	4	–2 147 483 648 ~ 2 147 483 647 即-2^{31} ~ $(2^{31}-1)$
unsigned	4	0 ~ 4 294 967 295 即 0 ~ $(2^{32}-1)$
unsigned short	2	0 ~ 65 535 即 0 ~ $(2^{16}-1)$
unsigned long	4	0 ~ 4 294 967 295 即 0 ~ $(2^{32}-1)$
char	1	–128 ~ 127 即-2^{7} ~ $(2^{7}-1)$
unsigned char	1	0 ~ 255 即 0 ~ $(2^{8}-1)$
float	4	10^{-38} ~ 10^{38}
double	8	10^{-306} ~ 10^{306}

（5）变量说明。

在 C 语言中，所有变量在使用之前必须加以说明。也就是“先定义，后使用”。这样做的目的是：

① 凡未被事先定义的，不能作为变量名，这就能保证程序中变量名的正确使用。

② 每一个变量被指定为一个确定的数据类型和存储类型，在编译时就能为其分配相应的存储单元。

③ 每一个变量属于一个类型，以便于在编译时据此检查该变量所进行的运算是否合法。

变量的存储类型是 C 语言的重要特点之一，体现了变量的物理特性，它是实现低级语言特性的机制，在本书的第 8 章介绍。

2. 变量的存储

在 C 语言程序运行时，变量的数值存放在一定的存储空间中。存储某变量的内存空间的首地址称为变量的地址。在 C 语言中，变量的地址用“&变量名”表示。如图 2-3 所示，存放变量 a 的内存首地址为 0x8400，则&a 的值为 0x8400，而 a 的数据值为 10；&b 的值为 0x8404，而 b 的数据值为 20。

在 C 语言中，符号&是一个运算符号，它所表示的是“取地址”运算。上述的&a 是一个运算表达式，它执行的运算是取变量 a 的存储空间首地址，所以这个运算表达式的结果就是变量 a 的存储首地址。

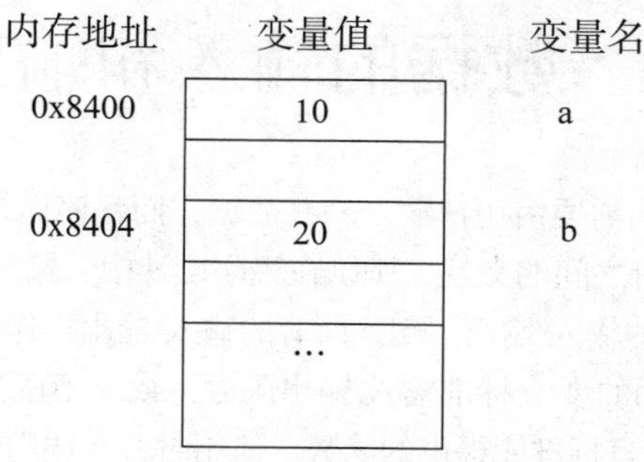

图 2-3　变量的地址

虽然地址的值在形式上与整型数一样，也可以用十进制或十六进制表示，但意义不一样。整型数有算术、关系、逻辑等运算，而地址只有有限的算术运算和关系运算。如图 2-3 所示的数据定义，a/b 是表示变量 a 和变量 b 的商，而&a/&b 是毫无意义的。其次，地址的值一定是一个整型量。地址的具体操作请参看第 10 章有关指针的内容。

2.5.2　变量的初始化

变量定义之后，可以用赋值的形式赋给它确定的值，也可以在定义变量的同时给它设置初值，定义变量的同时给变量赋初值称为变量的初始化。

例 2.5　变量的初始化。

```
#include <stdio.h>
void main()
{
  int a=3,b=2;
  char c='a';
  float d,e=4.5;
  d=a+b+c+e;
  printf("%f\n",d);
}
```

运行结果：

```
106.500000
```

说明：

初始化不是在编译阶段完成的（只有静态存储变量和外部变量的初始化是在编译阶段完成的），而是在程序运行时执行该函数时赋予初值的，相当于一个赋值语句。

在这里 `int a=3,b=2;`

相当于：

```
int a,b;
a=3;b=2;
```

3 条语句。

```
float d,e=4.5;
```

相当于：

```
float d,e;
e=4.5;
```

两条语句。

2.6 数据的输入和输出

在程序的运行过程中，往往需要由用户输入一些数据，而程序运算所得到的计算结果又需要输出给用户，由此实现人与计算机之间的交互，所以在程序设计中，输入/输出语句是必不可少的重要语句，在C语言中，没有专门的输入/输出语句，所有的输入/输出操作都是通过对标准I/O库函数的调用来实现的。本节介绍最常用的4个标准输入/输出函数：scanf函数、printf函数，putchar函数和getchar函数。这些函数是C语言标准库提供的函数。使用时，在调用了这些函数的程序开头一定要使用预编译命令：#include <stdio.h>或#include "stdio.h"来将<stdio.h>文件包括到用户源文件中。即：

```
#include <stdio.h>
```

stdio.h 是 standard input & output 的缩写，称为标准输入/输出预说明，h 是头文件的扩展名。它包含了与标准I/O库有关的变量定义和宏定义（有关预编译命令请参见第8章）。

2.6.1 格式输入/输出函数

printf()和scanf()函数一次可以输出或输入若干个任意类型的数据。这两个函数可以在标准输入/输出设备上以各种不同的格式读写数据。printf()函数用来向标准输出设备（屏幕或打印机）写数据；scanf() 函数用来从标准输入设备（键盘）上读数据。

下面介绍这两个函数的用法。

1. 格式输出函数 printf()

在 C 语言中，如果向终端或指定的输出设备输出任意的数据且有一定格式时，则需要使用printf()函数。其作用是按照指定的格式向终端设备输出数据，printf()函数的一般调用形式为：

printf(格式控制字符串，输出项表)；

其中：格式控制部分是一个用双引号括起来的字符串，用来确定输出项的格式和需要原样输出的字符串；输出项可以是合法的常量、变量和表达式，输出项表中的各项之间要用逗号分开。

功能：在格式控制字符串的控制下，将各参数转换成指定格式，在标准输出设备上显示或打印。

说明：

（1）格式控制字符串可包含两类内容：普通字符和格式说明。普通字符只被简单地复制到屏幕上，所有字符（包括空格）一律按照自左至右的顺序原样输出。例如：

```
printf("China");
```

输出结果：

```
    China
```

在输出项表中的每个输出项必须有一个与之对应的格式说明，每个格式说明均以百分号%开头，后跟一个格式符作为结束，如%f、%d，其中%是格式标识符，d和f是格式字符。每个格式说明对应printf()中相应参数的转换和输出。表2-6给出了printf()中可用的格式字符及其含义。

表2-6　printf()中使用的格式字符

格式字符	说　明
d	以十进制形式输出带符号的整数（正数不输出符号）
o	以八进制无符号形式输出整数（不输出前导符）
x	以十六进制无符号形式输出整数（不输出前导符0X）

续表

格式字符	说　明
u	以十进制形式输出无符号整数
c	以字符形式输出，只输出一个字符
s	输出字符串
f	以小数形式输出单、双精度实数，隐含输出 6 位小数
e	以标准指数形式输出单、双精度实数，数字部分小数位数为 6 位
g	以%f 或%e 格式中较短的输出宽度输出单双精度实数，不输出无意义的 0

格式命令的一般形式为：

%+/−0m.nl 格式字符

其中+、−、0、m、.n、1 通常称为附加格式说明符，说明输出数据精度，左右对齐，如表 2-7 所示。

表 2-7　printf()的附加格式说明字符

字　符	说　明
l	表示输出长整型数据（如%ld）和双精度浮点数（如%lf）
m	表示输出数据的最小宽度
.n	对实数，表示输出 n 位小数；对字符串，表示截取 n 个字符
0	表示左边补 0
+	转换后的数据右对齐
-	转换后的数据左对齐

（2）在使用函数输出时，格式控制字符串后的输出项必须与格式控制字符串对应的数据按照从左到右的顺序一一匹配。

（3）格式字符必须用小写字母，如%d 不能写成%D。

（4）在控制字符串中可以增加提示修饰符和换行、跳格、竖向跳格、退格、回车、换页、反斜杠、单撇号、八进制字符等“转义字符”，即\n、\t、\v、\b、\r、\f、\\、\'、\ddd。

（5）如果想输出字符“%”，则应该在格式控制字符串中用连续的两个百分号(即%%)表示，如：

```
printf("%f%%",1.0/3);
```

输出结果是：　0.333333%。

（6）当格式说明个数少于输出项时，多余的输出项不予输出。若格式说明多于输出项时，各个系统的处理不同，如：VC 6.0 环境下对于缺少的项输出不定值；VAX C 则输出 0 值。

（7）用户可以根据需要，指定输出项的字段宽度（域宽），对于实型数据还可指定小数点后的位数，当指定的域宽大于输出项的宽度时，输出采取右对齐方式，左边填空格。若字段宽度前加一个“–”号，如%–10.2f，则输出采取左对齐方式。若在字段宽度前加 0，在输出采取右对齐方式时，左边不填空格，而是填 0。

（8）每次调用 printf()函数后，函数将得到一个整型函数值，该值等于正常输出的字符个数。

例 2.6　输出格式举例。

具体程序如下：

```
#include <stdio.h>
```

```
void main()
{
  char  c='a';
  char  str[]="see you";
  int  i=1234;
  float  x=123.456789;
  float  y=1.2;
  printf("1:  %c,%s,%d,%f,%e,%f\n",c,str,i,x,x,y);
  printf("2:  %4c,%10s,%6d,%12f,%15e,%10f\n",c,str,i,x,x,y);
  printf("3: %-4c,%-10s,%-6d,%-12f,%-15e,%-10f\n",c,str,i,x,x,y);
  printf("4:  %0c,%6s,%3d,%9f,%10e,%2f\n",c,str,i,x,x,y);
  printf("5:  %12.2f\n",x);
  printf("6:  %.2f\n",x);
  printf("7:  %10.4f\n",y);
  printf("8:  %8.3s,%8.0s\n",str,str);
  printf("9:  %%d:  %d\n",i);
}
```

运行结果：

```
1:  a,see you,1234,123.456787,1.23457e+02,1.200000
2:     a,   see you,  1234,  123.456787,    1.23457e+02,  1.200000
3: a   ,see you   ,1234  ,123.456787  ,1.23457e+02    ,1.200000
4:  a,see you,1234,123.456787,1.23457e+02,1.200000
5:        123.46
6:  123.46
7:      1.2000
8:       see,
9:  %d:  1234
```

说明：

（1）程序中定义了一个 char 型变量 c，一个字符数组 str 存放一个字符串，一个 int 型变量 i 和两个 float 型变量 x、y，并进行初始化，这是一种赋值形式。

（2）程序中采用几种不同的格式输出定义的变量值，第 1 个 printf 采用默认输出形式；第 2 个 printf 中加入输出宽度；第 3 个 printf 中“–”代表左对齐，这也是与第 2 个 printf 不同的地方；第 4 个 printf 中使用了与前面不同的宽度设置，产生不同的输出结果；第 5、6、7 个 printf 是对 float 型变量采用不同宽度和不同小数位数输出的形式；第 8 个 printf 是对字符串的输出控制；第 9 个 printf 中两个连续的“%%”表示输出“%”。

2. 格式输入函数 scanf()

在 C 语言中，scanf()函数的作用是把从终端（如键盘）上输入的数据传送给对应的变量，从输入设备输入任意类型的数据时，使用 scanf()函数。

scanf()函数的一般调用形式为：

scanf(格式控制字符串,输入项地址表);

其中：格式控制部分是一个用双引号括起来的字符串，用来确定输入项的格式和需要输入的字符串；输入项地址表是由若干个地址组成的，代表每一个变量在内存中的地址。

功能：读入各种类型的数据，接收从输入设备按输入格式输入的数据，并存入指定的变量地址中。

说明：

（1）与 printf()类似，scanf()的格式控制字符串中也可以有多个格式说明，格式说明的个数必须与输入项的个数相等，数据类型必须从左至右一一对应，scanf()函数常用的格式符如表 2-8 所列出的那样。在%和格式字符之间可以插入附加格式说明字符，表 2-9 列出了 scanf()函数可以使用的附加格式说明字符。

表 2-8　　scanf()中的格式字符

格式字符	说　明
d	以带符号的十进制形式输入整数
o	以八进制无符号形式输入整数
x	以十六进制无符号形式输入整数
c	以字符形式输入单个字符
s	输入字符串。以非空字符开始，以第一个空白字符结束
f	以小数形式输入单、双精度数，隐含输入 6 位小数
e	以标准指数形式输入单、双精度数，数字部分小数位数为 6 位

表 2-9　　scanf()的附加格式说明字符

字　符	说　明
l	表示输入长整型数据（如%ld）和双精度浮点数（如%lf）
h	表示输入短整型数据（可用于 d、o、x）
m	表示输入数据的最小宽度（列数）
*	表示本输入项在读入后不赋给相应的变量

（2）输入项地址表是若干个变量的地址，而不是变量名，与 printf()的输出项表不同。表示的方法是在变量名前冠以地址运算符&，如&x 指变量 x 在内存的地址。例如：

```
scanf("%d",x);
```

是不合法的，应将 x 改为&x。

（3）输入时不能规定精度，例如：

```
scanf("%5.2f",&x);
```

是不合法的。

（4）在 scanf()中一般不使用%u 格式，对 unsigned 型数据，以%d 或%o、%x 格式输入。

（5）注意输入数据时的格式和输入方法：

① 如果在格式控制字符串中每个格式说明之间不加其他符号，例如：

scanf("%d%d",&i,&j);

在执行时，输入的两个数据之间以一个或多个空格间隔，也可以用回车、跳格。例如：

　　5 6

或　5

　　6

输入 i、j 的值。

② 如果在格式控制字符串中格式说明间用逗号分隔，例如：

```
scanf("%d,%d",&i,&j);
```

在执行时，输入的两个数据间以逗号间隔。例如：

5,6

输入 i、j 的值。

③ 如果在格式控制字符串中除了格式说明以外还有其他字符。例如：

```
scanf("a=%d,b=%d",&a,&b);
```

数据说明中的“a=”和“,b=”都要原样输入。

a=5,b=6

在执行键盘输入时，应先输入与这些字符串相同的字符“a=”，再输入数据 5，然后输入“,b=”，再输入数据 6。“a=”和“,b=”不是提示信息，而是要求用户输入的字符串。

④ 在用%c 格式输入字符时，空格字符和转义字符都作为有效字符。例如：

```
scanf("%c%c%c",&c1,&c2,&c3);
```

在执行时，如果输入：

```
a b c
```

后，则字符'a'赋给变量 c1，空格' '赋给变量 c2，字符'b'赋给变量 c3。正确的输入方法是：

abc

字符'a'赋给 c1，字符'b'赋给 c2，字符'c'赋给 c3。

（6）在输入数据（常量）遇到以下情况时，认为该数据输入结束：

① 遇空格或遇回车或跳格（Tab）键 。

② 遇宽度结束，例如：

```
    scanf("%3d",&x);
```

只取 3 列。

③ 遇非法输入，例如：

```
scanf("%d%c%f",&i,&j,&k);
```

若输入

1234a123o.26

则第一个数据对应%d 格式输入 1234 之后遇字母'a'，则认为第一个数据到此结束，把 1234 赋给变量 i。字符'a'赋给变量 j，因为只要求输入一个字符，因此'a'后面不需要空格，后面的数值应赋给变量 k。如果由于疏忽把 1230.26 错打成 123o.26，则认为数值到英文字符'o'就结束，将 123 赋给 k。

（7）用户可以指定输入数据的域宽，系统将自动按此域宽截取所读入的数据，但输入实型数据时，用户不能规定小数点后的位数。输入实型数据时，可以不带小数点，即按整型数方式输入。

（8）在使用%c 格式时，输入的数据之间不需要分隔标志，空格和回车符都将作为有效字符读入。

（9）格式说明%*表示跳过对应的输入数据项不予读入，例如：

```
scanf("%d,%*d,%d",&a,&b);
```

若输入

123,45,678

系统将 123 赋给 a，678 赋给 b，也就是说第 2 个数据 45 被跳过。在利用现成的一批数据时，有时不需要其中的某些数据，可用此方法跳过它们。

（10）每次调用 scanf 函数后，函数将得到一个整型函数值，此值等于正常输入数据的个数。

例 2.7　输入格式举例。

具体程序如下：

```
#include <stdio.h>
void main()
{
  char ch;
  int i;
  char  str[80];
  float  x;
  scanf("%c%d%s%f",&ch,&i,str,&x);
  printf("%c,%d,%s,%f\n",ch,i,str,x);
}
```

运行输入：

```
        w 123 hello 123.456
```

运行结果：

```
        w,123,hello,123.456001
```

2.6.2　字符输入/输出函数

putchar()和 getchar()是 C 语言标准库提供的单个字符的输入/输出函数。在使用时也需要使用预编译命令"#include"包括库函数文件。即：

```
#include <stdio.h>
```

1．字符输出函数 putchar()

putchar()函数的作用是向标准的输出设备（通常指显示器或打印机）输出一个字符，putchar()必须带输出项，输出项可以是字符型常量、变量，但只能是单个字符而不能是字符串，putchar 函数的一般调用形式为：

putchar(ch);

功能：向显示器或打印机输出一个字符。

说明：putchar 是函数名，ch 是函数的参数，该参数可以是一个整型变量或一个字符型变量。ch 也可以代表一个整型常量或字符常量（包括转义字符常量）。

例 2.8　编程：定义一个字符变量，赋初值为 A，输出字符变量的值。

具体程序如下：

```
#include <stdio.h>
void main()
{
  char  c;
  c='A';
  putchar(c);           /* 输出字符型变量 c 的值 */
  putchar('\n');        /* 转义字符常量\n 输出一个换行 */
  putchar('A');         /* 输出字符型常量 A 的值 */
}
```

运行结果：

```
        A
        A
```

说明：

程序运行时，先输出字符型变量 c 的值 A，然后，用转义字符常量'\n'输出一个换行，又输出一个字符常量 A。此例中变量 c 作函数参数输出时只要是变量名 c 就可以，而函数参数为常量 A 时，常量 A 必须加引号（'A'），转义字符常量\n 也须加引号('\n')。

例 2.9　编程：定义一个整型变量，赋初值为 65，输出该变量的字符值。

具体程序如下：

```
#include <stdio.h>
void main()
{
    int c;
    c=65;
    putchar(c);
  putchar('\n');
  putchar(65);
}
```

运行结果：

```
        A
        A
```

说明：

整型变量 c 的 ASCII 值 65 对应的是字符 A。程序运行时，执行 putchar(c)输出一个字符 A，执行 putchar('\n')时，输出一个换行。执行 putchar(65)输出又一个字符 A，函数参数是数值 65 时，输出的是 ASCII 值 65 对应的字符 A。

2. 字符输入函数 getchar()

getchar()函数的作用是从键盘上读入一个字符，它不带任何参数，getchar()函数的一般调用形式：

getchar();

功能：从键盘接收一个字符。

说明：

（1）getchar 是函数名，函数本身没有参数，其函数值就是从输入设备得到的字符。

（2）等待输入字符的应答是键入一个需要的字符，按回车键，则程序执行下一个语句。

例 2.10 编程：定义一字符变量，输入字符 A，再输出。

具体程序如下：

```
#include <stdio.h>
void main()
{
  char c;
  c=getchar();          /*  从键盘接收一个字符送给字符型变量 c  */
  putchar (c);          /*  输出字符型变量 c 的值  */
}
```

运行输入：

```
        A           /*  输入字符'A'后，按回车键  */
```

运行结果：

```
        A           /*  输出值  */
```

例 2.11 编程：定义一整型变量，输入字符 A，再输出。

具体程序如下：

```
#include <stdio.h>
void main()
{
  int c;
  c=getchar();          /*  从键盘接收一个字符送给整型变量 c  */
  putchar(c);           /*  输出整型变量 c 的值  */
}
```

运行输入：

　　A

运行结果：

　　A

例 2.12　编程：输入并输出字符 A。

具体程序如下：

```
#include <stdio.h>
void main()
{
  putchar(getchar());        /*  输出从键盘接收的一个字符  */
}
```

运行输入：

　　A

运行结果：

　　A

说明：

（1）3 个程序运行时，均有相同的输入字符和输出值。

（2）getchar()函数只接收一个字符，函数得到的字符可以赋给一个字符变量（如例 2.10）或整型变量（如例 2.11）。

（3）getchar()函数也可以作为表达式的一部分（如例 2.12）。

通常，我们将 printf()和 scanf()函数称为格式化输入/输出函数，putchar()和 getchar()函数称为非格式化输入/输出函数。非格式化输入/输出函数完全可以由格式化输入/输出函数代替：c=getchar(c);可用 scanf("%c",&c);代替；putchar(c);可用 printf("%c",c);代替。但非格式化输入/输出函数编译后代码少，相对占用内存也小，从而提高了速度，同时使用也比较方便。

本章小结

数据是程序处理的对象，C 语言中的数据类型通常分为基本类型、构造类型、指针类型和空类型 4 种。

C 语言中没有提供输入/输出语句，在其库函数中提供了一组输入/输出函数。本章介绍的是其中对标准输入/输出设备进行输入/输出的函数：getchar()、putchar()、scanf()和 printf()。适当使用格式，能使输入整齐、规范，使输出结果清楚而美观。

习　题

1. C 语言的常量有哪几种类型？各有什么特点？
2. 判断下面哪些是不合法的常量并指出错误，对于合法的常量指出所属的数据类型。

```
0.0, 5L, o13, 9861, 011, 3.987E-2, 018, 0xabcd, 8.9e1.2, 1e1, 0xFF00, 0.825e2,
"c" , '\"', 0xaa, 50., 3.7614, 10, -501, 0.6E5, "256", -1.28+100, 0.00+0000567
```

3. 下列变量定义中哪些是不合法的？指出其错误原因。

```
char ch, int i;
x, y, z: int;
int j=10;
float f;
double d;
long i;
```

4. 字符常量与字符串有什么区别？符号常量和变量有什么区别？

5. 判断下面哪些是合法的变量，如是不合法的变量，请指出错误。

（1）student_name

（2）3Db4

（3）float

（4）M.D_123

（5）char

（6）file.c

（7）above

（8）a>b

（9）Good bye

（10）J5x3

6. 请写出下面程序的输出结果：

```
#include <stdio.h>
void main()
{
  int a=6,b=8;
  float x=12.4564,y=-833.224;
  char c='B';
  long n=2345678;
  unsigned u=65535;
  printf("%d%d\n",a,b);
  printf("%3d%3d\n",a,b);
  printf("%f,%f\n",x,y);
  printf("%-10f,%-10f\n",x,y);
  printf("%8.2f,%8.2f,%.4f,%.4f,%3f,%3f",x,y,x,y,x,y);
  printf("%e,%10.e\n",x,y);
  printf("%c,%d,%o,%x",c,c,c,c);
  printf("%ld,%lo,%x\n",n,n,n);
  printf("%u,%o,%x,%d\n",u,u,u,u);
  printf("%s,%5.3s\n","UNIVERSITY","UNIVERSITY");
}
```

7. 用下面的 scanf 函数输入数据，使得 a=20，b=30，c1='B'，c2='b'，x=2.5，y=–5.75，z=78.9，请问在键盘上如何输入数据。

```
scanf("%5d%5d%c%c%f%f%*f,%f",&a,&b,&c1,&c2,&x,&y,&z);
```

第 3 章 运算符和表达式

在 C 语言中，定义了各种类型的数据以及对应的变量、常量，提供了可编程的数据类型、表达式、基本语句及语法规则等，方便我们对现实世界中各种各样数据进行描述和处理。在 C 语言中将常量、变量和运算符有机结合在一起组成表达式，利用表达式可以对数据进行复杂的运算和处理。

本章介绍 C 语言的算术、赋值、逗号、关系、逻辑、条件以及位运算符和表达式的概念和使用，每一种运算符对运算对象的要求、结合性和优先级等知识。通过本章的学习，读者应掌握运算符和表达式的使用方法，为以后各章的学习打下基础。

3.1 运算符和表达式简介

3.1.1 运算符

C 语言的运算符种类较多，灵活性大，除了控制语句和输入/输出以外，几乎所有的基本操作都可用运算符实现。参加运算的数据称为运算量或操作数。C 语言中，运算符有以下几类，如表 3-1 所示。

表 3-1　　C 语言运算符的类型

运算符类型	运算符号
算术运算符	+ – * / % –（取负） ++ – –
关系运算符	> >= < <= == !=
逻辑运算符	! && ||
位运算符	~ & | ^ << >>
赋值运算符	= 和复合赋值运算符
条件运算符	?:
逗号运算符	,
指针及求地址运算符	* &
求存储单元字节数运算符	sizeof()

续表

运算符类型	运算符号
强制类型转换运算符	(类型)
分量运算符	. ->
下标运算符	[]
其他运算符	如函数调用运算符()等

关于运算符的说明如下：

（1）运算符的功能：如+、–、*、/ 表示算术运算中的加、减、乘、除等。

（2）运算符与操作对象（即操作数，包括常量、变量、函数调用等）的关系如下。

① 对操作数个数的要求。有的运算符要求有两个操作数参加运算（如+、–、*、/），称为双目运算符；而有的运算符只允许有一个操作数（如取负运算符–、取地址运算符&），称为单目运算符；需要 3 个操作数的运算符（如条件运算符?:），称为三目运算符。

② 对操作数类型的要求。不同的运算符对操作数类型的要求也不尽相同。例如，运算符+、–、*、/的运算对象可以是整型或实型数据，而取余运算符%要求参加运算的两个操作数都必须为整型数据。

（3）运算符的优先级别。

如果一个操作数的两侧有不同的运算符，先执行"优先级别"高的运算，如*、/的优先级别高于+、–。

（4）运算符的结合性。

如果在一个操作数的两侧有两个相同优先级别的运算符，则按照运算符的结合性顺序处理。在 C 语言中，运算符的结合性有"左结合"与"右结合"两种。例如 3*5/6，在 5 的两侧分别为*和/，根据"先左后右"的原则先乘后除，即 5 先和其左面的运算符结合，这种运算符的结合规则是"自左至右"的，称为"左结合"。有些运算符的结合规则是"自右至左"的，称为"右结合"。例如，赋值运算符的结合规则就是"自右至左"的，因此：

```
a=b=c=5
```

b 和 c 的两侧有相同的赋值运算符，根据自右至左的规则，它应先与其后的赋值运算符结合，即相当于

```
a=(b=(c=5))
```

在运算时，先执行 c=5，然后把 c 的结果赋给 b，再把 b 的值 5 赋给 a。

（5）运算结果的数据类型。

在运算时，运算结果的数据类型因操作数类型的不同而不同，当不同类型的数据进行运算时将发生类型转换。

3.1.2 表达式

C 语言中的表达式是十分丰富的，表达式是由操作数和运算符组合而成的式子。它有如下定义：

（1）常量、变量和函数是一个表达式；

（2）运算符与表达式的组合也是一个表达式。

（3）表达式是一种复合数据，也具有数据的一般属性：值和类型。

本节介绍 7 种运算符组成的表达式的运用，其他运算符组成的表达式将在各有关章节中分别介绍。

3.2 常用运算符和表达式

3.2.1 算术运算符和算术表达式

1. 算术运算符

C 语言中有 8 种算术运算符，+、–、*、/和–（取负）5 种运算符对于整型和实型数据都适用，%、++和––运算符只适用于整型，如表 3-2 所示。

表 3-2 算术运算符

运算符	名称	表达式	适用范围		运算功能
			整型	实型	
+	加	a+b	√	√	求 a 与 b 的和
–	减	a–b	√	√	求 a 与 b 的差
*	乘	a*b	√	√	求 a 与 b 的积
/	除	a/b	√	√	求 a 与 b 的商
%	取余	a%b	√	×	求 a 除以 b 的余数
++	自增	++a 或 a++	√	×	相当于 a=a+1
––	自减	––a 或 a––	√	×	相当于 a=a–1
–	取负	–a	√	√	求–a

说明：

（1）两个整数相除时结果为整数。如：10/4，其值为 2，舍去小数部分，相当于整除操作；当被除数与除数有一个为负，则商为负整数，而取值一般采取“向零取整”的方法（即商的绝对值不大于被除数与除数绝对值的商），如–10/4=–2。

（2）算术运算符+、–、*、/的两个操作数既可以是整数，也可以是实数。当两个操作数均为整数时，其结果仍是整数；如果参加运算的两个操作数中有一个为实数，则结果是 double 型。

（3）取余运算符%只用于整型常量或整型变量的运算，所得到的余数与被除数的符号相同，如 5%3=2，6%3=0，4%–3=1，–4%3=–1。

2. 算术表达式

C 语言算术表达式由运算对象（常量、变量、函数等）、圆括号和算术运算符组成，最简单的形式是一个常量或一个变量（赋过值的）。如 5、 0、 x 都是合法的表达式。作为一般情况，可有更多的运算符和圆括号，如：

```
-a/(b+5)-11%7*'a'
```

要注意，C 表达式中的所有字符都是写在一行上的，没有分式，也没有上下标，括号只有圆括号一种，如数学表达式：

$$\frac{-b+\sqrt{b^2-4ac}}{2a}$$

需写成：

```
(-b+sqrt(b*b-4*a*c))/(2*a)
```

C 语言中，规定了算术运算符的优先级和结合性，圆括号可用来改变优先级，如表 3-3 所示。

表 3-3　　算术运算符的优先级和结合性

优先级		运算符号	结合性
高	1	()	
↓	2	++、−−、−（取负）	右结合
	3	*、/、%	左结合
低	4	+、−	左结合

例如，表达式–a/（b+5）–11%7*'a'的求值过程为：

① 求–a 的值；

② 求 b+5 的值；

③ 求①/②的值；

④ 求 11%7 的值；

⑤ 求④*'a'（ASCII 码值）的值；

⑥ 求③–⑤的值。

3. 自增、自减表达式

在算术运算表达式中，自增、自减运算表达式是 C 语言中特有的。从运算功能上看，自增和自减表达式是对某一变量加（或减）1。自增（减）运算符既可用作前缀也可用作后缀，如：

++i　（先把 i 值加 1，然后再引用）。

i++　（先引用 i 的值，然后再把 i 值加 1）。

自增和自减运算符都要求运算对象是整型变量，因此++5 和(x+y)−−都是错误的。

例 3.1　自增运算符举例。

```
#include <stdio.h>
Void main()
{
  int i=2;
  printf("%d\n",-i++);
  printf("%d\n",i);
}
```

运行结果：

```
-2
3
```

程序中的表达式–i++，相当于–(i++)，也就是先取 i 的值 2，取负后输出–2，然后 i 自身加 1，输出 3。

自增自减运算符常用于循环语句中，使循环变量自动加 1 或减 1；也可用于指针变量，使指针指向上或下一个地址，使得程序变得简洁。

3.2.2　赋值运算符和赋值表达式

1. 赋值运算符

C 语言的赋值运算符用“=”表示，它的功能是把其右侧表达式的值赋给左侧的变量，赋值的一般形式为：

变量=表达式

例如：

```
a=10;    /* 表示把一个常量数值 10 赋给变量 a，也就是让变量 a 的值为 10 */
x=a+5;   /* 表示把表达式 a+5 的值赋给变量 x，变量 x 的值为 15 */
```

说明：

（1）“=”是赋值运算符，不是关系运算中的等于号（等于号是==）。

（2）赋值运算符的结合方向为自右向左，即右结合。

（3）赋值运算符“=”表示把表达式的值送到变量代表的存储单元中去。由此，赋值运算符的左侧只能是变量，它表示一个存放值的地方，因此

```
10=a;
a+b=c;
```

这样的赋值显然是不合法的。

（4）赋值运算符的优先级较低（只高于逗号运算符），因此，一般情况下表达式无须加括号，如 a=5+8/3 是将数值 7 赋给变量 a。

2. 赋值表达式

赋值运算符连接变量和表达式而得到的式子就是赋值表达式。

这种形式可以用在表达式存在的任何地方（实际上赋值语句在 C 语言中被认为是一种表达式语句），如果赋值表达式再加上分号，如：

```
a=10;
```

就是一个赋值语句了。既然是表达式，也就具有一个值和类型。

说明：

（1）赋值表达式求值过程是：先计算赋值运算符右侧表达式的值，然后将计算结果转换成与赋值运算符左侧变量相同的数据类型后，再存储到左侧变量的存储单元中，左侧变量原有的值被覆盖。

（2）当赋值表达式两边的数据类型不同时，由系统自动进行类型转换。其原则是，赋值运算符的右边的数据类型转换成左边变量的数据类型。

（3）赋值运算是一个表达式，其值即是赋值后变量的值，该值可赋给其他变量，如：b=(a=2*3)，由于赋值运算符的右结合性，可去掉括号，即 b=a=2*3，运算后 a 和 b 的值均为 6。

3. 复合赋值运算

C 语言中，允许在赋值运算符“=”之前加上其他运算符以构成复合的赋值符。有两大类双目运算符可以和赋值运算符一起组合成复合的赋值符，它们是基本的算术运算符+、–、*、/、%和位运算符（含移位运算符和双目位逻辑运算符）。

本节主要介绍算术类复合运算符：+=、–=、*=、/=、%=，如表 3-4 所示。

表 3-4　　　　复合赋值运算符

运算符	名　称	应用形式	适用范围		等价于
			整数	实数	
+=	加赋值	a+=b	√	√	a=a+b
–=	减赋值	a–=b	√	√	a=a–b
*=	乘赋值	a*=b	√	√	a=a*b
/=	除赋值	a/=b	√	√	a=a/b
%=	取余赋值	a%=b	√	×	a=a%b

例如：变量 a 的值为 6，b 的值为 3，那么

```
a+=5;       相当于：a=a+5;            结果 a 的值为 11
a-=b;       相当于：a=a-b;            结果 a 的值为 3
a*=b+5;     相当于：a=a*(b+5);        结果 a 的值为 48
a/=a-b;     相当于：a=a/(a-b);        结果 a 的值为 2
a%=5;       相当于：a=a%5;            结果 a 的值为 1
```

例 3.2　复合赋值运算符举例。

```
#include "stdio.h"
void main()
{
  int a=3,b=9,c=-7;
  a+=b;
  c+=b;
  b+=(a+c);
  printf("a=%d,b=%d,c=%d\n",a,b,c);
  a+=b=c;
  printf("a=%d,b=%d,c=%d\n",a,b,c);
  a=b=c;
  printf("a=%d,b=%d,c=%d",a,b,c);
}
```

运行结果：

```
a=12,b=23,c=2
a=14,b=2,c=2
a=2,b=2,c=2
```

4. 赋值的类型转换规则

在算术赋值运算中，当赋值号右边表达式值的类型与左边变量的类型不一致但都是数值时，计算机系统将自动地把右边的类型转换成左边变量的类型后再进行赋值。转换规则见表 3-5。

表 3-5　　　　赋值的类型转换规则

赋值号左	赋值号右	转换说明
float	int	将整型数据转换成实型数据后再赋值
int	float	将实型数据的小数部分截去后再赋值
long　int	int，short int	值不变
int，short int	long int	右侧的值不能超过左侧数据值的范围，否则出错
unsigned	signed	按原样赋值，如果数据范围超过相应整型的范围，出错
signed	unsigned	按原样赋值，如果数据范围超过相应整型的范围，出错

3.2.3　逗号运算符和逗号表达式

C 语言中，可以用“,”作为运算符，称之为逗号运算符。用逗号运算符把两个或多个表达式连接起来构成逗号表达式。这种表达式的求值是从左至右，且逗号运算符是所有运算符中优先级别最低的一种运算符。

逗号表达式的格式：

表达式 1,表达式 2,……,表达式 n

如：a+5,b–3

逗号表达式的求值过程是从左到右，逐个求表达式的值，表达式 n 的值就是整个表达式的值。下面两个表达式将得到不同的计算结果：

```
y=(b=2,3*2)          /* y 值为 6 */
(y=b=3,3*b)          /* y 值为 3，表达式的值为 9 */
```

例 3.3　逗号运算符和逗号表达式举例。

```
#include "stdio.h"
void main()
{
  int a,b;
  a=(b=2,++b,b+5);
  printf("The value of a is %d\n",a);
}
```

运行结果：

```
        The value of a is 8
```

语句 a=(b=2,++b,b+5);的执行顺序是：首先求 b=2，b 的值为 2，然后求++b，b 的值变为 3，最后求 b+5 的值，结果为 8，将 8 作为逗号表达式的值赋给变量 a。

语句中的括号是必需的，因为逗号运算符是所有 C 语言运算符中优先级最低的一个，如果没有括号，则相当于

(a=b=2),++b,b+5;

3.2.4　关系运算和逻辑运算

1. 关系运算符与关系表达式

用关系运算符将两个表达式连接起来的式子就是关系表达式。关系运算符见表 3-6。

表 3-6　关系运算符

运 算 符	名　称	形　式	运算功能
>	大于	a>b	求 a 是否大于 b
<	小于	a<b	求 a 是否小于 b
==	等于	a==b	求 a 是否等于 b
>=	大于等于	a>=b	求 a 是否大于等于 b
<=	小于等于	a<=b	求 a 是否小于等于 b
!=	不等于	a!=b	求 a 是否不等于 b

例如：a>b、8<5、a+b<=c+d、(i=j+k)!=0 都是合法的关系表达式。

关系表达式的值反映了关系运算（比较）的结果，它是一个逻辑量，取值“真”或“假”。由于 C 语言中没有逻辑型数据，用整数 1 代表“真”，0 代表“假”。

若关系表达式成立，则它的值是 1，否则值为 0。关系表达式的值是整型。因此，若 a=3，b=2，则 a>b 的值为 1，而 a<b 的值为 0。

关系运算符的优先级比算术运算符低，高于赋值运算符，结合规则是从左到右。关系运算符<、<=、>、>=的优先级相同，它们高于==和!=，关系运算符==和!=同级。因此

```
a+b<=c+d
```

实际上相当于(a+b)<=(c+d)，而表达式

```
(i=j+k)!=0
```

中的括号有与没有是不一样的，如去掉括号相当于

```
i=(j+k)!=0
```

例 3.4 关系运算举例。

```
#include "stdio.h"
void main()
{ int a,b;
  scanf("a=%d,b=%d",&a,&b);
  printf("a>b: %d\n",a>b);
  printf("a<b: %d\n",a<b);
  printf("a==b: %d\n",a==b);
  printf("a>=b: %d\n",a>=b);
  printf("a<=b: %d\n",a<=b);
  printf("a!=b: %d\n",a!=b);
}
```

运行输入：

```
a=3,b=5
```

运行结果：

```
a>b: 0
a<b: 1
a==b: 0
a>=b: 0
a<=b: 1
a!=b: 1
```

2. 逻辑运算与逻辑表达式

C 语言提供了 3 种逻辑运算，逻辑运算的对象可以是关系表达式或逻辑量，逻辑运算的结果也是一个逻辑值，与关系运算一样，用整数 1 代表“真”，0 代表“假”。逻辑运算符见表 3-7。

表 3-7　　逻辑运算符

运 算 符	名　称	形　式	运算功能
!	逻辑反	!a	求 a 的反
&&	逻辑与	a&&b	求 a 和 b 的与
||	逻辑或	a||b	求 a 和 b 的或

（1）逻辑“与”运算是当且仅当两个运算量都是非 0 值，运算结果为 1；否则运算结果是 0。

（2）逻辑“或”运算是两个运算量中只要有一个是非 0 值，运算结果为 1。只有当两个运算量都是 0 时，结果为 0。

（3）逻辑“非”运算是当运算量非 0 值时（包括实型数），运算结果是 0；反之，当运算量

是 0 值时，运算结果为 1。例如，!(a%b)，若 a 能被 b 整除，则 a%b 的值是 0，!(a%b)的值为 1；否则表达式的结果为 0。

逻辑运算符的优先级是：逻辑非最高，逻辑与次之，逻辑或最低；结合规则是：&&和||为左结合，!为右结合。表 3-8 给出了逻辑运算中，当 a 与 b 的值为不同组合时，逻辑运算所取的值，此表称为真值表。

表 3-8　　逻辑运算真值表

a	b	!a	!b	a&&b	a||b
真	真	假	假	真	真
真	假	假	真	假	真
假	真	真	假	假	真
假	假	真	真	假	假

用逻辑运算符将关系表达式或逻辑量连接起来的式子称为逻辑表达式。逻辑运算对象是值为“真”或“假”的逻辑量，它可以是任何类型的数据，如整型、浮点型、字符型等，C 语言编译系统以非 0 和 0 判定真和假，即在判断一个量是否为“真”时，以 0 代表“假”，以非 0 代表“真”，即将一个非零数值作为“真”。例如：

```
a&&b， a&&!b， 8||5
```

都是合法的逻辑表达式。

如果 a=3，b=2，则

!a 为假，结果值是 0；

a&&b 为真，结果值是 1；

a&&!b 相当于 3&&0，结果值为 0；

!a||b 为真，结果值是 1。

逻辑运算经常和关系运算结合在一起表示关系表达式间的逻辑关系，构成一些复杂的条件。例如：

```
a>b&&c>d
a>b||c>d
```

第一个式子表示 a>b 和 c>d 都成立时，表达式的结果为 1。第二个式子表示 a>b 或者 c>d 中只要有一个关系成立，逻辑表达式的结果为 1。

注意

运算符&&和||具有这样的性质，它们从左到右计算各运算量的值，一旦能够确定表达式的值，就不再继续运算下去，如：

```
a&&b
```

如果 a 为假（0），就不必再求 b 的值了，因为逻辑“与”运算只有当运算符两侧的运算量都为真（非 0）时，才为真值，而 a 为假已决定了表达式的值为假。如果 a 为真，则要继续求 b 的值，以判断表达式的真假。与此类似，运算 a||b，一旦 a 为真，也就不再求 b 的值了。因此，如果有下面的逻辑表达式：

```
(m=a>b)&&(n=c>d)
```

当 a=1，b=2，c=3，d=4，m 和 n 的原值为 1 时，由于 a>b 的值为 0，m=0，而 n=c>d 不被执行，因此 n 的值不是 0 而仍保持原值 1。

例 3.5　逻辑运算举例。

```
#include "stdio.h"
void main()
{
  int a,b;
  scanf("a=%d,b=%d",&a,&b);
  printf("a&&b=%d\n",a&&b);
  printf("a||b=%d\n",a||b);
  printf("!a=%d",!a);
}
```

运行输入：

```
a=10,b=20
```

运行结果：

```
a&&b=1
a||b=1
!a=0
```

3.2.5　条件表达式

条件运算符是其他高级语言没有而 C 语言独有的运算符。用“?:”表示。条件表达式就是由条件运算符构成表达式。条件运算符要求有 3 个运算对象，是 C 语言中唯一的一个三目运算符。条件运算符具有自右向左的结合性，即右结合。其优先级别比关系运算符和算术运算符都低。条件表达式一般形式为：

表达式 1 ?表达式 2 :表达式 3

条件表达式的运算过程是：先计算表达式 1 的值，若表达式 1 的值为真（非 0），计算表达式 2 的值作为这个条件表达式的值；否则，计算表达式 3 的值作为该条件表达式的值。

例如：

```
a>b?a:b
```

是一个条件表达式。它先计算第一个表达式 a>b 的值，若为“真（非 0）”，则取 a 值为这个条件表达式的值，否则取 b 值为该条件表达式的值。

条件表达式可以用第 5 章将要介绍的分支结构来表示，例如条件表达式：

```
a=(b==0)?c*d:c/d
```

可表示为：

```
if(b==0)
  a=c*d;
else
  a=c/d;
```

显然，条件表达式简单得多。

例 3.6　用条件表达式求出输入的两个整型数中的较小者。

```
#include "stdio.h"
void main()
{
  int a,b;
  scanf("a=%d,b=%d",&a,&b);
  printf("The min is %d",(a<b)?a:b);
}
```

运行输入：

```
a=3,b=4
```

运行结果：

```
The min is 3
```

例 3.7　输入一个字符，如果是大写字母将其转换为相应的小写字母输出，否则保持原样输出。

```
#include "stdio.h"
void main()
{
  char c;
printf("\ninput:");
  scanf("%c",&c);
  c=(c>='A'&&c<='Z')?(c+32):c;
  printf("output:%c",c);
}
```

运行输入：

```
input:A
```

运行结果：

```
output:a
```

3.2.6　位运算表达式

位运算是 C 语言相比其他高级语言的一个特色，利用位运算可以实现许多汇编语言才能实现的功能。

所谓位运算，是对操作数以二进制位（bit）为单位进行的运算。位运算表达式是由位运算符连接运算量而组成的表达式。在 C 语言中，位运算包括逻辑位运算和移位位运算。参加位运算的操作数必须是整型或字符型数据。

1．逻辑位运算

逻辑位运算有四种：位反、位与、位或和位异或。其运算功能及二进制位逻辑运算的真值表见表 3-9 和表 3-10。

表 3-9　逻辑位运算符

位运算符	名　称	应用形式	运算功能	结 合 性
~	按位取反	~a	a 按位取反	从右向左
&	按位与	a&b	a 和 b 按位与	从左向右
|	按位或	a|b	a 和 b 按位或	从左向右
^	按位异或	a^b	a 和 b 按位异或	从左向右

表 3-10　逻辑位运算真值表

a	b	~a	a&b	a|b	a^b
0	0	1	0	0	0
0	1	1	0	1	1
1	0	0	0	1	1
1	1	0	1	1	0

位逻辑运算符的运算规则：先将两个操作数（int 或 char 类型）化为二进制数，然后按位运算。

说明：

① 位运算中只有位反运算符~为单目运算符，其他均为双目运算符。

② 位运算只能用于整型或字符型数据。

③ 位运算符与赋值运算符结合可以组成复合赋值运算符，即：~=、<<= 、>>=、 &=、 ^=和|=。

④ 两个长度不同的数据进行位运算时，系统先将二者右端（低位）对齐，然后将短的一方按符号位扩充，无符号数则以 0 扩充。

（1）按位取反运算符 ~

按位取反运算符是单目运算符，运算对象在运算符的右边，其运算功能是将运算对象按位取反。注意~x 不是求 x 的负数，而是对 x 的各二进制位按位取反。例如，~1 的运算结果是–2，~8 的运算结果是–9。

（2）按位与运算符 &

按位与运算符的运算功能是将参加运算的两个运算量进行按位与运算，如果两个相应的位都为 1，则该位的运算结果为 1，否则为 0。

不要把按位与运算符“&”和逻辑与运算符“&&”混淆。对于&&运算符，只要两边运算数为非 0，运算结果为 1；而对于按位与运算结果并非如此。例如，以下程序段执行结果打印 3 个*号。

```
char a=10,b=5;
if(a&&b) printf("***\n");
else printf(" ###\n");
```

而以下程序段执行结果打印 3 个#号。

```
char a=10,b=5;
if(a&b) printf("***\n");
else printf("###\n");
```

因为 a&b 进行以下运算：

```
  00001010
  00000101
──────────
  00000000
```

表达式的结果为 0。

如果想保留 a 的低字节中的内容，可采用表达式：a&0x00ff，所得结果的高字节为 0，因此，此表达式也可用于高字节清零。如果想保留 a 的高字节中的内容，可采用表达式：a&0xff00，该表达式所得结果的低字节为 0，因此，此表达式也可用于低字节清零。

（3）按位或运算符 |

按位或运算符的运算功能是将参加运算的两个运算量进行按位或运算，即只要两个相应的位中有一个为 1，则该位的运算结果为 1；只有当两个相应的位都为 0 时，该位运算结果才为 0。如果想使 a 的低字节全置 1，高字节保持原样，可采用表达式：a|0x00ff；如果想使 a 的高字节全置 1，低字节保持原样，可采用表达式：a|0xff00。

（4）按位异或运算符 ^

按位异或运算符的运算功能是如果参加运算的两个运算数，相应位上的数相同，则该位的运算结果为 0；不同，则运算结果为 1。

如果 a 和 b 中的值相等，则 a^b 的结果为 0。如果想取 a 中的值并使低位翻转，可用表达式 a^0x00ff。如果使高位翻转，可用表达式 a^0xff00。

对于按位异或运算，有几个特殊的操作：

① a^a 的值为 0；

② a^~a 的值为二进制全 1（如果 a 以 16 位二进制数表示，则为 65 535）；

③ ~(a^~a)的值为 0。

除此之外，异或运算“^”还有一个很特别的应用，即通过使用异或运算而无需临时变量就可交换两个变量的值。假设 a=38，b=54，想将 a 和 b 的值互换，可执行语句：

```
a^=b^=a^=b;
```

该语句等效于下面两步：

```
b^=a^=b;
a=a^b;
```

请自行证明执行表达式后，a 和 b 的值交换。

例 3.8　逻辑位运算。

```
#include "stdio.h"
void main()
{
  int a,b;
  scanf(" a=%x,b=%x",&a,&b);
  printf("~a=%x\n",~a);
  printf(" a&b=%x\n",a&b);
  printf(" a|b=%x\n",a|b);
  printf(" a^b=%x\n",a^b);
}
```

运行输入：

```
a=b9,b=83
```

运行结果：

```
~a=ffffff46
a&b=81
a|b=bb
a^b=3a
```

2. 移位运算

C 语言提供两种移位运算：左移和右移。它是对运算数据以二进制位为单位进行左移和右移。其运算功能见表 3-11。

表 3-11　移位运算符

运算符	名称	形式	运算功能	结合性
<<	左移	a<<2	a 左移 2 位	从左向右
>>	右移	b>>3	b 右移 3 位	从左向右

说明：

（1）在 C 语言中，当进行左移运算时，右端出现的空位补 0，而移至左端之外的数据位则被舍去。例如：变量 a 为 char 类型，值为 0x1b，那么

```
b=a<<2
```

运算结果为 0x6c，如图 3-1 所示。

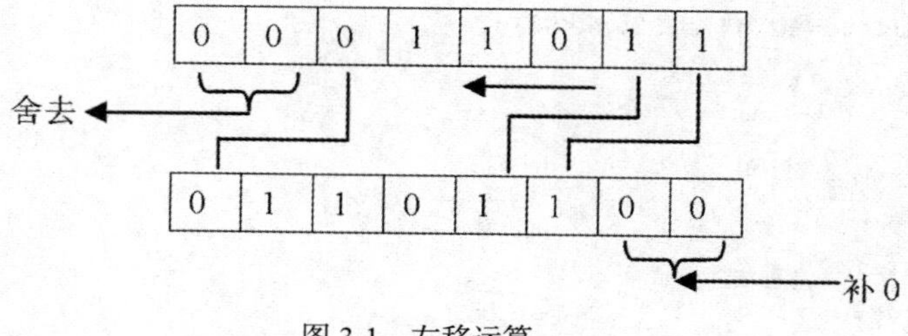

图 3-1　左移运算

由上述运算结果不难看出，在进行“左移”运算时，如果移出去的高位部分不包含 1，则左移一位相当于乘以 2，左移 n 位相当于乘以 2^n。

（2）当对变量进行右移操作时，操作结果与操作数是否带符号有关，不带符号的操作数右移时，左端出现的空位补 0；带符号的操作数右移时，左端出现的空位按原最左端位复制。无论什么操作数，移出右端的位都被舍弃。例如，char a=-8;unsigned char b=248;，a 和 b 的二进制形式相同，均是

1 1 1 1 1 0 0 0

但它们的右移后的结果不同。a 右移的结果为：–2，b 右移的结果为：62，如图 3-2 所示。

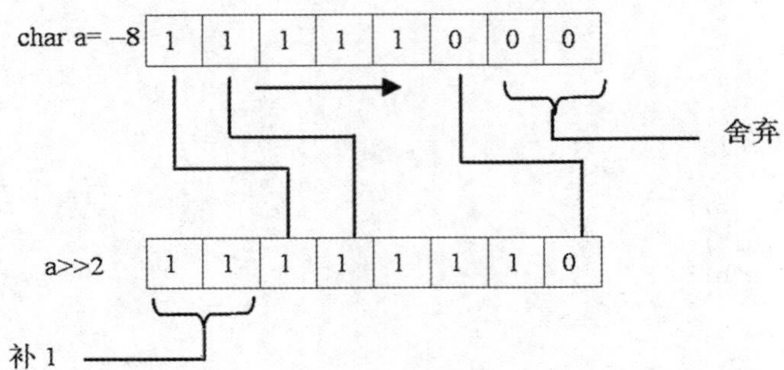

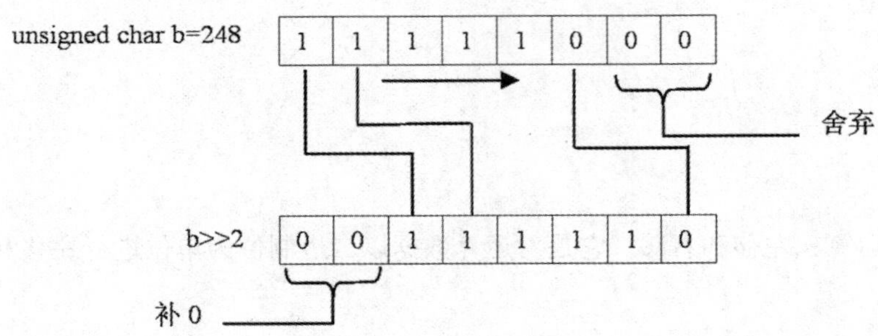

图 3-2 右移计算

例 3.9 移位位运算。

```
#include "stdio.h"
#define S1 1
#define S2 3
void main()
{
  int a;
  scanf(" a=%d",&a);
  printf(" %d>>%d=%d\n",a,S1,a>>S1);
  printf(" %d>>%d=%d\n",a,S2,a>>S2);
  printf(" %d<<%d=%d\n",a,S1,a<<S1);
  printf(" %d<<%d=%d\n",a,S2,a<<S2);
}
```

运行输入：

```
a=3
```

运行结果为：

```
3>>1=1
3>>3=0
3<<1=6
```

```
3<<3=24
```

3. 有多个位运算符的表达式

如果在一个表达式中出现多个运算符时，应该掌握各运算符之间的优先关系才能进行正确运算。例如，要求得的值为：取 a（若 a 以 16 位二进制数表示）中的低字节并移到高字节上，再使低字节置 0，正确的表达式应该是：

(0xff&a)<<8 或 0xff00&a<<8

而不应该写成：

```
(0xff00&a)<<8
```

<<的优先级高于&，当不存在括号时，将先进行移位运算。

若需要将 a 中高字节和低字节中的内容对调，可采用以下步骤：

```
int a;
unsigned c,b;
b=(a&0xff)<<8;
c=(a&0xff00)>>8;
a=b|c;
```

在计算机中，1 的负数–1 是用补码来表示的。求 x 的补码步骤如下：

① 求出 x 的反码。

② 对反码加 01。

因此–1 补码可用以下步骤求得：

```
x=~1+01;
```

同理，求–4 的补码可用以下步骤求得：

```
x=~4+01;
```

3.2.7　求字节数表达式

求字节数的运算符为：sizeof，该运算符的作用是测试数据类型或变量在内存中存放时所占的字节数，C 语言中 sizeof 运算符是一个单目运算符。其格式如下：

sizeof(<类型说明符>|<变量名>)

相同类型在不同系统或机型中所占内存的字节数可能不同。

例 3.10　计算不同数据类型的字节数。

```
#include "stdio.h"
void main()
{
 printf(" The size of an int is:%d\n",sizeof(int));
 printf(" The size of a short is:%d\n",sizeof(short));
 printf(" The size of a long is:%d\n",sizeof(long));
 printf(" The size of a char is:%d\n",sizeof(char));
 printf(" The size of a float is:%d\n",sizeof(float));
 printf(" The size of a double is:%d\n",sizeof(double));
}
```

运行结果：

```
The size of an int is:4
The size of a short is:2
The size of a long is:4
```

```
The size of a char is:1
The size of a float is:4
The size of a double is:8
```

3.3 运算符的结合性和优先级

在 C 语言中，对各种运算符都规定了它在计算时的结合性和优先级，如表 3-12 所示。例如，“3+4*5”先计算“4*5”，然后再与 3 相加，如果想使计算不按规定好的优先级进行，可用括号把想要先进行计算的表达式括起来。例如，将上式改写成“(3+4)*5”，则加法在乘法之前计算。

表 3-12　　运算符的结合律和优先级

优先级	运算符	目　数	结合性
1	[ ] ( ) -> .	2	左结合
2	! ~ ++ -- - * & sizeof	1	右结合
3	* / %	2	左结合
4	+ –	2	左结合
5	<< >>	2	左结合
6	< <= > >=	2	左结合
7	== !=	2	左结合
8	&	2	左结合
9	^	2	左结合
10	|	2	左结合
11	&&	2	左结合
12	||	2	左结合
13	? :	3	右结合
14	= += -= *= /= %= &= ^= |= >>= <<=	2	右结合
15	,	2	左结合

第 2 级中“–”是取负运算符，“*”是访问地址内容运算符，“&”是取地址运算符。

在 C 语言中，运算符可以从左开始运算，也可以从右开始运算，这种规定运算方向称做结合性。在优先级相同的运算符连续出现时，可以根据其结合性决定是左侧的运算符先进行运算，还是右侧的运算符先进行运算。

3.4 混合运算中的数据类型的转换

在一个表达式中，相同类型数据的运算（如两个整数相加、两个实数相乘）是没有问题的，但是不同类型的数据由于长度不同，在内存中存储的方式不同，在进行运算时，需要先转换成同一类型，然后才能运算。在 C 语言中，数据类型的转换分为自动类型转换和强制类型转换两种方式。

3.4.1　自动类型转换

双目运算符两侧的操作数的类型必须一致，所得计算结果的类型与操作数的类型一致。如果一个运算符两边的操作数类型不同，则系统将自动按照转换规律先对操作数进行类型转换再进行运算，即转换为相同的类型（较低类型转换为较高类型），转换规律见表 3-13。

表 3-13　运算的类型转换规则

操作数 1	操作数 2	转换结果类型
短整型	长整型	短整型→长整型
整型	长整型	整型→长整型
字符型	整型	字符型→整型
有符号型	无符号型	有符号型→无符号型
整型	实型	整型→实型
实型	双精度型	实型→双精度型

当运算符两边的操作数为不同类型时，如一个 long 型数据与一个 int 型数据一起运算，需要先将 int 型数据转换为 long 型，然后两者再进行运算，结果为 long 型；如 float 型和 double 型数据进行运算，要先将 float 型数据转成 double 型再进行运算，结果也为 double 型。所有这些转换都是由系统自动进行的，使用时用户只需从中了解结果的类型即可。例如：

```
int i;  float f;  double d;  long e;
10+'a'+i*f-d/e;
```

其中 i 为 int 变量，f 为 float 变量，d 为 double 变量，e 为 long 变量，则此表达式运算次序为：

（1）进行 10+'a'的运算。先将'a'转换成整数 97，运算结果为 107。

（2）进行 i*f 的运算。先将 i 与 f 都转换成 double 型，运算结果为 double 型。

（3）整数 107 与 i*f 的积相加，先将整数 107 转换成双精度数，结果为 double 型。

（4）将变量 e 转换成 double 型，d/e 的结果为 double 型。

（5）将 10+'a'+i*f 的结果与 d/e 的商相减，最后结果为 double 型。

3.4.2　强制类型转换

上面的转换是自动的，但 C 语言也提供了以显式的形式强制转换类型的机制，其一般形式为：

(数据类型名) 表达式

它把后面的表达式运算结果的类型强制转换为要求的类型，而不管类型的高低，如：

```
(double)a       （将变量 a 转换成 double 型）
(int)(x+y)      （将表达式 x+y 的结果转换为 int 型）
```

要转换的表达式要用括号括起来，如(int)(x+y) 与 (int)x+y 是不同的，后者相当于(int)(x)+y，也就是说，只将 x 转换成整型，然后与 y 相加。

在很多情况下，强制类型转换是必需的。例如，调用 sqrt()函数时，要求参数是 double 型数据。若变量 n 是 int 型，且作为该函数的参数使用时，则必须按下列方式强制进行类型转换。

```
sqrt((double)n)
```

需要指出的是，无论是自动地还是强制地实现数据类型的转换，仅仅是为了本次运算或赋值的需要而对变量的数据长度进行一时性的转换，并不能改变在数据说明时对该数据规定的数据类型。

本章小结

数据是程序处理的对象，C 语言中的数据类型通常分为基本类型、构造类型、指针类型和空类型 4 种。

C 语言中有丰富的运算符，主要有算术运算符（包括自加、自减运算符）、赋值运算符、关系运算符、逻辑运算符、条件运算符、位运算符和逗号运算符等。每种运算符运算对象的个数、优先级和结合性也各有不同。

表达式是由运算符连接各种类型的数据（包括常量、有值变量和函数调用等）组合而成的。表达式的求值应按照运算符的优先级和结合性所规定的顺序进行。

习　题

1．判断下列表达式哪些是合法的表达式，并将不正确的表达式修改正确。

（1）p&q　　（2）h2==y2

（3）(i<)=(j<k)　　（4）[3,6,18,23]

（5）sin(+y)　　（6）(x+y+j)

（7）38　　（8）x

2．设原 x=20，写出下面表达式运算后 x 的值。

（1）x+=x　　（2）x-=2

（3）x*=2+5　　（4）x/=x+x

（5）x+=x-=x*=x

3．设整型变量 a,b,c,d 的值依次为 13，22，96，–3，写出下面表达式的值。

（1）a&b　　（2）a|b

（3）a^b　　（4）c>>3

（5）d<<2

4．根据已知条件写出下列表达式的结果。

（1）x*=y+8　（x=3，y=2）

（2）x+a%3*(int)(x+y)%2/4　（x=2.5，a=7，y=4.7）

（3）a+=a-=a*=a　（a=12）

（4）(a=2,b=5,a>b?a++: b++,a+b)　（设所有变量均为整型）

5．写出下列程序的运行结果。

（1）
```
#include "stdio.h"
void main()
{
  int a=9;
  a+=a-=a+a;
  printf("%d\n",a);
}
```

(2)
```
#include " stdio.h"
void main()
{
    int a=7,b=5;
    printf("%d\n",b=b/a);
}
```
(3)
```
#include "stdio.h"
void main()
{
    int a=011;
    printf("%d\n",++a);
}
```
(4)
```
#include "stdio.h"
void main()
{
    int i,j;
    i=16;j=(i++)+i;printf("%d\t",j);
    i=15;printf("%d\t%d\t",++i,i);
    i=20;j=i--+i;printf("%d\t",j);
    i=13;printf("%d\t%d\n",i++,i);
}
```
(5)
```
#include "stdio.h"
void main()
{
    int x=2,y=4,z=40;
    x*=3+2;
    printf("%d\n",x);
    x=y=z;
    printf(" %d\n",x);
}
```
(6)
```
#include "stdio.h"
void main()
{
    int a=5,b,c;
    a*=3+2;
    printf("%d\t",a);
    a*=b=c=5;
    printf("%d\t",a);
    a=b=c;
    printf("%d\n",a);
}
```
(7)
```
#include "stdio.h"
void main()
{
    int a=1,b=2,c=3;
    a++; c+=b;
    { int b=4,c;
        c=2*b;
        a+=c;
    }
    printf("%d,%d,%d\t",a,b,c);
}
```

（8）
```
#include "stdio.h"
#define GZ 30
void main()
{
   int num,total,gz;
   gz=40;
   num=10;
   total=num*GZ;
   printf("total=%d\n",total);
}
```

（9）
```
#include "stdio.h"
void main()
{
   int a=5,b=5,y,z;
   y=b-->++a? ++b:a;
   z=++a>b? a:y;
   printf("%d,%d,%d,%d",a,b,y,z);
}
```

（10）
```
#include <stdio.h>
void main()
{
   char ch;
   ch=getchar();
  (ch>='a'&&ch<='z')? putchar(ch+'A'-'a'):putchar(ch);
}
```

运行时输入字母 a。

（11）
```
#include "stdio.h"
void main()
{
   int x,y,z;
   x=24;
   y=024;
  z=0x24;
  printf("%d,%d,%d\n",x,y,z);
}
```

（12）
```
#include "stdio.h"
void main()
{
   int w=5,x=4,y,z;
   y=w++*w++*w++;
   z=--x*--x*--x;
  printf("y=%d,w=%d,",y,w);
 printf("z=%d,x=%d\n",z,x);
}
```

6. 编写程序，判断一个数是否为偶数。若是，输出“yes”；否则输出“no”。（用条件表达式实现）

7. 编写程序，输入一个三位整数，反向输出该三位整数。

8. 编写程序，要求输入直角三角形的斜边和一条直角边，求三角形另外一条直角边、周长和面积。

9. 编写程序，利用强制类型转换，输出小写元音字母（a,e,i,o,u）的十进制形式的 ASCII 码。

第 4 章 顺序结构程序设计

本章介绍简单的程序设计结构——顺序结构。顺序结构贯穿于程序设计的始终，每个程序中的执行次序都是以程序语句为单位顺序执行的，在一个结构语句（语句中又包含若干其他语句，如复合语句、选择语句、循环语句等）中的执行次序也是顺序的。因此，顺序结构是程序的最基本结构，顺序结构程序设计是程序设计的最基本内容，能否坚实地迈好顺序结构程序设计这一步，对以后各种程序设计技术的学习有着直接的影响。

4.1 结构化程序设计的 3 种结构

结构化程序设计方法使程序的结构清晰，代码易读性强，并且提高程序设计的质量和效率。结构化程序主要有 3 种基本结构：顺序结构、选择结构和循环结构。

1. 顺序结构

顺序结构如图 4-1 所示，先执行语句 1，再执行语句 2，最后执行语句 3，三者是顺序执行的关系。

2. 选择结构

选择结构如图 4-2 所示，当条件为真时，执行语句块 1；否则执行语句块 2。在程序的某一次执行过程中，语句块 1 和语句块 2 只有一个可以被执行。

3. 循环结构

循环结构如图 4-3 所示，当条件为 Y（真）时，反复执行语句块 1，直到条件为 N（假）时才停止循环。

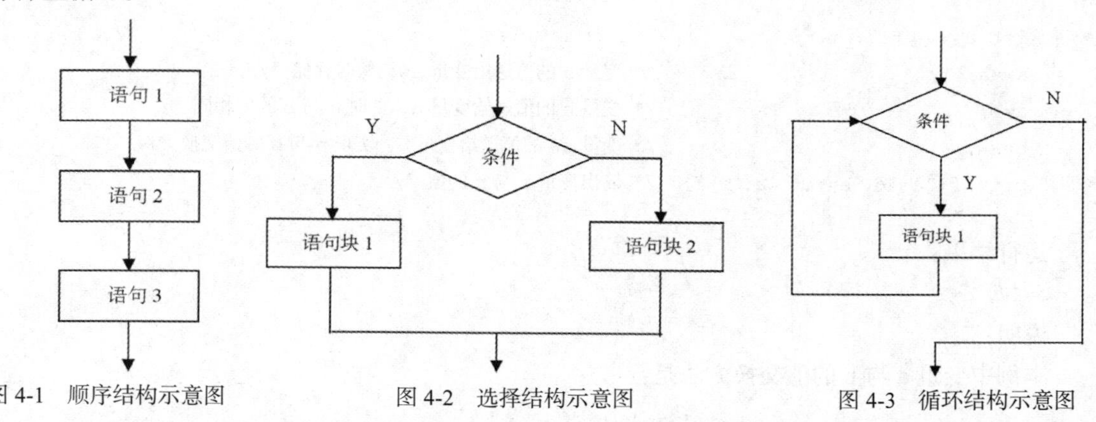

图 4-1 顺序结构示意图　　图 4-2 选择结构示意图　　图 4-3 循环结构示意图

在本章后续部分，我们将介绍几种最基本的语句，以及用它们构成的顺序结构的程序，在第 5、第 6 章将详细介绍选择结构和循环结构的程序设计。

4.2 顺序结构

在 C 语言中，所谓顺序结构程序是指通过语句的排列顺序来决定程序流程的程序结构。实现顺序结构除了一般的单语句外，如数据输入和输出操作等，还有 3 种特殊形式的语句：赋值语句、空语句和复合语句。

4.2.1 赋值语句和空语句

1. 赋值语句

C 语言中的赋值语句是由赋值表达式加上一个分号构成，其一般形式为：

变量=表达式;

赋值语句的功能是先求赋值运算符右端表达式的值，然后把这个值赋给左端的变量。

说明：

（1）赋值语句中的“=”叫做赋值号，是一种带有方向性的操作命令，与数学中的等号“=”具有不同的意义。如等式 x=x+1 在数学中是不成立的，但在赋值语句中 x=x+1 是有意义的，它表示把变量 x 中原来的值与 1 相加后（新值）送到变量 x 中去，同时 x 中原有的值就被新值覆盖了。

（2）赋值号左端必须是一个变量，不能是常量或表达式。一行内可写多个赋值语句，各语句末尾必须用分号结束。例如：

```
a=20; b=30; c=40;
```

（3）赋值语句可以改变变量的值。在一个程序中，如果多次给一个变量赋值，变量的值取的是最后一次赋的值。例如：

```
x=2; x=4;
```

执行第一语句后，x 值为 2，执行第二语句后 x 为 4，因此，最后 x 的值为 4。

例 4.1 设变量 a 的值为 7，变量 b 的值为 17，试编写一个程序，把两个变量的内容互换。

具体程序如下：

```
#include "stdio.h"
void main()
{
  int a=7, b=17, sw;
  sw=a;                              /* 变量 a 的值送给变量 sw，暂时存储 */
  a=b;                               /* 变量 b 的值送给变量 a，此时 a 与 b 的值相同 */
  b=sw;                              /* 变量 sw 的值送给变量 b，实现 a 与 b 的值交换 */
  printf("a=%d, b=%d", a, b) ;       /* 输出变量 a 与 b 的值 */
}
```

运行结果：

```
a=17, b=7
```

说明：

本例中变量 a 与 b 的值交换方法是：

第 1 步，先将变量 a 原值暂存到变量 sw 中。

第 2 步，变量 b 的值送给变量 a，如果 a 的值没有暂存到 sw 中，执行这一步 a 的值将被 b 的值覆盖掉。

第 3 步，变量 sw 的值送给变量 b，实现了 a 与 b 变量的值交换。

（4）C 语言中有形式多样的赋值操作。例如：

```
i*=i+5; 和 i--;
```

都是赋值语句。又如：

```
x=1,y=2,z=3;
```

这是由赋值表达式构成的逗号表达式语句，也可以实现赋值功能。

（5）一个 C 语言的赋值语句中可以包含多个赋值运算符，运算顺序是自右至左。例如：

```
a=c=b=8; 和 a=(b=2)*(c=6)+8;
```

都是合法的赋值语句。

（6）当赋值运算符两端的数据类型不同时，系统自动将赋值运算符右端表达式数据类型转换成左端变量的数据类型。

2. 空语句

在 C 语言中，只有一个分号构成的语句称为空语句。如：

```
;
```

空语句在语法上占据一个语句的位置，但是它不执行任何功能。空语句在程序中经常作为循环体使用，例如：

```
for(i=0;i<10;i++)
;
```

在这样的循环中，循环体本身什么也不做。在实时控制中经常用它实现延时功能。关于空语句的另外一些使用方法和意义在循环结构中将做进一步介绍。

4.2.2　复合语句

复合语句是由花括号"{ }"括起的多个语句组成的，有时也称为分程序。复合语句的一般格式为：

```
{
  内部数据说明;
  执行语句;
}
```

例 4.2　复合语句举例。

具体程序如下：

```
#include "stdio.h"
void main()
{
  int a=17 ;                          /* 定义第一个 a 变量，初值为 17 */
   printf("a=%d\n",a);                /* 输出第一个 a 变量值，a=17 */
   {
  int a=27;                           /* 复合语句，a 变量与前一个变量名相同，值为 27 */
    printf("a=%d\n",a) ;              /* 输出第二个 a 变量值，a=27 */
   }
printf("a=%d\n",a);                   /* 又输出一次第一个 a 变量值，a=17 */
```

```
}
```

运行结果：

```
    a=17
    a=27
    a=17
```

说明：

程序中

```
    {
      int a=27;
      printf("a=%d\n",a);
    }
```

为复合语句。从上例可以看出，复合语句在语法上等价于一个语句。复合语句内的变量与复合语句外的变量的关系如同全局变量和局部变量的关系一样，当复合语句内定义的变量与复合语句外定义的变量同名时，复合语句内定义的变量有效。

4.3 顺序结构程序设计举例

下面我们介绍几个顺序程序设计的例子。

例 4. 3 鸡、兔同笼问题。鸡、兔同笼，有头 h（heads）个（如 20 个），脚 f（feet）只（如 64 只），问鸡、兔各有多少只。

分析：

结合这一问题，在这里讨论一下拿到一个题目后如何进行程序设计工作。

1. 建立数学模型

建立数学模型，即找出处理此问题的数学方法，也即列出有关方程式。

设鸡为 x 只，兔子为 y 只。依题意两者的总头数为 h。因此有

$$x+y=h$$

而每只鸡有 2 只脚，兔子则有 4 只脚。由题目可知共有 f 只脚。因此有

$$2x+4y=f$$

得到二元一次联立方程式

$$x+y=h \qquad (1)$$

$$2x+4y=f \qquad (2)$$

2. 推算出具体的求值公式

将（2）式−2×（1）式，得

$$2y=f-2h$$

所以

$$y=(f-2h)/2$$

将 4×（1）式−（2）式，得

$$2x=4h-f,$$

所以

$$x=(4h-f)/2$$

以上这两步属于数学上的方法问题，是必不可少的。在此基础上才可能编写程序。有的初学

者企图在程序中直接写上方程（1）式和（2）式，然后就让计算机运行，以为计算机自己会解出方程，这是错误的。任何数值计算问题都首先要建立数学模型，并利用数学上的知识找出解题的方法，计算机只能进行数据的比较、运算和输出结果，不能代替人脑的思维。

3. 模块分解

对于简单的问题往往可以直接编写程序，但对比较复杂的问题，就必须采取自顶向下逐步细化的方法进行。以例 4.3 为例，问题的顶层设计用一句话概括："计算并输出鸡和兔子的只数"。它可分解为 3 个部分：

（1）输入总头数 h、总脚数 f；

（2）计算鸡数 x、兔子数 y；

（3）输出鸡和兔子的只数。

如图 4-4 所示，对（1）和（3）不能再细化了，对（2）还可以细化为

① 计算鸡数 x；

② 计算兔子数 y。

4. 画出流程图

对相对简单的问题，可以不必进行模块分解而直接画出流程图，对复杂的问题，则应先进行模块分解，然后分别对每一个模块进行算法设计，画出流程图。本例题比较简单，本来可以不必分解模块。这里之所以进行"模块分解"的工作，只是示意性的，是为了使初学者大致有个印象：什么是模块分解，如何进行分解。在画流程图过程中也应体现"自顶向下、逐步细化"的原则。

在开始画流程图时，不可能对整个过程的每一个细节考虑得十分周全，只能考虑到下一层，如图 4-4 所示。图中 s1、s2、s3 分别代表步骤 1、步骤 2、步骤 3（"s"是 step 的缩写，表示"步骤"）。在每一层的细化过程中应保证其正确性，才能逐步细化下去。在 s1、s2、s3 三个部分中，s1 和 s3 已经足够细化，可以直接用一个 C 语言语句来实现。而 s2 还可以继续细化，将 s2 细分为 s21 和 s22，如图 4-5 所示。

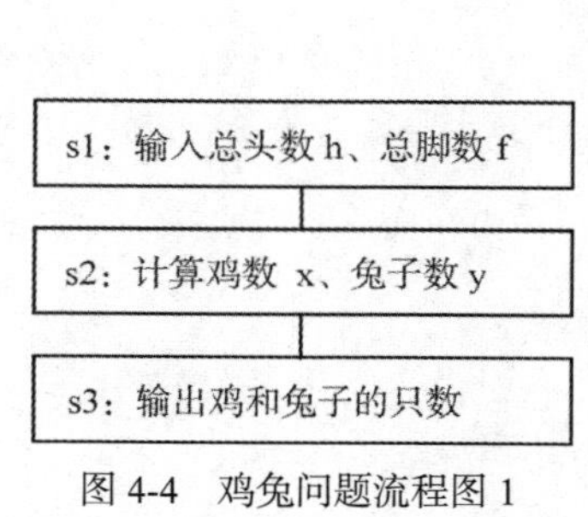

图 4-4　鸡兔问题流程图 1

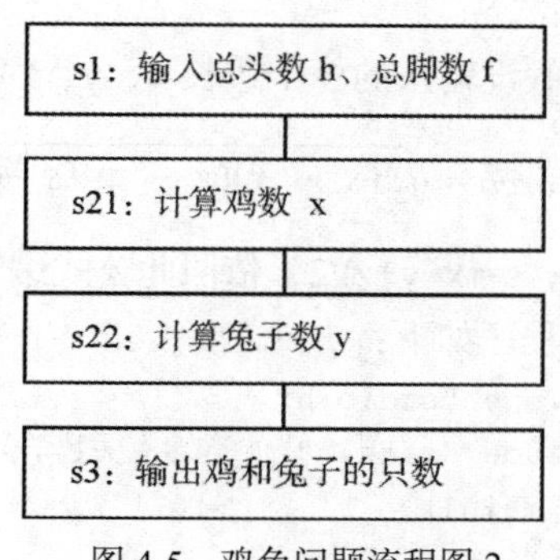

图 4-5　鸡兔问题流程图 2

从图 4-5 可以看到，这是一个典型的顺序执行的流程图。

5. 根据流程图用 C 语言编写程序

具体程序如下：

```
#include "stdio.h"
void main ( )
{
  int x,y,f,h;            /* 定义 4 个整型变量，鸡数 x，兔子数 y，总头数 h，总脚数 f */
  h=20; f=64;             /* 已知总头数为 20，总脚数为 64，为 h 和 f 赋初值 */
```

```
  x=(4*h-f)/2;              /* 根据公式计算出鸡数，将结果赋给变量 x */
  y=(f-2*h)/2;              /* 根据公式计算出兔子数，将结果赋给变量 y */
  printf ("cock=%d , rabbit=%d \n ", x, y);  /* 输出结果 */
}
```

运行结果：

```
cock= 8 , rabbit= 12
```

6. 调试程序并检验结果

程序编写好后，在 C 语言环境下上机调试直至正确运行。最后检查运行结果的正确性。

以上我们通过一个简单的问题来说明程序设计的方法和步骤。有了这个基础，以后遇到复杂的问题也就能做到心中有数了。

例 4.4 输入一个华氏温度，要求输出摄氏温度。公式为：

c=5*(f-32)/9

具体程序如下：

```
#include "stdio.h"
void main()
{
  float f,c;
  scanf("%f",&f);
  c=5*(f-32)/9;
  printf("The centigrade temperature is %f.\n",c);
}
```

运行输入：

```
100
```

运行结果：

```
The centigrade temperature is 37.777779.
```

例 4.5 输入三角形的三边长，求三角形面积。

分析：

我们假设输入的 3 个边长 x、y、z 能够构成三角形。那么数学中求三角形的面积的公式为：

$$area=\sqrt{s(s-x)(s-y)(s-z)}$$

这里，s=(x+y+z)/2，依照此公式编写程序。

具体程序如下：

```
#include "stdio.h"
#include "math.h" /* 包含有关数学类库的信息 */
void main()
{
  float x,y,z,s,area;
  scanf("%f,%f,%f",&x,&y,&z);
  s=(x+y+z)/2;
  area=sqrt(s*(s-x)*(s-y)*(s-z));
  printf("area=%6.2f.\n",area);
}
```

运行输入：

```
3,4,5
```

运行结果：

```
area=  6.00.
```

说明：

sqrt()函数是求平方根的函数。由于要调用数学函数库中的函数，必须在程序的开头加入#include 命令，将头文件"math.h"包含到程序中来。以后凡在程序中使用到函数库中的函数，都应该使用#include 命令将该函数所在的函数库引入程序中。

本章小结

通常顺序结构可以采用赋值语句、空语句、复合语句和一般的单语句（如赋值语句、数据输入和输出操作等）来实现。

顺序结构的特点是结构中的语句按其先后顺序执行。若要改变这种执行顺序，需要设计选择结构和循环结构。

习　题

1．请写出下面程序的输出结果：

```
#include "stdio.h"
void main()
{
  int a=6,b=7;
  printf("%d, %d\n",a,b);
 {
  int b=10;
  printf("%d, %d\n",a,b);
 }
 printf("%d, %d\n",a,b);
}
```

2．请写出下面程序的输出结果：

```
#include "stdio.h"
void main()
{
 int x=1,y=2;
 printf("x=%d, y=%d, sum=%d\n",x,y,x+y);
 printf("10 squared is : %d\n",10*10);
}
```

3．输入圆的半径和圆柱的高，要求输出圆周长、圆面积、圆球表面积、圆球体积、圆柱体积。用 scanf 输入数据，输出计算结果，输出时要求有文字说明，取小数点后 3 位数字。请编程实现。

4．从键盘上输入两个实数，将其整数部分交换后输出。如 23.45 与 54.22，交换后变为 54.45 与 23.22。

第 5 章 选择结构程序设计

选择结构也称分支结构，是结构化程序设计的一个基本结构，是一种选择执行形式。它的流程控制方式是根据给定的条件进行判断，以决定执行哪些语句。在 C 语言中，为实现选择结构程序设计，引入了 if 条件语句和 switch 多条件分支开关语句，本章介绍如何使用这两种语句来进行选择结构的程序设计。

5.1 if 语句

if 条件语句是用来判定所给定的条件是否满足，根据判定的结果（真或假）决定执行给定的多种操作之一。在 C 语言中，if 条件语句有 3 种基本形式：if 形式、if-else 形式和 if-else-if 形式。

5.1.1 if 形式

if 形式有时也称单分支结构,它的形式是：

```
if (表达式)
   语句
```

if 语句是一条语句，该形式的语句中包括保留字 if 后面小括号中的表达式以及 if 子语句两部分。它的执行过程是：计算表达式的值，如果表达式的值为真（非 0），则执行其后所跟的语句，否则不执行该语句。

这里的语句可以是一条语句，也可以是复合语句。if 形式的流程图如图 5-1 所示。

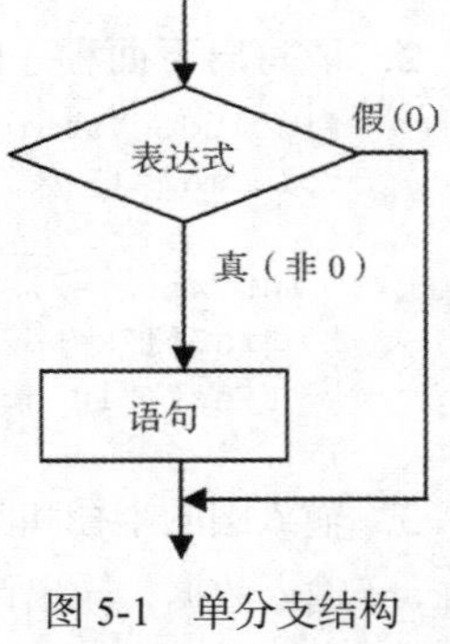

图 5-1 单分支结构

例 5.1 求一个整数的绝对值。

具体程序如下：

```
#include <stdio.h>
void main()
{
  int n;
  printf("Input a number: ");
  scanf("%d",&n);
  if(n<0)
  n=-n;
  printf("The absolute value is %d\n",n);
```

```
}
```

运行输入：

```
        Input a number: -9
```

运行结果：

```
        The absolute value is 9
```

再次运行输入：

```
        Input a number: 10
```

再次运行结果：

```
        The absolute value is 10
```

说明：

该程序的执行功能是：输入一个整数 n，用 if 语句进行判断，如果满足条件“n<0”，n 的值等于–n；如果不满足条件，n 的值不变，输出 n 的值。

例 5.2　输入两个整数，按由小到大的顺序输出这两个数。

具体程序如下：

```
#include <stdio.h>
void main()
{
  int a,b,t;
  scanf("%d,%d",&a,&b);
  if(a>b)
  {                                    /* 借助变量 t，将变量 a 与 b 的值进行交换 */
     t=a;
     a=b;
     b=t;
  }
  printf("%d,%d",a,b);
}
```

运行输入：

```
      6,-4
```

运行结果：

```
      -4,6
```

再次运行输入：

```
      2,8
```

再次运行结果：

```
      2,8
```

说明：

输入 6、–4 两个数给变量 a 和 b，用 if 语句进行判断，如果 a>b，交换 a 和 b 的值，否则，不交换。经过 if 语句的处理，变量 a 的值是二者中的小数，b 的值是大数，依次输出变量 a 和 b 的值，实现了按由小到大的顺序输出两个数。

5.1.2　if–else 形式

if-else 型分支有时也称双分支结构，它的一般形式是：

```
if (表达式)
  语句 1
else
```

语句 2

它的执行过程是：计算表达式的值，如果表达式的值为真（非 0），执行语句 1，否则执行语句 2。这里的语句 1 和语句 2 是 if 语句中的子语句，可以是一条语句，也可以是复合语句，它们都是以分号结尾的。

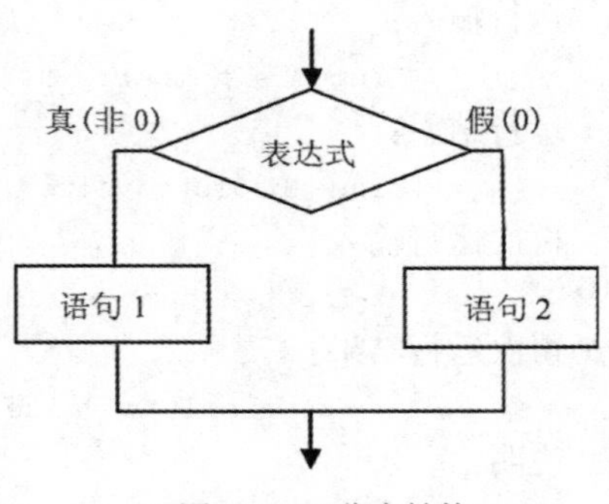

图 5-2 双分支结构

它的流程图如图 5-2 所示。

例 5.3 输入一个整数，判断它是奇数还是偶数。

具体程序如下：

```
#include <stdio.h>
void main()
{
 int n;
 printf("Input a number:\n");
 scanf("%d",&n);
 if(n%2==0)
  printf("The number is even.\n");
 else
  printf("The number is odd.\n");            /*语句后必须有分号*/
}
```

运行输入：

```
Input a number:
98
```

运行结果：

```
The number is even.
```

再次运行输入：

```
Input a number:
27
```

再次运行结果：

```
The number is odd.
```

说明：

该程序的执行功能是：输入一个整数 n，用 if 语句进行判断，形成两条路径，如果满足条件“n%2==0”，输出语句“The number is even.”，否则输出语句“The number is odd.”。

5.1.3 if-else-if 形式

if-else-if 形式是条件分支嵌套的一种特殊形式，它经常用于多分支处理，又称为多分支结构。它的一般形式是：

```
if(表达式 1)
  语句 1
else if (表达式 2)
  语句 2
    ⋮
else if (表达式 n)
  语句 n
else
```

```
语句 n+1
```

例如：

```
if (number>500)    cost=0.15;
     else if (number>300) cost=0.10;
     else if (number>100) cost=0.075;
     else if (number>50)  cost=0.05;
else            cost=0;
```

它的执行过程是：计算表达式 1 的值，如果计算结果为真，则执行语句 1，否则计算表达式 2 的值，如果计算结果为真，则执行语句 2，否则计算表达式 3 的值……如果表达式 n 的值为真，则执行语句 n，否则执行语句 n+1。执行的流程图如图 5-3 所示。

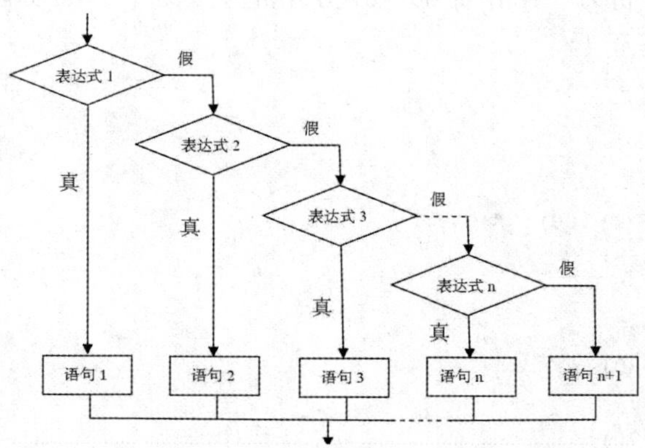

图 5-3 if-else-if 多分支结构

例 5.4 求解符号函数。

$$\text{sign}(x)=\begin{cases}1 & x>0\\0 & x=0\\-1 & x<0\end{cases}$$

具体程序如下：

```
#include <stdio.h>
void main()
{
  int x,sign;
  printf("Please input a number:\n");
  scanf("%d",&x);
  if(x>0)
    sign=1;
  else if(x==0)
   sign=0;
  else
   sign=-1;
  printf("The sign is %d\n",sign);
}
```

运行输入：

```
Please input a number:
-100
```

运行结果：

```
The sign is -1
```

再次运行输入：

```
Please input a number:
2
```

运行结果：

```
The sign is 1
```

说明：

输入一个整数 x，程序中用 if 语句判断 x 的值，根据 x 的值决定赋予 sign 的值。在整个 if-else-if 多分支结构中，只执行其中一条分支语句。

例 5.5 输入一个百分制成绩，输出相应的评价，90 分以上评价为“优秀”，80 ~ 89 分评价为“良好”，70 ~ 79 分评价为“合格”，60 ~ 69 分评价为“及格”，60 分以下评价为“不及格”。

具体程序如下：

```
#include <stdio.h>
void main()
{
  int score;
  printf("请输入成绩(0~100): ");
  scanf("%d", &score);
  if (score >= 90)
   printf("优秀\n");
  else if (score>=80)
   printf("良好\n");
  else if (score>=70)
   printf("合格\n");
  else if (score>=60)
   printf("及格\n");
  else
   printf("不及格\n");
}
```

运行输入：

```
请输入成绩(0~100):98
```

运行结果：

```
优秀
```

再次运行输入：

```
请输入成绩(0~100): 10
```

运行结果：

```
不及格
```

这里介绍了在 C 语言程序设计中经常用到的 3 种 if 语句，在使用 if 语句时要注意以下问题：

（1）if 后面的“表达式”不限于是关系表达式或逻辑表达式，可以是任意表达式。 如：

```
if (-9)
printf("O.K");
```

因为表达式的值为-9，表达式结果非零，即为“真”，输出“O.K”。

（2）if 语句中的“表达式”必须用小括号括起来。

（3）else 子句（可选）是 if 语句的一部分，必须与 if 配对使用，不能单独使用。

（4）if 子句和 else 子句可以是一条语句，也可以是一个包含多条语句的复合语句。如例 5.2 中，

```
if(x>y)
```

```
{  t=x;  x=y;  y=t;  }
```

if 子句就是一个复合语句。如果写成：

```
if(x>y)
  t=x;  x=y;  y=t;
```

这里代码是 3 条语句，一条 if 语句和两条赋值语句，无论“x>y”是否为真，“x=y; y=t;”都会被执行。

5.1.4　if 语句的嵌套

在 if 语句中包含一个或多个 if 语句称为 if 语句的嵌套。if 语句嵌套的一般情况是 if 后和 else 后的语句都可以再包含 if 语句。if 语句嵌套的一般形式是：

```
if(表达式 1)
    if(表达式 2)   语句 1 ┐
    else           语句 2 ┘  内嵌 if 条件语句
else
    if(表达式 3)   语句 3 ┐
    else           语句 4 ┘  内嵌 if 条件语句
```

执行的流程图如图 5-4 所示。

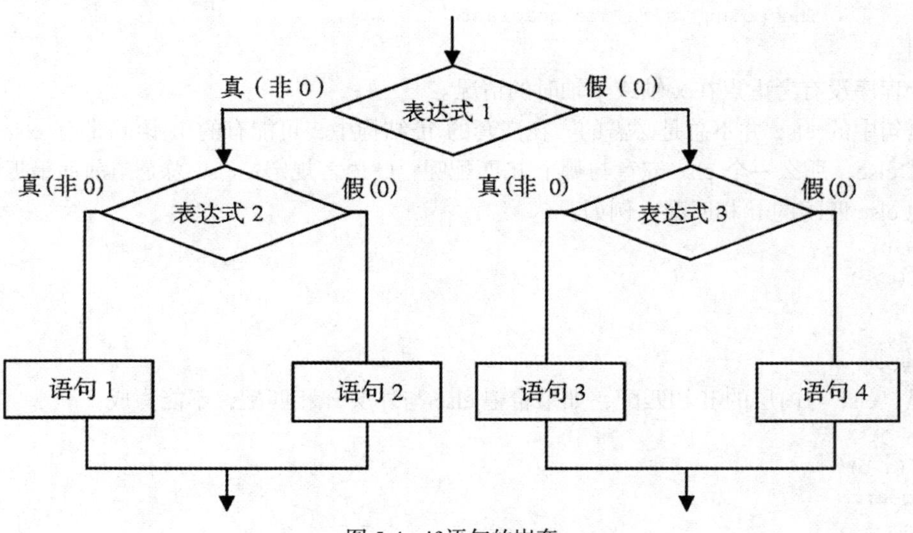

图 5-4　if 语句的嵌套

例 5.6　求一个坐标点所在的象限。

具体程序如下：

```
#include <stdio.h>
void main()
{
     float x,y;
     printf("Input the coordinate of a point:\n");
     printf("x=");
     scanf("%f",&x);
     printf("\ny=");
     scanf("%f",&y);
     if(x>0)
       if(y>0)
```

```
        printf("The point is in 1st quadrant.\n");
      else
        printf("The point is in 4th quadrant.\n");
    else
      if(y>0)
        printf("The point is in 2nd quadrant.\n");
      else
        printf("The point is in 3rd quadrant.\n");
}
```

运行输入：

```
Input the coordinate of a point:
x=5
y=3
```

运行结果：

```
The point is in 1st quadrant.
```

再次运行输入：

```
Input the coordinate of a point:
x=-2
y=-7
```

再次运行结果：

```
The point is in 3rd quadrant.
```

说明：

这个程序没有考虑点在 x 轴或 y 轴时的情况。

if 语句中的 else 并不总是必需的，在嵌套的 if 结构中，可能有的 if 语句带有 else，有的 if 语句不带 else，那么一个 else 究竟与哪个 if 匹配呢？C 语言规定：else 总是与前面最近的并且没有与其他 else 匹配的 if 相匹配。例如：

```
if(n>0)
  if(a>b)
    c=a;
  else
   c=b;
```

这里，else 与内层的 if 相匹配，如果希望 else 与外层 if 相匹配，不能写成：

```
if(n>0)
  if(a>b)
    c=a;
  else
    c=b;
```

因为缩进只是为了便于阅读，毫不影响计算机的执行，C 语言编译器总是把 else 与其前面最近的没有相匹配的 if 匹配。如果要想使 else 与前面的 if 相匹配，办法就是用花括号，构成复合语句，如：

```
if(n>0)
  {
 if(a>b)
      c=a;
      }
else
      c=b;
```

这样 else 就与外层的 if 相匹配了。

例 5.7 编写程序，判断某一年是否闰年。闰年的条件是：能被 4 整除，但不能被 100 整除，或者能被 400 整除。

分析：

以变量 leap 代表是否闰年的信息。若闰年，令 leap=1；非闰年，令 leap=0，最后判断 leap 是否为 1（真），若是，则输出“闰年”的信息。

具体程序如下：

```
#include <stdio.h>
void main()
{
  int year,leap;
  scanf("%d",&year);
  if(year%4==0)
  {
    if(year%100==0)
    {
       if(year%400==0)
         leap=1;
       else
         leap=0;
    }
    else
         leap=1;
  }
  else
    leap=0;
  if(leap)
    printf("%d is ",year);
  else
    printf("%d is not ",year);
  printf("a leap year");
}
```

运行输入：

<u>1989</u>

运行结果：

```
1989 is not a leap year
```

再次运行输入：

<u>2000</u>

运行结果：

```
2000 is a leap year
```

说明：

也可以将程序改写成以下的 if 语句：

```
if(year%4!=0)
  leap=0;
else if(year%100!=0)
  leap=1;
else  if(year%400!=0)
  leap=0;
else
  leap=1;
```

也可以用一个逻辑表达式包含所有的闰年条件，将上述 if 语句用下面的 if 语句代替：

```
if((year%4==0&&year%100!=0)||(year%400==0))
```

```
    leap=1;
  else
    leap=0;
```

5.2 switch 语句

switch 语句是多分支选择语句。在实际问题中常常需要用到多分支选择，我们可以用多分支的 if 语句来处理，但如果分支较多，则嵌套的 if 语句层数多，程序冗长。C 语言提供 switch 语句直接处理多分支结构。

switch 语句的一般形式如下：

```
switch (表达式)
  {
      case 常量表达式1:
          语句组1
      case 常量表达式2:
          语句组2
          ⋮
      case 常量表达式n:
          语句组n
      default:
          语句组n+1
  }
```

switch 语句的执行过程为：根据 switch 后面表达式的值，找到与某一个 case 后面的常量表达式的值相等时，就以此作为一个入口，执行此 case 后面的语句，执行后，流程控制转移到后面继续执行连续多个 case 及 default 语句（不再进行判断），直至 switch 语句的结束；若所有的 case 中的常量表达式的值不与 switch 后面表达式的值匹配，则执行 default 后面的语句。

例 5.8 输入用户权限代码，输出对应的用户权限。用户权限代码与用户权限的关系见表 5-1。

表 5-1 用户权限代码与用户权限的关系

用户权限代码	用户权限	用户权限代码	用户权限
1	阅读	3	阅读、发表评论、下载
2	阅读、发表评论		

具体程序如下：

```
#include<stdio.h>
void main()
{
  int n;
  scanf("%d",&n);
  switch(n)
  {
    case 3: printf("下载；");
    case 2: printf("发表评论；");
    default: printf("阅读");
  }
```

```
}
```

运行输入：

3

运行结果：

下载；发表评论；阅读

再次运行输入：

1

运行结果：

阅读

在使用 switch 语句时，应注意以下几点：

（1）switch 语句中的“表达式”和 case 后面的“常量表达式”可以为整型或字符型数据，也可以是枚举类型的数据。

（2）每一个 case 后的常量表达式的值应当互不相同，否则就会出现互相矛盾的现象（对表达式的同一值，有两种或多种执行方案）。

（3）switch 语句组中可以不包含 default 分支，如果没有 default，则当所有的常量表达式都不与表达式的值匹配时，switch 语句就不执行任何操作。

default 写成最后一项不是语法上必需的，它也可写在某个 case 前面（习惯上总是把 default 写在最后）。若把 default 写在某些 case 前面，当所有的常量表达式都不与表达式的值匹配时，switch 语句就以 default 作为一个入口，执行 default 后面的语句及连续多个 case 语句，直至 switch 语句的结束。

（4）由于 case 及 default 后都允许是语句组，所以当安排多个语句时，可以不必用花括号括起来。

（5）为了在执行某个 case 分支后，使流程跳出 switch 结构，即终止 switch 语句的执行，总是把 break 语句与 switch 语句一起合用，即把 break 语句作为每个 case 分支的最后一条语句，当执行到 break 语句时，使流程跳出本条 switch 语句。

例如，根据成绩的等级输出评价。

如果 switch 语句为：

```
switch(grade)
{
  case 'A':printf("优秀");
  case 'B':printf("良好");
  case 'C':printf("合格");
  case 'D':printf("及格");
  default:printf("不及格");
}
```

当 grade 的值为'C'时，则输出：合格及格不及格，这样的运行情况无法满足题目的要求。这是由 switch 语句自身的执行特点造成的，程序运行时，当 grade 的值为'C'，与第三个 case 后的常量表达式相同，不仅要执行语句 printf("合格");，而且不再进行匹配，往下还会依次执行语句 printf("及格");和 printf("不及格");，因而出现了上面的输出结果。

解决问题的办法是在每个 case 分支的后面加上 break 语句，break 语句能够中断 switch 语句的执行。程序修改如下：

```
switch(grade)
```

```
{
  case 'A':printf("优秀"); break;
  case 'B':printf("良好"); break;
  case 'C':printf("合格"); break;
  case 'D':printf("及格"); break;
  default:printf("不及格");
}
```

grade 的值为'C'，与第 3 个 case 后的常量表达式相同，然后依次执行语句 printf("合格"); 和 break;，完成输出“优秀”并结束 switch 语句。它的流程图如图 5-5 所示。

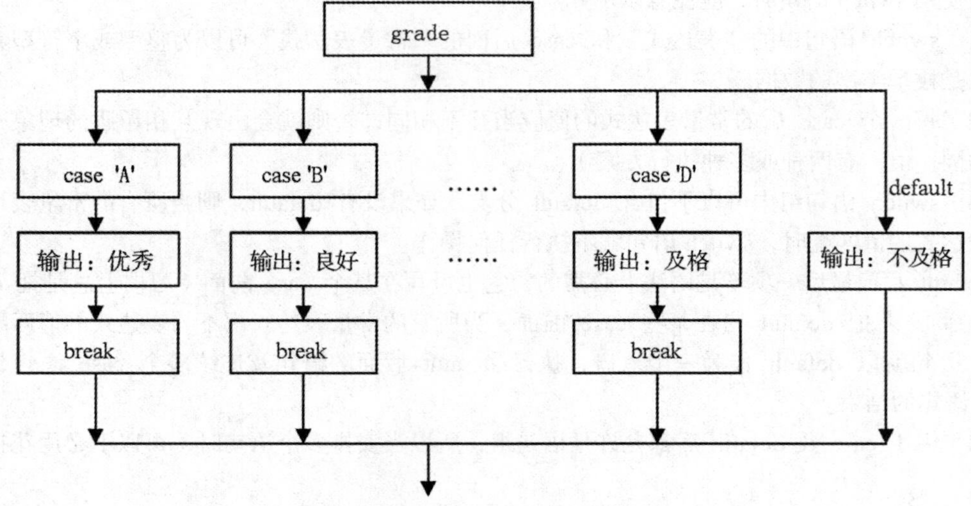

图 5-5　switch 和 break 语句

（6）多个 case 可以共用一组执行语句，例如，根据成绩等级输出“及格”或“不及格”。

```
switch(grade)
{
  case 'A':
  case 'B':
  case 'C':
  case 'D':printf("及格"); break;
  default:printf("不及格");
}
```

当 grade 的值为'A'、'B'或'C'时都执行同一组语句，即语句 printf("及格"); 和 break;。

（7）switch 语句也可以内嵌在某个 case 语句中使用。

例 5.9　在 case 后面嵌套 switch 语句的程序。

具体程序如下：

```
#include <stdio.h>
void main()
{
 int x=1,y=0,a=0,b=0;
 switch(x)
 {
  case 1:switch(y)
          {
```

```
            case 0: a++; break;
            case 1: b++; break;
            }
        case 2: a++; b++; break;
        case 3: a++; b++;
    }
    printf("a=%d,b=%d\n",a,b);
}
```

运行结果：

```
        a=2,b=1
```

如果在某个 case 后面又嵌套了一个 switch 语句，一定要注意，在执行了内层嵌套的 switch 语句后还需要执行一条 break 语句才能跳出外层的 switch 语句。

例 5.10　使用 switch 语句编写例 5.5 程序，将数字显示的成绩转化为评价。

具体程序如下：

```
#include <stdio.h>
void main( )
{
  int score,grade;
  printf("请输入分数(0~100): ");
  scanf("%d", &score);
  grade = score/10;              /*将成绩整除 10，转化成 switch 语句中的 case 标号*/
  switch (grade)
{
    case 10:
    case 9:  printf("优秀 \n"); break;
    case 8:  printf("良好\n"); break;
    case 7:  printf("合格\n"); break;
    case 6:  printf("及格\n"); break;
    case 5:
    case 4:
    case 3:
    case 2:
    case 1:
    case 0:  printf("不及格\n"); break;
    default: printf("分数超出范围!\n");
  }
}
```

运行输入：

```
        请输入分数(0~100): 98
```

运行结果：

```
        优秀
```

再次运行输入：

```
        请输入分数(0~100): 20
```

再次运行结果：

```
        不及格
```

说明：

利用整除的特性，使表达式 score/10 的值在 0~10，这组 0~10 不同的值正好落在不同的分数段内，所以按照 grade 的值分情况进行处理。当 score 的值为 98 时，grade 的值和'9'相匹配，执行 case'9'后面的语句，输出信息“优秀”，然后 break 语句把控制传递给 switch 后边的语句。凡 case 的语句组为空时，将按顺序往下执行。可见，switch 语句比多分支 if 语句的可读性强，当需要判定的分支较多时，switch 语句比 if 语句的执行速度快。

5.3　选择结构程序设计举例

例 5.11　输入 3 个整数，输出最大数和最小数。

具体程序如下：

```
#include <stdio.h>
void main()
{
  int a,b,c,max,min;
  printf("请输入 a,b,c 的值:\n");
  scanf("%d,%d,%d",&a,&b,&c);
  if(a>b)
   {max=a;min=b;}
  else
   {max=b;min=a;}
  if(max<c)
   max=c;
  else
   if(min>c)
     min=c;
  printf("max=%d min=%d",max,min);
}
```

运行输入：

```
请输入 a,b,c 的值:1,8,6
```

运行结果：

```
max=8 min=1
```

再次运行输入：

```
请输入 a,b,c 的值:1,5,7
```

再次运行结果：

```
max=7 min=1
```

说明：

首先比较 a 和 b 的大小，把大数装入 max，小数装入 min；然后将 max 和 c 比较，如果 c 大于 max，把 c 赋予 max，否则如果 c 小于 min，则把 c 赋予 min。

例 5.12　设计求 $ax^2+bx+c=0$ 一元二次方程解的程序。

分析：$a=0$，不是二次方程。判别式 b^2-4ac 的值等于 0 时有两个相等实根；大于 0 有两个不等实根；小于 0 有两个共轭复根。

计算 $d=b^2-4ac$ 后，由于计算的实数误差，若确定为 0，可能出现 d!=0，因此用取绝对值后判别是否小于一个很小的数（如 10^{-6}）来解决。

具体程序如下：

```
#include <math.h>
```

```
#include <stdio.h>
void main()
{
    float a,b,c,d,x1,x2,p,q;
    printf("a,b,c=");
    scanf("%f,%f,%f",&a,&b,&c);
    printf("The equation");
    if(fabs(a)<=1e-6)
     printf("is not quadratic");
    else
     {
      d=b*b-4*a*c;
      if(fabs(d)<1e-6)
        printf ("has two equal roots: %8.4f\n",-b/(2*a));
      else
        if(d>1e-6)
         {
           x1=(-b+sqrt(d))/(2*a);
           x2=(-b-sqrt(d))/(2*a);
           printf("has distinct real roots: %8.4f and %8.4f\n",x1,x2);
         }
        else
         {
           p=-b/(2*a);
           q=sqrt(-d)/(2*a);
           printf("has complex roots: \n");
           printf("%8.4f+%8.4fi\n",p,q);
           printf("%8.4f-%8.4fi\n",p,q);
         }
     }
}
```

运行输入：

```
a,b,c=1,2,1
```

运行结果：

```
The equation has two equal roots:  -1.0000
```

再次运行输入：

```
a,b,c=1,2,2
```

再次运行结果：

```
The equationhas complex roots:
-1.0000+  1.0000i
-1.0000-  1.0000i
```

继续运行输入：

```
a,b,c=2,6,1
```

运行结果：

```
The equationhas distinct real roots:  -0.1771 and  -2.8229
```

说明：

fabs()是 C 语言取绝对值的函数，sqrt()是求平方根函数，由于使用了这两个数学函数，所以在程序开始加程序行

```
#include  <math.h>
```

因为 fabs()函数和 sqrt()函数包含在 math.h 文件中。

例 5.13 设计输入年、月，输出该月天数的程序。

分析：

每年的 1、3、5、7、8、10、12 月，每月有 31 天；4、6、9、11 月，每月有 30 天；2 月闰年 29 天，平年 28 天。

变量 year、month、days 为整型，分别表示年、月和天数。该程序可用 switch 多分支结构。

具体程序如下：

```
#include <stdio.h>
void main()
{
  int year,month,days;
  printf("input year,month=?\n");
  scanf("%d,%d",&year,&month);
  switch(month)
{
   case 1:
   case 3:
   case 5:
   case 7:
   case 8:
   case 10:
   case 12: days=31; break;
   case 4:
   case 6:
   case 9:
   case 11: days=30; break;
   case 2:  if((year%4==0)&&(year%100!=0)||(year%400==0))
                days=29;
           else
                days=28; break;
   default: printf("month is error\n");
  }
 printf("year=%d,month=%d,days=%d\n",year,month,days);
 }
```

运行输入：

```
input year,month=?
1994,8
```

运行结果：

```
year=1994,month=8,days=31
```

再次运行输入：

```
input year,month=?
1994,2
```

再次运行结果：

```
year=1994,month=2,days=28
```

本章小结

在 C 语言中，if 语句是用条件表达式的值作为控制手段的，因此正确写出条件表达式是能否正确构成 if 语句的关键所在。

条件表达式并不局限于只是使用关系表达式或逻辑表达式。任何合法的 C 语言表达式都可以作为条件表达式，只要表达式的值非零（无论是正数或负数），就代表为真。

对于同一个控制功能可以有多种多样的表示形式，使得这些控制结构虽灵活但不易掌握，因此要求有较强的逻辑判断和分析能力。

由于 C 语言中控制功能可以是任意表达式，因此，只有正确掌握包括关系运算符和逻辑运算符在内的各种运算符的优先关系，才能写出正确的表达式。注意，即使关系运算符本身的优先级也不相同，例如，a==b>c 相当 a==(b>c)，而不是(a==b)>c。

在 C 语言中，主要用 if 语句实现选择结构，用 switch 语句实现多分支选择结构。

if 后面的表达式可以是任意的表达式。if 语句中可以再嵌套 if 语句，根据 C 语言规定，在嵌套的 if 语句中，else 子句是与前面最近的且没有与其他 else 匹配的 if 相匹配的。if 语句中的条件表达式应该用括号括起来，如果有 else 子句，则条件表达式后的语句同样用分号结束。若 if 子句或 else 子句由多个语句构成，则应该构成复合语句。

在用 switch 语句实现多分支选择结构时，“case 常量表达式”只起语句标号作用，如果 switch 后面的表达式的值与 case 后面的常量表达式的值相等，就执行 case 后面的语句。但特别注意：执行完这些语句后不会自动结束，会继续执行下一个 case 子句中的语句。因此，应在每个 case 子句最后加一个 break 语句，才能正确实现多分支选择结构。

习　题

1. C 语言中如何表示“真”和“假”?系统如何判断一个量的“真”和“假”？

2. C 语言的 if 语句嵌套时，if 与 else 的匹配关系是________。

   A. 每个 else 总是与它上面的最近的且没有与其他 else 匹配的 if 相匹配

   B. 每个 else 总是与最外层的 if 匹配

   C. 每个 else 与 if 匹配上是任意的

   D. 每个 else 总是与它上面的 if 匹配

3. 在 C 语言中，if 语句后的一对圆括号中，用以决定分支的流程的表达式________。

   A．只能用逻辑表达式

   B．只能用关系表达式

   C．只能用逻辑表达式或关系表达式

   D．可以是任意表达式

4. 对于下述程序，说法正确的是________。

```
#include <stdio.h>
void main()
{
  int x=0,y=0,z=0;
  if (x=y+z)
     printf("***");
  else
     printf("###");
}
```

   A. 有语法错误，不能通过编译

B．输出***

C．可以编译，但不能通过连接，因而不能运行

D．输出###

5．执行下面语句后的输出为__________。

```
#include <stdio.h>
void main()
{
  int x=3,y=0;
  if (x<y)
      x=21;
      y=-5;
  printf("%d,%d",x,y);
}
```

6．执行下面语句后的输出为__________。

```
#include <stdio.h>
void main()
{
int i=1;
if (i<=0)
    printf("****\n");
else
    printf("%%%%\n");
}
```

7．若变量已正确定义，则以下程序的运行结果是__________。

```
x=100;a=10;b=20;k1=5;k2=0;
if (a<b)
    if (b!=15)
         if (!k1)
              x=1;
         else
            if (k2) x=10;
x=-1;
printf("%d",x);
```

8．执行下列程序后，变量的正确结果是__________。

```
int i=10;
switch(i)
{
 case 9:i+=1;
 case 10:i+=1;
 case 11:i+=1;
 case 12:i+=1;
}
```

A．10　　B．11　　C．12　　D．13

9．以下程序的运行结果是__________。

```
#include <stdio.h>
void main()
{
 int a=2,b=7,c=5;
 switch(a>0)
 {
  case 1: switch(b<0)
```

```
    {
     case 1:printf("@");break;
   case 0:printf("!");break;
  }
  case 0: switch(c==5)
 {
   case 0: printf("*");break;
    case 1:printf("#");break;
    default:printf("%%");break;
   }
    default: printf("&");
    }
  printf("\n");
  }
```

10. 有一个函数：

$$y=\begin{cases} x & (x<1) \\ 2x-1 & (1\leqslant x<10) \\ 3x-11 & (x\geqslant 10) \end{cases}$$

编写程序，输入 x 的值，输出 y 的值。

11. 为了节约用水，将用户的用水总量分成如下 3 个区间，并给出不同的收费标准。

第 1~3 吨	1.9 元/吨
第 4~9 吨	2.3 元/吨
第 10 吨后	2.5 元/吨

编写程序，输入用户用水量（整数），程序输出水费。

12. 企业发放的奖金根据利润提成。利润 I 低于或等于 100000 元的，奖金可提 10%；利润高于 100000 元，低于 200000 元（$100000<I\leqslant 200000$）时，低于 100000 元的部分按 10%提成，高于 100000 元的部分，可提成 7.5%；$200000<I\leqslant 400000$ 时，低于 200000 元的部分仍按上述办法提成（下同），高于 200000 元的部分按 5%提成；$400000<I\leqslant 600000$ 元时，高于 400000 元的部分按 3%提成；$600000<I\leqslant 1000000$ 时，高于 600000 的部分按 1.5%提成；$I\geqslant 1000000$ 时，超过 1000000 元的部分按 1%提成。从键盘输入当月利润 I，求应发奖金总数。要求：

（1）用 if 语句编程；

（2）用 switch 语句编程。

第 6 章 循环结构程序设计

循环结构是按照一定的条件重复执行某段语句的程序控制结构，在许多问题中都要用到循环结构，它是结构化程序设计的基本结构之一，和顺序结构、选择结构共同作为各种复杂结构的基本构造单元。因此，熟练掌握循环结构的概念和使用方法是对程序设计者最基本的要求。

在 C 语言中，所包含的循环语句有：

- while 语句；
- do-while 语句；
- for 语句；
- goto+if 语句。

本章将分别对这些语句做详细介绍。

6.1 while 语句

while 语句用来实现当某个条件满足时，对一段程序进行重复执行的操作（当型循环）。

while 语句的一般格式：

```
while(表达式)
{
语句组
}
```

while 语句的执行过程如图 6-1 所示。这个执行过程表明，当表达式的值为真（非 0）时，重复执行语句，直到表达式的值为假，跳出循环。

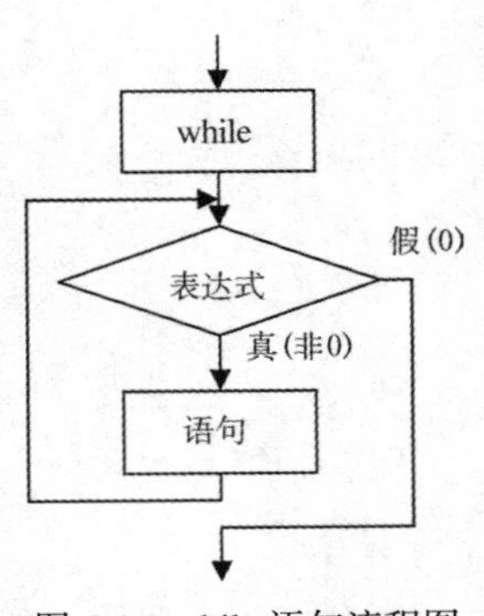

图 6-1 while 语句流程图

需要说明的是，在格式中的语句指的是一条语句，如果需要重复执行的部分（循环体）为多条语句，则需要构成一个复合语句。

例 6.1 求 n 的阶乘 $n!$（n 为非 0 正整数）。

分析：

（1）定义变量 i 和 s，都初始化为 1。

（2）从键盘输入 n 的值。

（3）对 i 的值判断。

（4）如果 i<=n，则把 i 累乘到 s 上，i 值自增 1，返回步骤（3）。否则，结束循环，转到步骤（5）。

（5）输出 s 的值。

具体程序如下：

```
#include <stdio.h>
void main()
{
  int i=1,s=1;
  printf("Input n:");
  scanf("%d",&n);
  while(i<=n)
  {
    s=s*i;
    i++;
  }
  printf("%d!=%d\n",n,s);
}
```

运行输入：

```
        Input n:4↙
```

运行结果：

```
        4!=24
```

例 6.2　输入一行字符，分别统计其中字母、数字和其他符号出现的次数。

分析：

（1）首先需要 3 个计数用的变量来记录这三类符号出现的次数；其次，这 3 个变量应初始化为 0。

（2）读入一个字符。

（3）检查输入字符是否为'\n'字符。如果不是，则检查它属于哪一类符号，同时将所属的计数变量自增 1，转入步骤（2）；如果输入字符是'\n'字符，则结束循环，转入步骤（4）。

（4）输出所有计数变量。

这里，重复输入字符需要用到 while 循环语句，对输入字符的判断则需要用到之前学过的 if 语句。

具体程序如下：

```
#include<stdio.h>
void main()
{
  char c;
  int alpha=0,digit=0,other=0;
  printf("Please input :");
  while((c=getchar())!='\n')
     if(c>='a' && c<='z' || c>='A'&&c<='Z')
        alpha++;
     else if(c>='0'&&c<='9')
            digit++;
        else
            other++;
  printf("alpha:%d\tdigit:%d\tother:%d\n",alpha,digit,other);
}
```

运行输入：

```
        Please input :x+4=10,x=6↙
```

运行结果：

```
          alpha:2   digit:4  other:4
```

6.2 do-while 语句

do-while 语句可以概括为“直到型”循环结构，其一般形式为：

```
do
{
  语句组
}
while(表达式);
```

具体的执行过程是：先执行 do 之后的循环体语句，然后判断 while 中的表达式是否为真（非 0）。若为真，则继续执行循环体语句；否则，结束循环。流程图如图 6-2 所示。

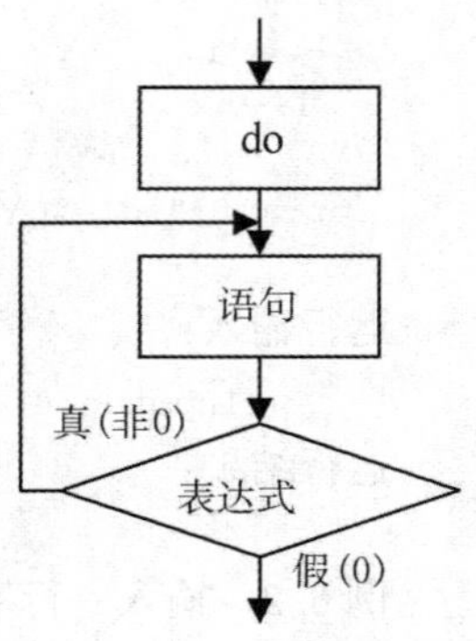

图 6-2 do-while 语句流程图

例 6.3 用 do-while 语句实现例 6.1。

分析过程同例 6.1，具体程序如下：

```
#include <stdio.h>
void main()
{
  int i=1,s=1;
  printf("Input n:");
  scanf("%d",&n);
  do
  {
    s=s*i;
    i++;
  }while(i<=n);
  printf("%d!=%d\n",n,s);
}
```

注意 do-while 语句中，while 后面的分号“;”是必不可少的，而“do”后面则没有分号。

通过例 6.1 和例 6.3，我们不难看出，while 语句和 do-while 语句非常相似，在一定范围内它们是可以互换的，但是这并不意味着二者就是完全等同的。

例 6.4 我们把例 6.1 和例 6.3 的程序做同样的修改，一边用 while 语句，另一边用 do-while 语句，进行比较。当 n 值为 4 的时候，让我们看一看它们的区别。

```
/* while语句 */
#include <stdio.h>
void main()
{
  int i=5,s=1;
  printf("Input n:");
  scanf("%d",&n);
  while(i<=n)
  {
    s=s*i;
```

```
/* do-while语句 */
#include <stdio.h>
void main()
{
  int i=5,s=1;
  printf("Input n:");
  scanf("%d",&n);
  do
  {
    s=s*i;
```

```
    i++;
  }
  printf("i=%d,s=%d\n",i,s);
}
```

运行输入：

```
Input n:4↙
```

运行结果：

```
i=5,s=1
```

```
    i++;
  }while(i<=n);
  printf("i=%d,s=%d\n",i,s);
}
```

```
Input n:4↙
```

```
i=6,s=5
```

显而易见，当输入的 n 值为 4 时，二者的结果完全不同。因为此时 while 循环一次也不执行循环体，对 do-while 循环来说则至少要执行一次循环体。可以得出结论：当 while 循环后面的表达式第一次判别为真值（非 0）时，完全等同于 do-while 循环；否则，二者不相同。

6.3　for 语句

for 语句是循环语句中最为简便的循环语句，它的书写灵活多变，不仅可以用于循环次数已经确定的情况，而且还可以用于一些循环次数不确定或只给出循环结束条件的情况。

for 语句的一般形式为：

```
for(表达式 1;表达式 2;表达式 3)
{
   循环体语句组
}
```

流程图如图 6-3 所示，具体的执行过程如下：

（1）先求解表达式 1。

（2）求解表达式 2，若值为真（非 0），则执行 for 语句中的循环语句，然后转到第（3）步；若值为假，则结束循环，转到第（5）步。

（3）求解表达式 3。

（4）转到第（2）步。

（5）结束循环，执行 for 语句后面的语句。

表达式 1=循环变量赋初值；

表达式 2=循环条件；

表达式 3=循环变量值的改变。

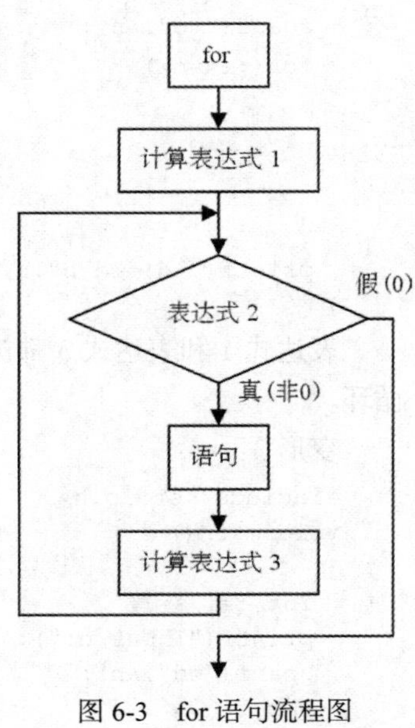

图 6-3　for 语句流程图

例 6.5　用 for 语句求解例 6.1。

具体程序如下：

```
#include <stdio.h>
void main()
{
  int i,s;
  printf("Input n:");
  scanf("%d",&n);
  for(i=1,s=1;i<=n;i++)
    s=s*i;
  printf("%d!=%d\n",n,s);
}
```

当表达式 1 中有多个变量赋初值时，之间用“,”隔开。

我们可以看到，for 语句在书写的时候更为简洁，不但增加了程序的可读性，也使得编程者思路明确。for 语句同时又是灵活多变的，以上代码还可以写成如下形式。

变形 1：

```
#include <stdio.h>
void main()
{
  int i=1,s=1;
  printf("Input n:");
  scanf("%d",&n);
  for(;i<=n;i++)          /* 省略了表达式 1 */
    s=s*i;
  printf("%d!=%d\n",n,s);
}
```

这里省略掉了表达式 1，变量赋初值被放到了变量初始化中。

表达式 1 可以省略，但是它后面的“;”不能省略，它表明了一种结构。

变形 2：

```
#include <stdio.h>
void main()
{
  int i=1,s=1;
  printf("Input n:");
  scanf("%d",&n);
  for(;i<=n;)                 /* 省略了表达式 1 和表达式 3 */
  {
    s=s*i;
    i++;
  }
  printf("%d!=%d\n",n,s);
}
```

表达式 1 和表达式 3 都被省略了，但是循环变量的自增要在循环体中体现，不然可能出现死循环。

变形 3：

```
#include <stdio.h>
void main()
{
  int i=1,s=1;
  printf("Input n:");
  scanf("%d",&n);
  for( ; ; )                  /* 表达式 1、表达式 2 和表达式 3 都被省略了 */
  {
    if(i>n)
       break;
    s=s*i;
```

```
    i++;
  }
  printf("%d!=%d\n",n,s);
}
```

表达式 1、表达式 2 和表达式 3 都可以省略。如果省略了表达式 2，在循环体内一定要有 if 语句，当满足条件时执行 break 语句结束循环，否则会形成无限循环。break 语句是一种跳出语句，在后面的章节会详细介绍。

由此可见，for 语句的 3 个表达式都可以省略，但是要在相应的位置上补全代码，否则就会出现无限循环。

例 6.6　求 2012~2050 年间的闰年。

分析：判断一个年份是闰年的方法是：该年能被 4 整除，但不能被 100 整除；或者该年份能被 400 整除。

具体程序如下：

```
#include <stdio.h>
void main()
{
  int i;
  for(i=2012;i<=2050;i++)
      if((i%4==0&&i%100!=0)||(i%400==0))
          printf("%5d\t",i);
}
```

运行结果：

```
      2012  2016  2020  2024  2028  2032  2036  2040  2044  2048
```

例 6.7　兔子繁殖问题。设有一对新生的兔子，从第三个月开始，它们每个月都生一对兔子，按照这样的规律，并假设兔子没有死亡，一年后共有多少对兔子。

分析：

第 1 个月有 1 对兔子，第 2 个月还是一对，第 3 个月有 2 对，第 4 个月有 3 对，第 5 个月有 5 对，第 5 个月有 8 对……以此类推。

1，1，2，3，5，8……这就是著名的斐波那契（Fibonacci）数列，从第 3 项开始，每一项的值等于前两项的和，Fibonacci 数列的定义为：

$$F_n = \begin{cases} 0 & (n = 1) \\ 1 & (n = 2) \\ F_{n-1} + F_{n-2} & (n > 2) \end{cases}$$

当计算出一个新的数列中的元素时，要在临时变量中存储下来，分别用变量 f1 存放两个元素中的前一个，用 f2 存放后一个，当前元素放在 f 中。所以当进行一次计算时，要更新 f1 和 f2 的值，i 的值每次加 1，这样一次次重复执行。循环的次数为，i 从 3 到 n，共 n–2 次。

具体程序如下：

```
#include<stdio.h>
void main()
{
  int f,f1=1,f2=1,i,n;
  printf("Input n:");
  scanf("%d",&n);
  printf("%d\t%d\t",f1,f2);
```

```
  for(i=3;i<=n;i++)
  {
     f=f1+f2;
     f1=f2;                    /*存放第一个数*/
     f2=f;                     /*存放第二个数*/
     printf("%d\t",f);
     if(i%6==0)                /*打印 6 个换行*/
        printf("\n");
  }
}
```

运行输入：

```
Input n: 12↙
```

运行结果：

```
  1  1   2   3   5   8
 13  21  34  55  89  144
```

例 6.8 古代有位财主，借了穷人 1000 文钱不想还，后来一个读书人从中调解，他让财主第一天还 1 文钱，第二天还 2 文钱，第三天还 4 文钱，以此类推，每天还的是前一天的 2 倍，一直还一个月。财主答应了，结果不到一个月的时间，财主就破产了，他到底还了多少钱呢？

分析：其实就是计算 $sum=2^0+2^1+2^2+\cdots+2^{30}$ 的值。

具体代码如下：

```
#include<stdio.h>
void main()
{
  int n;
  double v,sum=0.0,t=1.0;
  for(n=0;n<31;n++)
  {
    sum+=t;
    t*=2;
  }
  printf("sum=%e\n",sum);
}
```

运行结果：

```
sum=2.14748e+09
```

6.4　3 种循环语句的区别

（1）C 语言提供的 3 种循环控制结构可以用来处理同样的问题。一般情况下，它们是可以互相替代的。

（2）while 循环结构只设置了结束循环的条件。循环体内需要设置打破循环条件而使循环趋向结束的语句。

（3）do-while 循环和 while 循环相类似，但 do-while 循环先运行循环体，然后再进行循环结束条件的测试，循环体至少要运行一次。

（4）对于已知重复次数的循环，使用 for 语句更加方便、更加明晰；而仅知道循环结束的条件，不知道循环次数的用 while 循环和 do-while 循环则更加简洁。

6.5　循环结构的嵌套

6.5.1　定义

在一个循环内又包含着另一个循环，称为循环的嵌套。while、do-while 和 for 这 3 种循环均可以相互嵌套，即在 while 循环、do-while 循环和 for 循环体内，都可以完整地包含上述任意一种循环结构。

使用嵌套的循环，应注意以下问题：

（1）在嵌套的各层循环体中，若使用复合语句，应用一对花括号将循环体语句括起来以保证逻辑上的正确性；

（2）内层和外层循环控制变量不应同名，以免造成混乱；

（3）嵌套的循环最好采用左缩进格式书写，以保证层次的清晰性；

（4）循环嵌套不能交叉，即在一个循环体内必须完整地包含着另一个循环。嵌套循环执行时，先由外层循环进入内层循环，并在内层循环终止之后接着执行外层循环，再由外层循环进入内层循环中，当外层循环终止时，程序结束。

6.5.2　嵌套结构的规则

有许多的实际问题需要用到两重或两重以上的循环才能解决，下面通过几个例子介绍循环嵌套的概念和应用。

例 6.9　编程输出如下格式的九九乘法表。

```
1*1= 1
1*2= 2    2*2= 4
1*3= 3    2*3= 6    3*3= 9
1*4= 4    2*4= 8    3*4=12    4*4=16
1*5= 5    2*5=10    3*5=15    4*5=20    5*5=25
1*6= 6    2*6=12    3*6=18    4*6=24    5*6=30    6*6=36
1*7= 7    2*7=14    3*7=21    4*7=28    5*7=35    6*7=42    7*7=49
1*8= 8    2*8=16    3*8=24    4*8=32    5*8=40    6*8=48    7*8=56    8*8=64
1*9= 9    2*9=18    3*9=27    4*9=36    5*9=45    6*9=54    7*9=63    8*9=72    9*9=81
```

分析：

第 1 行打印 1 列，第 2 行打印 2 列……第 9 行打印 9 列，这必然要用双重循环。

具体程序如下：

```
#include <stdio.h>
void main()
{
  int m,n;
  for(n=1;n<=9;n++)                /* 外层循环控制输出的行数，n 从 1 变化到 9 */
   {
     for(m=1;m<=n;m++)             /* 内层循环控制每行输出的列数，m 从 1 变化到 n */
```

```
        printf("%d*%d=%-2d  ",m,n,m*n);
      printf("\n");                        /* 每行输出结束后换行 */
    }
}
```

例 6.10　输入一个字母，输出这个字母决定其高度的字符“金字塔”。例如，输入 d，则输出下列左边图形；如果输入 D，则输出右边图形。

```
      a                 A
     aba               ABA
    abcba             ABCBA
   abcdcba           ABCDCBA
```

分析：

要输出的图形是由行、列组成的二维图形。外循环控制行数，每执行一次输出一行。每一行都分为四部分：一行左边的空格、一行的前半段、一行的后半段和一个换行，这些都分别需要由每次输出一个字符的循环来完成。

算法：屏幕宽度一般为 80 个字符，假设输出图形居中。

（1）输入字符 c。

（2）如果是小写字母，则塔顶 top 为'a'，如果是大写字母，则 top 为'A'。如果输入非字母，top 为'\0'。

（3）如果 top 为非 0，则输出图形。

① 置 c1 为 top（外循环变量初始值）。

② 如果 c1<=c，则输出一行：

- 输出一行左边的所有空格，数目为 40-2*（c1-top）;
- 输出一行的前半段（包括正中的一个字符）;
- 输出一行的后半段;
- 回车换行。

c1=c1+1，转至步骤（2），输出下一行。

③ 如果 c1>c，循环结束。

具体程序如下：

```
#include <stdio.h>
#include <stype.h>
void main()
{
  char c,c1,c2,top;
  int i;
  printf("Input a character:");
  top=isupper(c=getchar())?'A':(islower(c)?'a':'\0');
  if(top)
  {
    for(c1=top;c1<=c;c1++)
     {
        for(i=1;i<=40-2*(c1-top);i++)
           putchar(' ');
        for(c2=top;c2<=c1;c2++)
           printf("%2c",c2);
        for(c2=c1-1;c2>=top;c2--)
           printf("%2c",c2);
```

```
        printf("\n");
      }
    }
  }
```

说明：

程序中 isupper(c)和 islower(c)是标准库函数调用，相应的头文件为“stype.h”，参数 c 可为 char 或 int 类型。isupper()函数的功能是测试 c 是否为一个大写字母，islower()函数的功能是测试 c 是否为小写字母，若是小写字母则返回值非 0，否则返回值为 0。

使用多重循环嵌套，应注意以下问题：

（1）内层和外层循环控制变量不应同名，以免造成混乱。

（2）应正确书写。如果在内层循环体中有多条语句，应用{ }括起来组成复合语句，以保证逻辑上不出错误。

（3）对于多重循环，只需要执行一次的赋初值动作，应放在最外层循环开始执行之前。

（4）在一个循环体内必须完整地包含着另一个循环。

6.6 转向语句

在实际应用中，有时存在这样的情况：当一个函数运行完毕后，程序的运行方向需要重新调整；循环体尚未运行完，就需要跳出循环结构或者结束本次循环而开始下一轮循环，这就需要用到转向语句。

在 C 语言中，转向语句包括 break、continue、goto 和 return 语句，return 语句将在后面的章节详细介绍，本章不做讲解。

6.6.1 break 语句

break 语句在分支结构中出现过，可用于 switch 结构，也可用于循环结构中。在循环结构中，break 语句的功能是无条件终止循环，程序跳出循环结构，如图 6-4 所示。

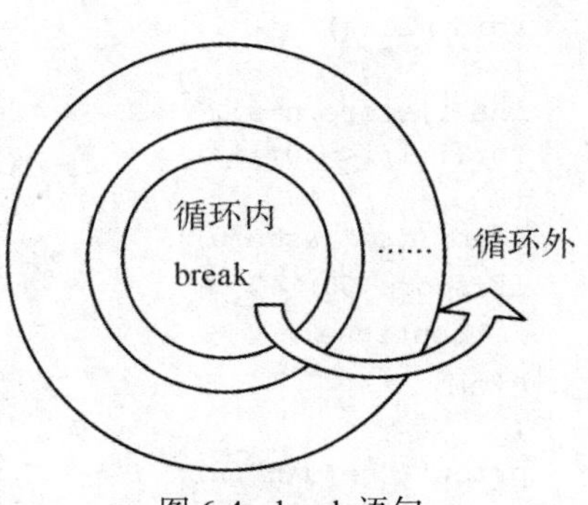

图 6-4　break 语句

break 语句的一般形式为：

break;

例 6.11　从键盘上输入任意多个整数，求其平均值，当输入值为 0 时，计算结束。

具体程序如下：

```
#include <stdio.h>
void main()
{
  int i,n;
  float sum;
  for(i=0,sum=0.0; ;i++)
  {
    scanf("%d",&n);
 if(n==0)                /* 当 n==0 时，结束循环 */
       break;
```

```
    sum+=n;
  }
  printf("average=%.2f\n",sum/i);
}
```

运行输入：

34 56 89 44 65 0

运行结果：

average=57.60

说明：

本程序中 for 语句的表达式 2 省略了，如果在循环体中没有 if 和 break 语句，循环就永远不会终止。本例还可用 while 循环改写，请读者自己思考。

如果是在嵌套循环结构中，break 只能跳出本重循环。

6.6.2 continue 语句

continue 语句的作用是终止本次循环，continue 后面的语句不执行而进入下一次循环，如图 6-5 所示。

continue 语句的一般形式为：

continue;

例 6.12 输入 10 名学生的成绩，输出及格（大于等于 60 分）人数。

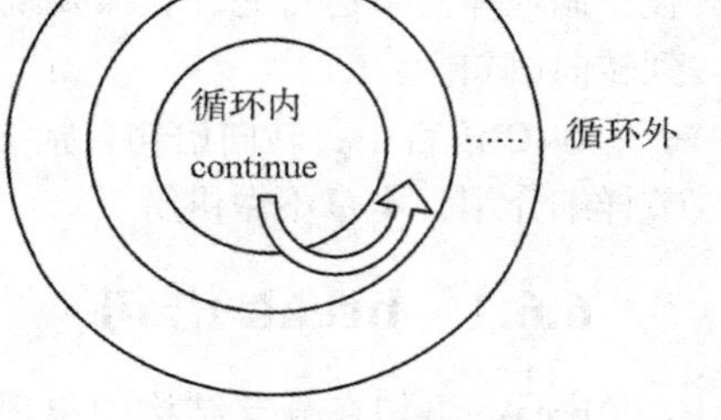

图 6-5 continue 语句

分析：每次输入学生成绩时都要进行判断，如果成绩小于 60 分，则继续下次输入，否则及格人数累加。

具体程序如下：

```
#include <stdio.h>
void main()
{
int i,score,n=0;
for(i=1;i<=10;i++)
{
scanf("%d",&score);
if(score<60)                    /* 当输入分数小于 60 时，继续下次循环 */
   continue;
n++;                            /* 当输入分数大于等于 60 时，及格人数累加 */
}
printf("n=%d\n",n);
}
```

运行输入：

50 60 55 78 82 48 88 46 68 90

运行结果：

n=6

说明：

当 score<60 时结束本次循环，不执行 n++;而去执行 i++，然后判断 i<=10 是否成立，若成立则进行下一次循环。这样，n 中统计的就是大于等于 60 分的学生人数。

6.6.3　goto 语句

goto 语句是无条件转向语句，其一般形式为：

goto 语句标号;

语句标号用标识符表示，它的命名规则和变量名相同，不能用整数作标号。

goto 语句和 if 语句搭配，能够构成循环结构。

例 6.13　求 1+2+3+……+100 的和。

分析：计算序列为等差序列，且步长为 1。这是一个反复求和的过程，首先抽取出需要重复计算的表达式：

```
sum=sum+i
```

sum 是累加和，其初值为 0。该表达式重复计算 100 次，同时 i 的值从 1 变到 100，即可实现从 1 累加到 100。

具体程序如下：

```
#include <stdio.h>
void main()
{
      int i,sum=0;                          /* i 为循环变量，sum 为求和变量 */
      i=1;
      loop: if(i<=100)                      /* i 不大于 100 时，执行内嵌的 if 语句 */
            {
              sum=sum+i;
              i++;
             goto loop;                     /* 跳转到“loop”处执行 */
            }
printf("sum=%d\n",sum);
}
```

运行结果：

```
sum=5050
```

说明：

程序中的“loop”为语句标号，当然读者也可以用其他自定义语句标号，需要注意的是语句标号的定义规则要满足变量的定义规则。程序中的 sum 变量初始化为 0，这是因为 C 语言规定自动类型的变量如果没有初值的话，默认初值为一个不确定的值，该值是在给变量分配内存空间时此内存单元残留的值，也就是说，如果不给 sum 变量赋初值它也会有值，但是其值不一定为 0。读者可以在上机实践中验证。

建议尽量少用 goto 语句，因为这不利结构化程序设计，滥用它会使程序流程变得无规律、可读性降低。

6.7　循环结构程序设计举例

例 6.14　任意输入一个自然数，判断是否为素数。

分析：除了 1 和它本身，不能被其他数整除的数叫作素数。换句话说，从 2 开始到比其本身小 1 的数结束，都不能整除这个数，我们就说这个数是素数。

具体程序如下：

```
#include <stdio.h>
void main()
{
  int n,i;
  scanf("%d",&n);
  for(i=2;i<=n-1;i++)
    if(n%i==0)                          /* n 整除 i 时，表示 n 不是素数，跳出循环 */
      break;
  if(i==n)                              /* i 与 n 相等说明循环正常结束，n 是素数 */
    printf("%d is a prime number.\n",n);
  else                                  /* i 与 n 不等说明循环跳出结束，n 不是素数 */
    printf("%d is not a prime number.\n",n);
}
```

运行输入：

```
        7
```

运行结果：

```
        7 is a prime number.
```

再次运行输入：

```
        8
```

再次运行结果：

```
        8 is not a prime number.
```

说明：

i 作为除数从 2 开始到 n-1 结束，如果 n%i 等于 0，表示 n 不是素数，跳出循环，此时 i 的值不会再增加，且 i<n。如果整个循环中 n%i 都不等于 0，表示 n 是素数，此时循环会正常结束，且循环结束后 i 的值和 n 的值相等。

例 6.15 有 36 块砖，共有 36 个人搬。男人一次搬 4 块，女人一次搬 3 块，两个小孩搬一块。要求一次全部搬完，问需要男、女、小孩各多少人。

分析：不妨假设男 x 人，女 y 人，小孩 z 人，根据题意，男人（x）的可能取值范围为：0~8，女人（y）的可能取值范围为：0~11，小孩（z）的可能取值范围为：0~36，且为偶数。

这样就建立起这样的方程式：

$x+y+z=36$;

$4*x+3*y+z/2=36$;

通过穷举法可以得出 x、y、z 的可能数值。

具体程序如下：

```
#include <stdio.h>
void main()
{
  int x,y,z;
  for(x=0;x<=9;x++)
    for(y=0;y<=12;y++)
      for(z=0;z<=36;z+=2)
     if(x+y+z==36&&4*x+3*y+z/2==36)
       printf("x:%d,y:%d,z:%d\n",x,y,z);
}
```

运行结果：

```
x:3, y:3, z:30
```

例 6.16　找出 100~999 所有的水仙花数。所谓水仙花数是指这样一个三位数，其百位、十位、个位数字的立方和等于该数本身。如 153 是一个水仙花数，因为 $153=1^3+5^3+3^3$。

分析：我们假设这个数为 n，其变化范围是 100~999，设百位、十位、个位分别为 a、b、c。若 n 等于 $a^3+b^3+c^3$，则说明 n 为水仙花数。

具体程序如下：

```
#include <stdio.h>
void main()
{
  int n,a,b,c;                          /* a、b、c 分别表示百位、十位、个位 */
  for(n=100;n<=999;n++)
  {
   a=n/100;                             /* 计算 n 的百位并赋值给变量 a */
   b=n/10%10;                           /* 计算 n 的十位并赋值给变量 b */
   c=n%10;                              /* 计算 n 的个位并赋值给变量 c */
   if(n==a*a*a+b*b*b+c*c*c)             /* 判断 n 是否为水仙花数 */
     printf("%d  ",n);
  }
}
```

运行结果：

```
153  370  371  407
```

说明：

类似本题的程序还有很多，关键注意本题中百位、十位、个位数的取法。

例 6.17　计算如下分数序列的前 20 项的和。

$$S=\frac{2}{1}+\frac{3}{2}+\frac{5}{3}+\frac{8}{5}+\frac{13}{8}+\cdots$$

分析：我们不难看出序列中存在的规律，后一项的分母是前一项的分子，后一项的分子是前一项的分子分母之和。由此我们不难编写程序。

具体程序如下：

```
#include <stdio.h>
void main()
{
 int i;
 float a,b,s=0;                    /* 定义 a 为分子，b 为分母 */
 a=2;
 b=1;
 for(i=1;i<=20;i++)
 {
  s=s+a/b;                         /* s 累加序列和 */
  a=a+b;                           /* 每次求和后分子变为前一项分子分母之和 */
  b=a-b;                           /* 每次求和后分母变为前一项分子 */
 }
 printf("s=%f\n",s);
}
```

运行结果：

```
s=32.660259
```

说明：

循环体中当 s 累加后，a 变为前一项的分子分母和即 a=a+b，b 变为前一项的分子也就是变为前一项的 a，但是此时 a 已经变成 a+b 所以还要减去 b 的值，即 b=a-b。

本章小结

本章介绍的是循环结构，循环结构是程序设计中使用较多也较为重要的结构。C 语言提供了实现重复操作的 3 种循环语句，分别是：while 语句、do-while 语句以及 for 语句。这 3 种循环语句都可以进行条件判断，如果条件成立，则反复执行某程序段（循环体），直到条件不成立为止。

for 语句的循环次数由其中的 3 个表达式决定，特别适合实现明确循环次数的循环结构。

while 和 do-while 语句特别适合于实现已知结束条件的循环。

用循环语句编写程序时，首先掌握 3 种语句的定义形式、执行规则，掌握好语法语义才能灵活、熟练、巧妙地编写程序。编写程序之前，还要考虑循环的初始值、循环结束的条件、循环体、为下一次循环做准备的数据。

习　题

1．简述 while 循环与 do-while 循环的执行过程，并指出这两种循环之间的不同。

2．简述 for 循环中的 3 个表达式的含义，它们是否可以省略？如果省略，循环将如何执行？

3．分析当循环语句的循环条件为非零常数时，我们是否可以认为该循环为死循环？并说明理由。

4．break 语句是否只能用于循环语句中？它还能用于什么语句？

5．简述 break 语句与 continue 语句的区别。

6．输入 20 个数，求出它们的最大值、最小值和平均值。

7．分别输出 x、x^2、x^3 的值，其中 x=1.0、1.1、1.2…3.0。

8．输入一串字符，以“#”结束，统计其中大写字母、小写字母和数字的个数。

9．输出 100~500，三个位数数字之积为 48，和为 12 的所有数。

10．输出如下序列的前 20 项。

$$s=1+\frac{1}{2}-\frac{1}{3}+\frac{1}{4}-\frac{1}{5}+\frac{1}{6}-\cdots$$

11．输入 x 的值，按下列级数求 cos(x)，直到最后一项的绝对值小于 10^{-6} 为止。

$$\cos(x)=1-\frac{x^2}{2!}+\frac{x^4}{4!}-\frac{x^6}{6!}+\cdots$$

12．输出如下图形。

```
*****
 ****
  ***
   **
    *
```

第 7 章 数组

在程序设计中，经常需要处理大批量相同类型的数据，这些数据不是孤立的、杂乱无章的，而是具有内在联系、具有共同特征的整体，就需要将多个变量组织成一定的结构形式，即形成一定的数据结构。C 语言除了提供前面已介绍的基本数据类型外，还提供了导出（构造）数据类型，以满足不同应用的需要。

C 语言提供一种简单的构造数据类型——数组，用于存储规则而有序数据的集合。例如，一个班有 35 名学生，存储这个班学生的成绩需要 35 个变量，如果定义 35 个相同类型的变量，那么这些变量在内存中是随机存放的，在程序中管理它们很不方便，因此，若定义成具有 35 个元素的数组，在程序设计中解决问题就会很方便。

本章介绍数组的定义及应用，包括一维数组和多维数组的基本操作及应用。

7.1 数组和数组元素

1. 数组和数组元素的概念

在 C 语言中，数组是按照一定规则组成的有序数据的集合。数组中的每一个元素都具有同一个数据类型。数组中的每个分量称为数组元素，每个数组元素都是一个带下标的变量，也称为下标变量，数组元素个数在定义数组时指定。

在 C 语言中，使用数组简化了一个数据集合中各元素的命名，方便数据的存取。在程序编译时，根据数组的类型，在相应的存储区分配相应的存储空间。由于数组的特点是数组元素排列有序，并且数据类型相同，所以，在数值计算与数据处理中，数组常用于处理具有相同数据类型的、批量有序的数据。

2. 数组的表示

在 C 语言中，数组元素的表示方法是用数组名及其后带方括号“[ ]”的下标表示，例如，myarr[5]，a[3][3]，b[2][3][5] 分别表示一维数组 myarr、二维数组 a 和三维数组 b。

其中：myarr、a、b 称为数组名。数组名的定义与变量名的定义规则相同，遵循标识符的命名规则。 带有一个方括号的称为一维数组；带有两个以上方括号的分别称为二维数组、三维数组等，二维及二维以上数组统称为多维数组。

说明：

数组具有以下几个特点。

（1）相同的数据类型。在一个数组中，每个数组元素是相同的数据类型，它们在定义数组时规定。数组的类型可以是基本类型，也可以是导出类型。

（2）下标从 0 开始，且连续存放。方括号中的下标是整型常量或整型变量，并且从 0 开始。下标表示该数组元素在数组中的相对位置。在内存中每个数组元素都分配一个存储单元，同一数组的元素在内存中连续存放，占有连续的存储单元。存储数组元素时按其下标递增的顺序存储各元素的值。例如，上面的数组 myarr，它的第一个数组元素是 myarr[0]，其他元素依次为 myarr[1]，myarr[2]，myarr[3]，myarr[4]。

（3）数组名是首地址。数组名表示数组存储区域的首地址，数组的首地址也就是第一个元素的地址。例如，上面的数组 myarr，它的首地址是 myarr 或&myarr[0]，数组名是一个地址常量，由系统统一分配，因此不能向它赋值，例如，myarr=0x2003 是错误的表示方法。

（4）数组变量与基本类型变量一样，也具有数据类型和存储类型。数组的类型就是它所有元素的类型。

（5）数组定义后，编译时无越界保护。

7.2 一维数组

一维数组由一组顺序存储的相同数据类型的数组元素组成，数组中的每个元素带有一个下标，这样的数组称为一维数组。

7.2.1 一维数组的定义

在 C 语言中，为了与普通变量区别开来，数组利用其下标区分不同的变量，并且使用数组与普通变量一样，也遵循“先定义，后使用”的原则。通过数组定义可以确定数组的名称、数组的大小和数组的类型。

定义一维数组的一般格式如下：

[存储类型] 数据类型 数组名[常量表达式]；

例如：

```
int a[10];
```

它表示数组名为 a，有 10 个数组元素的数组。若每个元素的值分别为：

```
a[0]=2
a[1]=4
…
a[9]=9
```

那么，在内存中，一维数组 a 的所有元素及存储形式如下图所示：

2	4	6	8	10	1	3	5	7	9
a[0]	a[1]	a[2]	a[3]	a[4]	a[5]	a[6]	a[7]	a[8]	a[9]

说明：

（1）“存储类型”是任选的，它可以是 register、static、auto 或 extern。

（2）“数据类型”用来说明数组元素的数据类型，可以是我们前面介绍的基本类型，如 int、char、float、double，也可以是构造数据类型，如结构体、共用体和指针等。

（3）“数组名”是用户自定义的标识符，其要求与用户自定义的标识符相同，由字母、数字及下划线组成，且第一个字符必须是字母或下划线。而且在同一函数内数组名不能与其他变量名相同。例如：

```
#include "stdio.h"
void main()
{
   int a;
   float a[10];
   …
}
```

其中，变量 a 与数组 a 使用同一个标识符是不合法的。

（4）“常量表达式”的值为一个正整数，它规定了数组的元素个数，即数组的大小。数组名后的常量表达式使用方括号括起来，不能用圆括号。例如：

```
int a(10);
```

是非法的表示。

由于 C 语言规定数组元素下标从 0 开始，每维下标的最大值由相应的维定义数值减 1 定义，即维定义数值减 1 是下标的最大值。例如，int a[10];维定义数值是 10，下标的最大值是 9，共 10 个元素。这 10 个元素是：a[0]、a[1]、a[2]、a[3]、a[4]、a[5]、a[6]、a[7]、a[8]、a[9]，不存在数组元素 a[10]。

“常量表达式”是整型常量或者是用标识符定义的常量，不能包含变量。即在 C 语言中不允许用变量对数组的大小进行定义。

例如，数组 a 的长度由符号常量 N 来说明，这是合法的。

```
#include "stdio.h"
#define N 10
void main()
{
  int a[N];
  …
}
```

例如，数组 a 的长度由变量 max 定义是不合法的。

```
#include "stdio.h"
void main()
{
int max=5;
int a[max];
 …
}
```

7.2.2 一维数组的引用

C 语言规定，对数组的引用是通过引用单个数组元素实现的，不能将整个数组作为一个整体加以引用。也就是说，数组元素就是变量，它的使用方法和变量相同，可以像变量一样参与赋值、输入、输出及表达式中的运算等操作。一维数组元素的表示形式为：

数组名 [下标]

其中，下标是一个整型表达式。

例如，下面语句对数组 int a[10];进行的操作都为合法的一维数组使用。

```
a[0]=100;
a[4]=a[3]+a[5]-a[2*3];
```

在 C 语言程序的编译过程中，编译程序不会自动检查数组元素的下标是否越界。因此，在编写程序时保证数组下标不越界是非常重要的。若下标越界，会破坏其他存储单元中的数据或程序代码，造成程序错误、死机，甚至系统崩溃。

例 7.1　一维数组元素的赋值和输出。

本程序实现的功能是通过 for 循环分别给数组元素 a[0] ~ a[9]赋值，再分别输出 a[9] ~ a[0]的值。

具体程序如下：

```
#include "stdio.h"
void main()
{
  int i,a[10];
  for(i=0;i<=9;i++)
    a[i]=i;                        /* 给数组元素 a[0] ~ a[9]赋值 */
  for(i=9;i>=0;i--)
    printf("%3d",a[i]);            /* 输出数组元素 a[9] ~ a[0]的值 */
}
```

运行结果：

```
        9  8  7  6  5  4  3  2  1  0
```

7.2.3　一维数组的初始化

在定义数组时，如果数组元素的初值已经确定，那么，可以在定义数组的同时对数组元素进行赋值，称为数组的初始化。在程序编译时，一维数组就得到初值。

数组初始化的一般形式为：

```
[static/extern] 类型说明 数组名[数组长度]= {常量表达式 1,常量表达式 2,…};
```

例如：对一维数组 a 初始化的语句为

```
static int a[10]={0,1,2,3,4,5,6,7,8,9};
```

经过上面的初始化后，数组元素的值分别为 a[0]=0，a[1]=1，a[2]=2，a[3]=3，a[4]=4，a[5]=5，a[6]=6，a[7]=7，a[8]=8，a[9]=9 。

说明：

（1）只能对存储类型为静态（static）和外部（extern）的数组进行初始化。对于自动（auto）和寄存器（register）类型的数组不能对其进行初始化，因为在函数调用时才能产生数组，并分配存储空间，此时数组的值是残留在存储器中的值，其值是不定的。

（2）数组长度可以省略。在设定数组初值时，系统会自动按初值的个数，分配足够的空间。例如：

```
static int a[ ]={0,1,2,3,4,5,6,7,8,9};
```

系统给该数组一共分配了 10 个连续的存储空间，该数组的长度为 10。

（3）若指明了数组的长度，而初值个数小于数组的长度，则只给相应的数组元素赋值，其余赋 0 值。例如：

```
static int a[10]={0,1,2,3,4};
```

相当于

```
a[0]=0, a[1]=1, a[2]=2, a[3]=3, a[4]=4, a[5]=0,  a[6]=0, a[7]=0, a[8]=0, a[9]=0。
```

若初值的个数大于数组长度，例如：

```
static int a[4]={1,2,3,4,5};
```

数组初值的个数为 5，大于数组长度 4，则在程序编译时会产生错误。

例 7.2　对整数数组的初始化。

分析：本程序实现对外部的数组初始化，并输出各数组元素的值。

具体程序如下：

```
#include "stdio.h"
extern int a[ ]={0,1,0,0,1};                /* 对外部数组初始化 */
void main()
{
  int i;
  for(i=0;i<5;i++)
    printf("%4d",a[i]);                     /* 输出数组元素的值 */
}
```

运行结果：

```
        0  1  0  0  1
```

7.2.4　一维数组的应用举例

一般来说，应用一维数组编写程序时，首先将所用的数据存储到相应的数组元素中，然后找出数组元素的下标与下标之间的关系，再进行相应的运算。

例 7.3　输入 5 个整数，将它们存入数组 a 中，再输入一个数 x；然后在数组中查找 x，如果找到，输出相应的下标，否则，输出“Not Found”。

分析：给数组 a 数组元素 a[0] ~ a[4]存入 5 个数，输入 x，使用循环语句依次判断 a[i]是否与 x 相等，用变量 flag 标志是否找到，如果找到，则置 flag=1，否则 flag=0。

具体程序如下：

```
#include "stdio.h"
void main()
{
int i,flag,x;
int a[5];
printf("请输入 5 个数: ");
for(i=0;i<5;i++)                            /* 输入 5 个数 */
  scanf("%d",&a[i]);
printf("再输入一个数 x: ");
scanf("%d",&x);
flag=0;                                     /* 先假设 x 不在数组中，置 flag 为 0 */
for(i=0;i<5;i++)
  if(a[i]==x)                               /* 如果在数组 a 中找到了 x */
    { printf("找到数的下标是: %d\n",i);     /* 输出相应的下标（从 0 开始） */
      flag=1;                               /* 置 flag 为 1，说明在数组 a 中找到了 x */
      break;                                /* 跳出循环 */
    }
if(flag==0)                                 /* 如果 flag 为 0，说明 x 不在 a 中 */
  printf("Not Found\n");
}
```

运行输入：

```
        请输入 5 个数：5  15  26  37  43
        再输入一个数 x：26
```

运行结果：

```
找到数的下标是：2
```

运行输入：

```
请输入5个数：5 15 26 37 43
再输入一个数x：30
```

运行结果：

```
Not Found
```

例 7.4 用冒泡法对8个整数从小到大排序。

冒泡法排序的算法描述如下：

设有n个数据存放到a[1]到a[n]的n个数组元素中。本程序对8个数据排序，为与习惯相符而未用元素a[0]，定义数组长度为9，把8个数存放在a[1]~a[8]中。

（1）从 a[1] ~a[n]，依次把两个相邻元素两两比较，即 a[1]与 a[2]比较，a[2]与 a[3]比较，……，a[n-1]与a[n]比较；

（2）每次两相邻元素比较后，若前一个元素值比后一个元素值大，则交换两个元素的值；否则，不交换。

假如数组a中a[1]~a[8]存放8个数据如下：

2 6 5 4 1 9 8 3

那么，第1轮的比较是从a[1]~a[8]依次将两两元素比较，过程如下：

a[1]	a[2]	a[3]	a[4]	a[5]	a[6]	a[7]	a[8]	
2	6	5	4	1	9	8	3	不交换
2	6	5	4	1	9	8	3	交换
2	5	6	4	1	9	8	3	交换
2	5	4	6	1	9	8	3	交换
2	5	4	1	6	9	8	3	不交换
2	5	4	1	6	9	8	3	交换
2	5	4	1	6	8	9	3	交换
2	5	4	1	6	8	3	9	得到最大数

按上述算法进行一轮两两比较，并依条件进行相邻元素的数据交换后，最大数必然被放置在最后一个元素a[8]中。对于8个元素一轮两两比较需要7次比较，对于n个元素，两两比较一轮则需进行n-1次。

重复上述算法，把a[1]~a[7]中的最大数换到a[7]，即倒数第二个位置，接下去把a[1]~a[6]中最大值换到a[6]中……最后把a[1]~a[2]中最大值换到a[2]中，即把a数组中8个元素中数据按由小到大的次序排好。对于8个元素排序，这种重复操作进行7轮，对于n个元素，则需要重复n-1轮。

由于上述数组元素排序过程就像水中的大气泡排挤小气泡，由水底逐渐上升到水面的过程，因此称为“冒泡排序法”。

完整的过程如下：

	a[1]	a[2]	a[3]	a[4]	a[5]	a[6]	a[7]	a[8]
初始数组	2	6	5	4	1	9	8	3
第1轮比较	2	5	4	1	6	8	3	9
第2轮比较	2	4	1	5	6	3	8	9
第3轮比较	2	1	4	5	3	6	8	9
第4轮比较	1	2	4	3	5	6	8	9

第 5 轮比较　1　2　3　4　5　6　8　9

第 6 轮比较　1　2　3　4　5　6　8　9

第 7 轮比较　1　2　3　4　5　6　8　9

冒泡法排序的程序如下：

```
#define N 8
#include "stdio.h"
void main()
{
  int i,j,t,a[N+1];
  printf("请输入 8 个数：\n");
  for(i=1;i<=N;i++)
    scanf("%d",&a[i]);                    /* 输入 8 个数 */
  printf("\n");
  for(i=1;i<=N-1;i++)                     /* 变量 i 用于控制有 7 轮排序  */
   for(j=1;j<=N-i;j++)                    /* 变量 j 用于控制在每一轮中的比较次数 */
    if(a[j]>a[j+1])
      {t=a[j];a[j]=a[j+1];a[j+1]=t;}      /* 若前面的数大于后面的数则交换 */
 printf("从小到大排序后的顺序为：\n");
 for(i=1;i<=N;i++)
   printf("%d ",a[i]);                    /* 输出排序后的 8 个数 */
}
```

运行输入：

```
请输入 8 个数：
2 6 5 4 1 9 8 3
```

运行结果：

```
从小到大排序后的顺序为：
1 2 3 4 5 6 8 9
```

例 7.5　用比较交换法对 6 个数从大到小排序。

比较交换法排序的算法与冒泡法排序不同的是，这里不是相邻元素比较交换，而是将当前尚未排序的首位元素与其后的各元素比较交换，描述如下：

设有 n 个数据，存放到 a[1] ~ a[n]的 n 个数组元素中。

第 1 步：通过比较交换将数组元素 a[1] ~ a[n]中的最大值放入 a[1]中；

第 2 步：再次比较交换将数组元素 a[2] ~ a[n]中的最大值放入 a[2]中；

……

以此类推，将 a[i] ~ a[n]中的最大值存入 a[i]中，直到最后两个元素 a[n-1]与 a[n]进行一次比较，依条件交换，较大值存入 a[n-1]中，即达到了按从大到小的排序。

为了把数组元素的最大值存入 a[1]中，将 a[1]依次与 a[2]，a[3]，…，a[n]每个元素比较，每次比较时，若 a[1]小于 a[i] (i=2，3，…，n)，则 a[1]与 a[i]交换；否则，a[1]与 a[i]不交换。这样重复进行 n-1 次比较并依条件交换后，a[1]中就存入了最大值。

用以下 6 个元素，来描述这种比较与交换的第 1 轮过程：

a[1]	a[2]	a[3]	a[4]	a[5]	a[6]	
5	7	4	3	8	6	交换
7	5	4	3	8	6	不交换
7	5	4	3	8	6	不交换

```
7    5    4    3    8    6    交换
8    5    4    3    7    6    不交换
8    5    4    3    7    6    得到最大数
```

以上是第 1 轮比较与交换的过程。重复上述过程将 a[2]～a[n]的元素中最大值存入 a[2]中。即再将 a[2]依次与 a[3]，a[4]，…，a[n]进行比较，共做 n-2 次比较，依条件交换，将 a[2]～a[n]这余下的 n-1 个元素中的最大值存到 a[2]中，……，以此类推，直到最后两个元素 a[n-1]与 a[n]较大值存入 a[n-1]中，即排序结束。

用比较交换法对 6 个元素排序的过程如下：

	a[1]	a[2]	a[3]	a[4]	a[5]	a[6]
初始数组数据	5	7	4	3	8	6
第 1 轮	8	5	4	3	7	6
第 2 轮	8	7	4	3	5	6
第 3 轮	8	7	6	3	4	5
第 4 轮	8	7	6	5	3	4
第 5 轮	8	7	6	5	4	3

用比较交换法排序的程序如下：

```
#define N 6
#include "stdio.h"
void main()
{
  int i,j,t,a[N+1];                          /* 定义数组长度为 7，未用元素 a[0] */
  printf("请输入 6 个数：\n");
  for(i=1;i<=N;i++)
    scanf("%d",&a[i]);                       /* 输入 6 个数 */
  printf("\n");
  for(i=1;i<=N-1;i++)                        /* 变量 i 用于控制有 5 轮排序  */
    for(j=i+1;j<=N;j++)                      /* 变量 j 用于控制在每一轮中的比较次数 */
      if(a[i]<a[j])
        {t=a[i];a[i]=a[j];a[j]=t;}           /* 若前面的数小于后面的数则交换 */
  printf("从大到小排序后的顺序为：\n");
  for(i=1;i<=N;i++)
     printf("%3d",a[i]);                     /* 输出排序后的 6 个数 */
}
```

运行输入：

```
请输入 6 个数：
5 7 4 3 8 6
```

运行结果：

```
从大到小排序后的顺序为：
8 7 6 5 4 3
```

例 7.6 用选择排序法对 6 个数从大到小排序。

例 7.5 中所用的比较交换法比较易于理解，但交换的次数较多。如果数据量较大，排序的速度就会较慢。我们可以对这一方法进行改进，在每一轮比较中不是每当 a[i]＞a[j]时就交换，而是用一个变量 k 存放其中较大值的元素的下标值，用 a[k]与后面的数比较，在 a[k]与 a[i+1]～a[n]都比较后，只将 a[i]与 a[n]中值最大的那个元素交换，为此，在每一轮只需将 a[i]与 a[k]的值交换即可，这种方法称为“选择排序法”。

选择排序法的程序如下：

```
#define N 6
#include "stdio.h"
void main()
{
  int i,j,t,k,a[N+1];
  printf("请输入 6 个数:\n");
  for(i=1;i<=N;i++)
     scanf("%d",&a[i]);                    /* 输入 6 个数 */
  printf("\n");
  for(i=1;i<=N-1;i++)                      /* 变量 i 用于控制有 5 轮排序  */
   {
     k=i;
     for(j=i+1;j<=N;j++)                   /* 变量 j 用于控制在每一轮中的比较次数 */
       if(a[j]>a[k])
         k=j;                              /* 变量 k 存储较大值的元素的下标值 */
     if(k!=i)
       {t=a[i];a[i]=a[k];a[k]=t;}          /* 若前面的数小于后面的数则交换 */
   }
  printf("从大到小排序后的顺序为:\n");
  for(i=1;i<=N;i++)
    printf("%d  ",a[i]);                   /* 输出排序后的 6 个数 */
  }
```

运行输入：

```
请输入 6 个数：
5 7 4 3 8 6
```

运行结果：

```
从大到小排序后的顺序为：
8 7 6 5 4 3
```

7.3 二维数组

二维数组的应用很广，例如，全班有 20 名学生的成绩，每名学生有 3 门课程的成绩，成绩单的每行是每一名学生的成绩，每一列是每一门课程的成绩，即对应一个由 20 行和 3 列组成的二维表，那么这就是一个 20×3 的二维数组。

在 C 语言中，除了可以使用一维数组外，还可以使用多维数组。具有两个或两个以上下标的数组称为多维数组，如二维数组、三维数组等。本节主要介绍二维数组的定义和二维数组元素的使用，多维数组的定义和使用可以由二维数组类推而得到。

7.3.1 二维数组的定义

二维数组与一维数组一样，也必须先定义后使用。二维数组按照行列对应有两个下标，所以定义二维数组的一般形式为：

[存储类型] 数据类型 数组名[常量表达式 1][常量表达式 2];

其中，常量表达式1表示数组第一维的长度，即行长度；常量表达式2表示数组第二维的长度，即列长度。

例如：int a[3][4];

定义a为3×4（3行4列）的二维数组，其数组元素及逻辑结构如下：

	第0列	第1列	第2列	第3列
第0行	a[0][0]	a[0][1]	a[0][2]	a[0][3]
第1行	a[1][0]	a[1][1]	a[1][2]	a[1][3]
第2行	a[2][0]	a[2][1]	a[2][2]	a[2][3]

可见，二维数组a的数组元素的行下标值从0～2，列下标值从0～3，共12个元素。

说明：

（1）常量表达式1和常量表达式2必须在两个方括号中，不能写成int a[2,3]。

（2）二维数组（包含更多维数组）在内存中存储是以行为主序方式存放，即在内存中先存放第一行的元素，再存放第二行的元素，更多维数组依此类推。例如：

int a[3][4]; 的存储顺序如下：

a[0][0]
a[0][1]
a[0][2]
a[0][3]
a[1][0]
a[1][1]
a[1][2]
a[1][3]
a[2][0]
a[2][1]
a[2][2]
a[2][3]

（3）对多维数组可以看成是其元素也是数组的数组。例如，二维数组：a[3][4]可以看成由3个数组组成，这3个数组的名字分别为a[0]、a[1]和a[2]，它们都是一维数组，各有4个元素。其中，数组名为a[0]的数组元素有a[0][0]、a[0][1]、a[0][2]、a[0][3]；数组名为a[1]的数组元素有a[1][0]、a[1][1]、a[1][2]、a[1][3]；数组名为a[2]的数组元素有a[2][0]、a[2][1]、a[2][2]、a[2][3]。

这种逐步分解、降低维数的方法，对于理解多维数组的存储方式，多维数组的初始化以及后续的指针表示都有很大的帮助。

再举一个三维数组的例子：

```
int b[2][3][4];
```

是一个三维数组，可以按下述方法逐步分解：

数组名为

b

的三维数组有2×3×4=24个元素；

数组名为

b[0]

b[1]

的二维数组各有 3 × 4=12 个元素；

数组名为

b[0][0]
b[0][1]
b[0][2]
b[1][0]
b[1][1]
b[1][2]

的一维数组各有 4 个元素。

三维数组 b[2][3][4]的存储顺序是：

b[0][0][0]
b[0][0][1]
b[0][0][2]
b[0][0][3]
b[0][1][0]
b[0][1][1]
b[0][1][2]
⋮
b[1][2][2]
b[1][2][3]

7.3.2 二维数组的引用

二维数组有两个下标，其引用格式为：

数组名[行下标][列下标]；

其中，行下标的取值范围是从 0 ~ 行长度–1，列下标的取值范围是从 0 ~ 列长度–1，使用二维数组时，注意两个下标均不可越界。

二维数组的元素与一维数组的元素一样可以参加表达式运算。例如：

```
b[1][2]=a[1][0];
```

例 7.7 编写一个程序，输出下面的矩阵。

```
  1   2   3
  4   5   6
  7   8   9
```

分析：利用一个二维数组 m[3][3]来存放矩阵，并在定义时对矩阵元素赋值。

具体程序如下：

```
#include "stdio.h"
void main()
{
  int m[3][3]={{1,2,3},{4,5,6},{7,8,9}};          /* 定义一个二维数组存放矩阵 */
  int i,j;
  printf("输出矩阵:\n");
  for(i=0;i<3;i++)                                 /* 输出矩阵 */
    { for(j=0;j<3;j++)
```

```
        printf("%5d",m[i][j]);
      printf("\n");
    }
}
```

运行结果：

```
  输出矩阵:
  1    2    3
  4    5    6
  7    8    9
```

7.3.3 二维数组的初始化

同一维数组一样，可以在定义二维数组的同时对数组元素赋以初值。对二维数组的初始化要特别注意各个常量数据的排列顺序，这个排列顺序与数组各元素在内存中的存储顺序完全一致。对二维数组及多维数组的初始化有两种方式。

1. 直述型

“直述型”是将所有常量写在一个花括号内，各个常量之间用逗号分开，按数组元素存储的顺序对各元素赋初值。例如：

```
static int a[3][4]={1,2,3,4,5,6,7,8,9,10,11,12};
```

在内存中的存储位置如下所示：

1	2	3	4	5	6	7	8	9	10	11	12
a[0][0]	a[0][1]	a[0][2]	a[0][3]	a[1][0]	a[1][1]	a[1][2]	a[1][3]	a[2][0]	a[2][1]	a[2][2]	a[2][3]

这种初始化方法将所有初始数据写成一片，容易遗漏，也不易检查。所以，常常用另一种较直观的方式表示，即“分列型”。

2. 分列型

“分列型”是根据上述方法逐步分解，降低维数，将一个多维数组分解成若干个一维数组，然后依次向这些一维数组赋初值。为了区分各个一维数组的初值数据，可以用花括号嵌套，即每一组一维数组的初值数据再用一对花括号括起。例如：

```
static int a[3][4]={{1,2,3,4},{5,6,7,8},{9,10,11,12}};
```

其在内存中的存储形式与直述型一样。

这种方式比直述型要直观，所以在多维数组初始化中都采用这种方式。

说明：

（1）与一维数组初始化一样，可对部分元素赋初值，没有赋值的数组元素自动为0，例如：

```
static int a[3][4]={{1},{5},{9}};
```

它的作用是只对第一列的元素赋初值，其余元素值自动为0。赋初值后数组各元素为

```
1    0    0    0
5    0    0    0
9    0    0    0
```

（2）如果对全部元素都赋初值（即提供全部初始数据），则定义数组时对第一维的长度可以不指定，但第二维的长度不能省略。如

```
static int a[3][4]={1,2,3,4,5,6,7,8,9,10,11,12};
```

与下面的定义等价：

```
static int a[ ][4]={1,2,3,4,5,6,7,8,9,10,11,12};
```

系统会根据数据总个数分配存储空间，一共12个数据，每行4列，当然可以确定为3行。

也可以只对部分元素赋值而省略第一维的长度，但应分行赋初值。例如：

```
int a[ ][4]={{0,0,3},{},{0,8}};
```

这种写法，能通知编译系统：数组共有 3 行。数组各元素为

```
0   0   3   0
0   0   0   0
0   8   0   0
```

从本节的介绍中可以看到：C 语言在定义数组和表示元素时采用 a[ ][ ]这种两个方括号的方式，这对数组初始化十分有用，它使概念清楚，使用方便，不易出错。

例 7.8　编写程序，实现矩阵转置。输入一个 3×3 的数组，将其行和列互换。

分析：矩阵转置即行列互换，把矩阵第 i 行元素转置后变成第 i 列元素，即把 a[i][j]与 a[j][i]互相交换。

具体程序如下：

```
#include "stdio.h"
void main()
{
     int i,j,temp;
     int a[3][3]={{11,12,13},{21,22,23},{31,32,33}};
     printf("原矩阵为:\n");                          /* ①输出原矩阵数据 */
     for(i=0;i<3;i++)
       {for(j=0;j<3;j++)
        printf("%3d",a[i][j]);
        printf("\n");
       }
     for(i=0;i<3;i++)                               /* ②将 a[i][j]和 a[j][i]互换 */
       for(j=0;j<i;j++)
        {temp=a[i][j];
         a[i][j]=a[j][i];
         a[j][i]=temp;
        }
printf("转置后的矩阵为:\n");                          /* ③输出转置后的矩阵 */
     for(i=0;i<3;i++)
      { for(j=0;j<3;j++)
       printf("%3d",a[i][j]);
       printf("\n");
      }
}
```

运行结果：

```
        原矩阵为:
      11  12  13
      21  22  23
      31  32  33
        转置后的矩阵为:
      11  21  31
      12  22  32
      13  23  33
```

说明：

在程序中，①行打印原矩阵数据。②行的第二个循环终止条件为 j<i，不能写成 j<3，否则，转置两次后矩阵恢复原样。③行为打印转置后的矩阵，使用二层循环控制数组元素的行和列下标。

7.3.4 二维数组的应用举例

例 7.9 已知一个 3×4 的矩阵，要求编写程序求出第 i 行、第 j 列元素的值。

```
#include "stdio.h"
void main()
{
  int i,j;
  int a[3][4]={{1,2,3,4},{9,8,7,6},{-10,10,-5,2}};
  printf("请输入整数 i=");
  scanf("%d",&i);
  printf("请输入整数 j=");
  scanf("%d",&j);
  printf("第%d行",i);
  printf("第%d列",j);
  printf("的值为：");
  printf("a[%d][%d]=%d",i-1,j-1,a[i-1][j-1]);
}
```

运行输入：

　　请输入整数 i=2

　　请输入整数 j=3

运行结果：

　　第 2 行第 3 列的值为：a[1][2]=7

例 7.10 求矩阵 A 与矩阵 B 的乘积矩阵 C。

矩阵 A 和 B 相乘，要求矩阵 A 的列数(n)与矩阵 B 行数(n)相同，乘积矩阵 C 的行列数分别对应矩阵 A 的行数(m)和矩阵 B 的列数(p)，即：

$A_{m\times n}\cdot B_{n\times p}=C_{m\times p}$

用与矩阵对应的二维数组表示：$c_{ij}=a_{i1}\times b_{1j}+a_{i2}\times b_{2j}+\cdots+a_{in}\times b_{nj}$，即

$$c_{ij}=\sum_{k=1}^{n}a_{ik}\times b_{kj}$$

例如：

一个 2 行 3 列的矩阵 $A_{2\times3}$ 乘以 3 行 2 列的矩阵 $B_{3\times2}$，结果是一个 2 行 2 列的矩阵 $C_{2\times2}$。

$$\underset{A_{2\times3}}{\begin{vmatrix}6 & 8 & 7\\3 & 4 & 5\end{vmatrix}}\times\underset{B_{3\times2}}{\begin{vmatrix}1 & 2\\2 & 1\\-1 & 0\end{vmatrix}}=\underset{C_{2\times2}}{\begin{vmatrix}15 & 20\\6 & 10\end{vmatrix}}$$

行（矩阵A）×列（矩阵B）的点积计算

数组 C 的元素	矩阵 A 的行	矩阵 B 的列	点阵计算
c[0][0]	1 (6,8,7)	1 (1,2,-1)	6×1+8×2+7×(-1)=15
c[0][1]	1 (6,8,7)	2 (2,1,0)	6×2+8×1+7×0=20
c[1][0]	2 (3,4,5)	1 (1,2,-1)	3×1+4×2+5×(-1)=6
c[1][1]	2 (3,4,5)	2 (2,1,0)	3×2+4×1+5×0=10

具体程序如下：

```
#include "stdio.h"
void main()
{
 int i,j,k,m=2,n=3,p=2;
 int a[2][3]={{6,8,7},{3,4,5} };
 int b[3][2]={{1,2},{2,1},{-1,0} };
 int c[2][2]={{0,0},{0,0}};
 printf("矩阵A为:\n");
 for(i=0;i<2;i++)                              /* 输出矩阵A */
{for(j=0;j<3;j++)
 printf("%3d",a[i][j]);
 printf("\n");
}
 printf("矩阵B为:\n");
 for(i=0;i<3;i++)                              /* 输出矩阵B */
{for(j=0;j<2;j++)
 printf("%3d",b[i][j]);
 printf("\n");
}
 for(i=0;i<m;i++)                              /* 矩阵A与矩阵B相乘 */
   for(j=0;j<p;j++)
    {
      c[i][j]=0;
      for(k=0;k<n;k++)
         c[i][j]=c[i][j]+a[i][k]*b[k][j];      /* 矩阵A与矩阵B相乘的点阵计算 */
    }
  printf("矩阵C为:\n");
  for(i=0;i<m;i++)                             /* 输出矩阵C */
    { for(j=0;j<p;j++)
        printf("%3d",c[i][j]);
        printf("\n");
    }
}
```

运行结果：

```
矩阵A为:
  6  8  7
  3  4  5
矩阵B为:
  1  2
  2  1
 -1  0
矩阵C为:
 15  20
 6   10
```

7.4　字符数组与字符串

数组元素类型为字符型的数组称为“字符型数组”，简称“字符数组”。“字符串”是指若干有效字符的序列，用双引号（"）括起来，以'\0'作为串的结束符。

C 语言中没有专门的字符串变量，通常是用字符数组来存放字符串。一个一维字符数组可存放一个字符串，一个二维字符数组则可看成多个一维字符数组的组合，即每行可存放一个字符串。本节介绍字符数组的定义和使用以及字符串的相关函数。

7.4.1 字符数组的定义和引用

字符数组是存放字符型数据的数组，字符数组的每一个数组元素存放一个字符。

字符数组的定义与一般数组的定义完全相同，只是在字符数组中，每一个元素的值为所存放字符的 ASCII 码值。

字符数组定义的一般形式：

[存储类型]char <数组名>[<常量表达式>];

其中，常量表达式表示数组的长度。

例如，定义一个存放 10 个字符的字符数组 s1。

```
char s1[10];
```

定义字符数组 s1 后，系统为它在内存中分配一段连续的存储单元，每个存储单元依次存放字符数组按下标顺序排列的各个元素，即 s1[0] ~ s1[9]。

例如：字符串“I am a boy”可用字符数组表示为：

```
s1 [0]= 'I';  s1 [1]= ' ';  s1 [2]= 'a';  s1 [3]= 'm';  s1 [4]= ' ';
s1 [5]= 'a';  s1 [6]= ' ';  s1 [7]= 'b';  s1 [8]= 'o';  s1 [9]= 'y';
```

由于字符型与整型是互相通用的，因此上面的定义也可改写为：

```
int s1 [10];
```

说明：

（1）由于字符型和整型数据的范围不同，字符型占一个字节，而整型占 4 个字节，所以这两种表示所占的内存空间不同，因此，数组定义“char s1[10];”占 10 个字节，“int s1[10];”占 40 个字节。

（2）在实际应用中，可以用无符号整型数组来代替字符型数组。例如，char s1[10]; 可以用 unsigned int s1 [10];来代替。

7.4.2 字符数组的初始化

在 C 语言中，字符型数组在数组说明时进行初始化，可以按照一般数组初始化的方法，用{ }包含初值数据。

对字符数组的初始化有 3 种方式。

1. 用字符常量对字符数组进行初始化

初始化时可以用结束符'\0'作为字符串的结束符。

例如，static char str[8]={ 'p', 'r', 'o', 'g', 'r', 'a', 'm', '\0'};

初始化时也可以没有'\0'结束符。

例如，static char ch[3]={ 'b', 'o', 'y'};

另外，与一般的数组一样，字符数组的[]中表示数组大小的常量表达式可以省略，即

```
static char str[]={ 'p', 'r', 'o', 'g', 'r', 'a', 'm', '\0'};
```

与上面表示的作用是一样的，数组 str 的长度都为 8。

2. 用字符的 ASCII 码值对字符数组进行初始化

由于在 C 语言中，所使用的字符的内码值是 ASCII 码值，所以，可以用字符的 ASCII 码值

对字符数组进行初始化。例如，上例可以表示为：

```
static char str[8]={112,114,111,103,114,97,109,0};
```

同样，字符数组的[]中表示数组大小的常量表达式可以省略，即：

```
static char str[ ]={112,114,111,103,114,97,109,0};
```

3. 用字符串对字符数组进行初始化

在 C 语言中，可以将一个字符串直接赋给一个字符数组进行初始化，最后一个元素是'\0'，表示字符数组中存放的字符串到此结束。例如：

```
static char ch[ ]="boy";
```

此种方式在初始化时为 ch 数组赋予 4 个字符，最后一个元素是'\0'。相当于初始化 static char ch[4]={ 'b', 'o', 'y', '\0'};，数组长度为 4，而初始化 static char ch[ ]={ 'b', 'o', 'y'}; 只有 3 个元素，数组长度为 3。

例 7.11　编写一个程序，输出一个字符串。

分析：掌握输出字符串的方法。

具体程序如下：

```
#include"stdio.h"
void main()
{
  int i;
  char c[]={'H','a','p','p','y',' ','b','i','r','t','h','d','a','y','!'};   /* 数组初始化，数组长度为 15 */
  for(i=0;i<15;i++)
    printf("%c",c[i]);                                    /* %c 控制输出格式，c[i]为数组元素 */
}
```

运行结果：

```
        Happy birthday!
```

本程序也可以用如下程序实现。

在程序中，c 数组中字符串长度为 15，数组长度为 16，其中最后一个元素是结束符'\0'。字符串长度指的是字符串本身字符的个数，并不把字符串结束符'\0'计算在内。

```
#include "stdio.h"
void main()
{
  char c[]="Happy birthday!";         /* 数组初始化，数组长度为 16 */
  printf("%s",c);                     /* %s 控制输出格式，c 为数组名 */
}
```

运行结果：

```
        Happy birthday!
```

说明：这两种方法在对数组初始化时方法不同，数组长度相差 1，结束符'\0'在最后一个位置。在输出格式上也不同，注意使用方法的区别。

7.4.3　字符串的输入和输出

在 C 语言中没有专门的字符串变量，通常用一个字符数组来存放一个字符串。

字符串是由若干个字符组成的字符数组，其最后一个数组元素的字符是字符串结束标志'\0'。当把一个字符串存入一个数组时，系统自动将结束符'\0'存入数组，以此作为该字符串是否结束的标志。因此，在定义字符数组存放和处理字符串时，应保证数组的长度至少比字符串的长度大 1。

C 语言允许用字符串常量对字符数组初始化。

例如，char s1[20]={ "I am a boy"};

也可以写成：char s1[]="I am a boy";

在用字符串常量初始化字符数组时，一般无须指定数组的长度，而由系统自行处理。此时，字符数组的长度比字符串常量多占一个字节，用于存放字符串结束标志'\0'。'\0'是由 C 编译程序自动加上的，则字符数组 s1 的长度为 11。即字符串长度指的是字符串本身字符的个数，并不把字符串结束符'\0'计算在内。

字符串的输入和输出有如下两种方法。

1. 逐个字符输入/输出

在 scanf 函数和 printf 函数中，用“%c”格式符控制单个字符输入/输出。输入时在字符串的最后人为加'\0'，输出时以'\0'作为结束标志。

（1）在标准输入/输出函数 printf()和 scanf()中使用“%c”格式描述符。

（2）使用 getchar()和 putchar()函数。

例 7.12 逐个字符输入/输出。

分析：在输入字符时，可以使用循环语句和 scanf 函数或 str[i]=getchar()逐个输入字符，然后在字符尾部加一个结束符'\0'，即 str[i]= '\0'作为字符串的结束标志；最后使用循环语句和 printf 函数或 putchar(str[i])逐个输出字符。

具体程序如下：

```
#include "stdio.h"
void main()
{
    int i;
    char str[10];
    for(i=0;i<9;i++)
      scanf("%c",&str[i]);           /* 或 str[i]=getchar(); */
    str[i]= '\0';                    /* 人为加上字符串结束标志 */
    for(i=0;i<9;i++)
     printf("%c",str[i]);            /* 或 putchar(str[i]);  */
    }
```

运行输入：

123456789

运行结果：

123456789

运行输入：

programer

运行结果：

programer

2. 字符串整体输入/输出

字符串的整体输入/输出方法：在 scanf 函数和 printf 函数中用“%s”作为输入/输出整个字符串的格式符。

（1）在标准输入/输出函数 printf()和 scanf()中使用“%s”格式描述符。

输入形式：

scanf("%s",字符数组名);

输出形式：

printf("%s",字符数组名);

例 7.13　字符串整体输入/输出。

分析：使用“%s”格式控制符输入/输出字符串，数组名表示数组的起始地址，不能使用&str 形式。

具体程序如下：

```
#include "stdio.h"
void main()
{
  char str[10];
  scanf("%s",str);
  printf("%s\n",str);
  printf("%6s\n",str);      /*控制字符串输出所占的域宽，若字符串中字符多于 6 个，仍将全部输出*/
  printf("%-.6s\n",str);   /* 只输出前 6 个字符，多余的不输出 */
}
```

运行输入：

```
123456789
```

运行结果：

```
123456789
123456789
123456
```

其中 str 为字符数组名，代表着 str 字符数组的起始地址。输入时系统自动在每个字符串后加入结束符'\0'。若同时输入多个字符串，则以空格或回车符分隔。

输出字符串时，遇第一个'\0'即结束。

（2）使用 gets()和 puts()函数输入/输出一行。

① 字符串输入函数 gets()。gets()函数用来从终端键盘读入字符，直到遇换行符为止。换行符不属于字符串的内容。

调用形式：

gets(str);

str 为字符数组名或指具体存储单元的字符指针。

例如：

```
char s[20];
gets(s);
```

字符串输入后，系统自动将'\0'置于字符串的末尾取代换行符。若输入串长超过数组定义长度时，系统报错。

② 字符串输出函数 puts()。puts()函数用来把字符串的内容显示在屏幕上。

调用形式：

puts(str);

str 的含义同上。输出时，遇到第一个'\0'结束并自动换行。字符串中可以含转义字符。

例如：

```
char s[]="Hello World!";
puts(s);
```

输出结果为：

```
Hello World!
```

输出字符串时，字符串结束标志'\0'转换为换行符'\n'，即输出字符串后换行。

例 7.14　字符串的输入/输出。

具体程序如下：

```
#include "stdio.h"
void main()
{
  static char qus[ ]="What's your name ?";
  char name[20];
  printf("%s\n",qus);
  scanf("%s",name);
  printf("\nMy name is %s\n",name);
}
```

运行时提示：

```
        What's your name ?
```

键盘输入：

```
        Liming
```

运行结果：

```
        My name is Liming
```

说明：

（1）字符数组初始化时，只能对全局变量或静态局部变量初始化，对于本例中的数组 name[20]就不能进行初始化。

（2）数组名具有双重功能，一方面表示该数组的名字，另一方面表示该数组第一个元素的首地址。所以本例的 scanf()语句中，对于数组名 name 不需要前置&，这一点与基本类型变量不同。如果将例中的 scanf()改为

```
scanf("%s", &name);
```

是错误的。在 printf()中也是直接使用该数组名 name。

（3）本例中定义的 qus 数组在初始化时赋予 17 个字符的字符串，由于字符串的末尾隐含一个空字符'\0'，所以，数组 qus 的实际存储空间长度为 18。

（4）字符串只能在变量说明时赋值给变量进行初始化，而在程序语句中是不能直接将一个字符串赋给一个字符数组的，如下程序段：

```
main()
{
  char qus[19];
  char name[20];
  qus[ ]="What's your name?";     /* 错误！ */
        …
}
```

程序第三行是错误的。

如果在程序语句中要将一个字符串赋给一个字符数组，可用库函数 strcpy()实现。

7.4.4　字符串处理函数

在 C 语言的库函数中提供了一些用来处理字符串的函数，用户在设计程序时，可直接调用这些函数，以减少编程的工作量。

输入/输出字符串函数包含在头文件"stdio.h"中，其他字符串函数包含在头文件"string.h"中，

使用时注意在源程序中包含相应的头文件。

下面介绍几个常用的字符串处理函数。

1. 字符串复制函数 strcpy( )

格式：strcpy(字符数组 1，字符数组 2)

功能：将字符数组 2 中的字符串复制到字符数组 1 中，这种复制将字符串的结束符'\0'一起复制。

例如，将数组 str2 中的字符复制到数组 str1，使数组 str1 包含了字符串“I am a student.”

```
char str1[80];
char str2[80]="I am a student.";
strcpy(str1,str2);
```

函数 strcpy( )的第二个参数也可以是一个字符串，例如：

```
char str1[80];
strcpy(str1,"我们是教师");
```

执行后字符数组 str1 中就包含了字符串“我们是教师”。

函数 strcpy( )可以只复制字符串前面的若干个字符，例如：

```
strcpy(str1,str2,3);
```

其功能是将字符串 str2 的前 3 个字符复制到字符数组 str1 中。

使用函数 strcpy()时应注意字符数组 1 应有足够的长度，以便存储复制所得到的字符串。C 语言不允许用下列方式将一个字符串常量或字符数组赋给一个字符数组。例如：

```
char str1[20],str2[]="Hello World! ";
str1=str2;
```

2. 字符串连接函数 strcat( )

格式：strcat(字符数组 1，字符数组 2)

功能：将字符数组 2 中的字符串连接到字符数组 1 中字符串的后面，删除字符数组 1 中字符串后的结束标志'\0'，构成一个新的字符串，存放在字符数组 1 中，并在最后加一个结束标志'\0'。应注意的是，字符数组 1 必须足够大，以便容纳字符串中的全部内容。

例如：

```
char str1[16]= "Happy";
char str2[11]= " New Year!";
strcat(str1,str2);
```

该程序段是将字符数组 str2 中的字符串连接到字符数组 str1 中字符串的后面，构成新的字符串存放在字符数组 str1 中，并在最后加一个'\0'，即字符数组 str1 的字符串内容为“Happy New Year!”。

函数 strcat()的第二个参数也可以是一个字符串，例如：

```
char str1[60]="You";
strcat(str1," are a student!");
```

则字符数组 str1 中包含了字符串“You are a student!”。

3. 字符串比较函数 strcmp( )

格式：strcmp(字符串 1，字符串 2)

功能：用来比较字符串 1 和字符串 2 所指字符串的内容。函数对两个字符串中的 ASCII 码自左向右逐个两两进行比较，直到两个字符串中第一次遇到不同的两个字符或遇到'\0'为止。若出现不同的字符，则以出现的第一个不相同的字符比较结果为准。若两个字符串有不同的字符，则两个字符的 ASCII 码相减，该函数的返回值为两个字符串的比较结果。

（1）字符串 1=字符串 2，表示两个字符串全部字符相同，那么函数返回值为 0。

（2）字符串 1>字符串 2，表示字符串 1 大于字符串 2，那么函数返回值为正整数。

（3）字符串 1<字符串 2，表示字符串 1 小于字符串 2，那么函数返回值为负整数。

例如：

```
if (strcmp(str1,str2)==0)printf("两个字符串相等！");
```

注意，C 语言不允许用如下方式比较字符串：

```
if(str1==str2)printf("两个字符串相等！");
```

4. 求字符串长度函数 strlen( )

格式：strlen(字符串)

功能：测试字符串的实际长度（不含字符串结束标志'\0'），并作为函数返回值返回。

例如：

```
char str[]="C language";
printf("字符串的长度为：%d\n",strlen(str));
```

输出结果为：

```
字符串的长度为：10
```

5. 字符串大写字母转换为小写字母函数 strlwr( )

格式：strlwr(字符串)

功能：将字符串中的大写字母转换为小写字母，其余字符不变。

6. 字符串小写字母转换为大写字母函数 strupr( )

格式：strupr(字符串)

功能：将字符串中的小写字母转换为大写字母，其余字符不变。

7.4.5 字符数组的应用举例

例 7.15 从键盘输入一个字符串（不多于 80 个字符），将其中的数字字符按原顺序组成一个新字符串，将其中的英文字母都用大写按原顺序组成另一个新字符串，再输出这两个新字符串，每个一行。如果原字符串中没有数字字符或没有英文字母，提示“没有数字。”或“没有字母。”。

分析：本程序中使用 3 个一维字符数组，即字符数组 s 用于输入字符串，字符数组 sa 用于存储找到的字母，字符数组 sn 用于存储找到的数字。使用 3 个变量，即变量 i 用于控制输入的字符串的元素下标，变量 j 用于保存找到的数字个数，变量 k 用于保存找到字母的个数。

具体程序如下：

```
#include "stdio.h"
#include "string.h"
void main()
{
    char s[81], sa[81]={0}, sn[81]={0};
    int  i, j, k;
    printf("请输入一个字符串：\n");
    gets(s);                                        /* 输入字符串 s */
    for (i=j=k=0; s[i]; i++)
     if (s[i]>='0'&&s[i]<='9')                      /* 找出字符串 s 中的数字 */
  sn[j++]=s[i];                                     /* 在字符数组 sn 中存储数字 */
    else if (s[i]>='a'&&s[i]<='z')                  /* 找出字符串 s 中的小写字母 */
  sa[k++]=s[i]-32;                                  /* 在字符数组 sa 中存储字母 */
    else if (s[i]>='A'&&s[i]<='Z')                  /*  找出字符串 s 中的大写字母 */
```

```
        sa[k++]=s[i];                        /* 在字符数组 sa 中存储字母 */
     if (j==0)                               /* 若变量 j 为 0，说明没有找到数字 */
       puts("没有数字。");
     else
       puts(sn);                             /* 输出字符串 sn */
       if(k==0)                              /* 若变量 k 为 0，说明没有找到字母 */
         puts("没有字母。");
       else
         puts(sa);                           /* 输出字符串 sa */
}
```

运行输入：

```
my34te6#ach*Er
```

运行结果：

```
346
MYTEACHER
```

例 7.16　从键盘输入两个字符串，将这两个字符串用符号'-'连接成一个新字符串，并输出该新字符串。连接要求：如果两者长度不相等，则短者在前，长者在后；否则再比较两者的大小，小者在前，大者在后。如果两者完全相同，则前后随意。

具体程序如下：

```
#include "stdio.h"
#include "string.h"
void main()
{
char s1[81], s2[81], s3[200];
     int first=1;                            /* first 初始化为 1，标识 s1 在前 */
     gets(s1);                               /* 输入字符串 s1*/
     gets(s2);                               /* 输入字符串 s2 */
     if (strlen(s1) > strlen(s2))            /* 如果 s2 短，则标识 s2 在前 */
       first=2;
     else if((strlen(s1)==strlen(s2))&&(strcmp(s1, s2)>0))
       first=2;                              /* 如果长度相等且 s2 小，则标识 s2 在前 */
    if (first==1)                            /* 按 first 的标识，将 s1 和 s2 连接合并成 s3 */
     {strcpy(s3, s1);
      strcat(s3,"-");
      strcat(s3, s2);
     }
   else
     { strcpy(s3, s2);
      strcat(s3, "-");
      strcat(s3, s1);
     }
   puts(s3);                                 /* 输出 s1 和 s2 连接合并成的字符串 s3 */
}
```

运行输入：

```
abcdef
abc
```

运行结果：

```
abc-abcdef
```

再次运行输入：

```
abcdem
Abcdef
```

运行结果：

```
Abcdef-abcdem
```

本章小结

数组是一种构造类型数据。本章主要介绍一维数组、二维数组和字符数组。数组的主要功能是将类型相同的相关数据连续存放。数组中的各个数据称为数组元素，不同元素用其在数组的位置所在下标来标识。

数组定义由数据类型、数组名、数组长度（数组元素个数）3 个部分组成。数组类型是指数组元素的数据类型，数组元素又称为下标变量。在 C 语言中，下标的取值从 0 开始，上限为数组长度减 1，在使用时应注意下标不可越界。在定义数组时，数组长度即元素个数必须是确定的，用常量来定义数组的长度而不能使用变量。

定义数组时，可以对其进行初始化。既可以对部分元素初始化，也可以对全部元素初始化。当对一维数组全部元素初始化时，数组长度可以省略，对于多维数组全部元素初始化时，可以省略行长度。

在进行字符数组操作时，除了对字符串、字符串数组可以利用相应的字符串处理函数做整体运算外，其他数组只能对数组元素进行操作。

字符串是特殊的一维字符数组，以字符串结束标志'\0'结尾。可以使用字符串处理函数对字符串进行操作，使用字符串处理函数时，应包含头文件 string.h。

习　题

1．什么是数组？数组 a[10]中，数组元素的最小下标是多少，最大下标是多少？

2．用数组求 100～200 的所有素数。

3．求一个 3×3 的矩阵对角线元素之和。

4．用选择法对 10 个整数从大到小排序。

5．打印出以下的杨辉三角形（要求打印出 6 行）。

```
1
1   1
1   2   1
1   3   3   1
1   4   6   4   1
1   5   10  10  5   1
```

6．从键盘输入一个字符串（不多于 80 个字符），将其逆序存放后输出。例如，运行时输入 I am a student，运行结果为 tneduts a ma I。

第 8 章 函　数

前面各章介绍的程序都只是由一个函数即主函数构成的。当我们要处理一个较大的、复杂的问题时，按结构化程序设计要求，应该将问题分解成若干个较小的、功能简单的、相对独立但又相互关联的模块来进行程序设计。C 语言是通过函数实现模块化程序设计的。一个较大的 C 语言应用程序往往是由多个函数组成的，每个函数分别对应各自的功能模块。采用了函数模块结构的程序逻辑关系明确，层次结构清晰，可读性强，可以单独进行编译和调试，便于查错和修改。因此，函数在 C 语言程序设计中占有十分重要的地位。

本章主要讲述 C 语言函数的定义、函数的参数传递、函数的调用、变量的存储类别和变量的作用域，以及 C 语言程序的编译预处理。

8.1 函数概述

一个较大的程序通常分为若干个子程序模块，每个子程序模块实现一个特定的功能。在 C 语言中，这些子程序模块是由函数来完成的。例如，本书 12.2.2 小节的应用程序实例“学生成绩管理系统”。一个 C 程序可由一个主函数和若干个自定义函数组成。

利用函数，不仅可以实现程序的模块化，使得程序设计简单、直观，提高程序的可读性和可维护性，而且还可以将一些常用的算法编写成通用函数，以供随时调用。因此，无论 C 程序的设计规模有多大、多复杂，都可以划分为若干个相对独立、功能较单一的函数，通过对这些函数的调用，从而实现程序功能。

下面我们通过两个实例来说明 C 语言函数的使用、分类和调用过程。

1. 实例

在 C 语言中使用自定义函数，要对自定义函数进行函数定义，调用前要进行函数说明，然后就可以像使用库函数一样进行调用自定义函数了。

例 8.1 在简易菜单中使用自定义函数。

具体程序如下：

```
#include "stdio.h"
void main()
{
 void printstar();                                    /* 函数原型说明 */
 printstar();                                         /* 调用自定义函数 printstar()*/
 printf("*     MENU          *\n");                   /* 显示菜单 */
```

```
 printf("*   1.Enter list      *\n");
 printf("*   2.Save the file   *\n");
 printf("*   3.Display list    *\n");
 printf("*   0.Quit            *\n");
 printstar();                                    /* 第二次调用函数 printstar()*/
 }
 void printstar()                                /* 定义函数 printstar()*/
 {
   printf("*******************\n");
}
```

运行结果：

```
********************
*    MENU          *
*    1.Enter list  *
*    2.Save the file *
*    3.Display list *
*    0.Quit        *
********************
```

说明：

此程序包含两个函数，主函数 main()和用户自定义函数 printstar()。主函数 main()中调用了两个函数：库函数 printf()和用户自定义函数 printstar()。printstar()函数的功能是输出一行“*”号到屏幕上。主函数两次调用了 printstar()函数，这样可以不必重复编写相同的代码段。此程序的函数调用关系如图 8-1 所示。

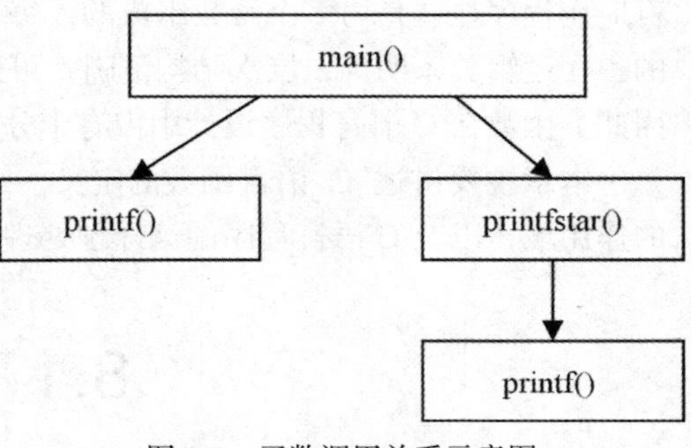

图 8-1　函数调用关系示意图

例 8.2　求整数 n 的所有因子之和（不包括 1 和自身）。

具体程序如下：

```
#include "stdio.h"
int sum(int m)                /* 定义一个函数 sum()*/
{
  int i,c=0;
  for(i=2;i<m;i++)
    if(m%i==0)  c=c+i;
  return(c);                  /* 将结果返回主调函数 */
}
void main()
{
  int n,s;
  int sum(int );              /* 声明要调用的函数 sum() 是整型，有一个整型参数 */
  printf("Input a number:");
  scanf("%d",&n);
  s=sum(n);                   /* 调用函数 sum()*/
  printf("s=%d\n",s);
}
```

运行输入：

```
    Input a number:855
```

运行结果：

```
s=704
```

说明：

此程序包含两个函数，主函数 main()和函数 sum()。sum()函数的功能是计算出一个整数的所有因子（不包括 1 和自身）之和。sum()函数是有参函数，放在了主函数 main()之前。程序从主函数 main()开始执行，在主函数 main()中接收用户从键盘输入的一个整数（本例中输入 855）赋给变量 n，作为实参值。然后执行 sum()函数调用，此时，系统将实参 n 的值传给形参 m，并转去执行 sum()函数，执行到 return(c);语句时，将函数值（也就是 c 的值）返回到主函数 main()中，并赋给变量 s，然后输出变量 s 的值。

一般来说，C 语言的源程序由一个或多个函数组成。其中，必须有一个主函数 main()，而且只能有一个主函数 main()。程序的执行总是从主函数开始，调用其他函数后，流程再返回到主函数，继续执行主函数 main()，在主函数 main()中结束整个程序的运行。

程序中的所有函数在定义时都是相互独立的，一个函数并不从属于另一个函数。主函数 main()可以调用其他函数，其他函数也可以相互调用，同一函数可以被一个函数或多个函数调用任意多次，但其他任何函数都不能调用主函数 main()。

使用函数主要有以下优点：

（1）实现程序的模块化设计，降低问题的复杂度。

（2）代码复用，提高编程效率。

（3）函数可以将实现特定功能的代码封装。函数的使用者只需了解函数的接口（即应该给函数输入什么样的数据以及函数应该输出什么样的结果），而不必关心函数的内部是如何工作的。例如，我们在调用 printf()函数和 scanf()函数时，我们并不需要了解其内部的具体实现细节，只需了解其功能就可以使用这些函数。

2. 函数的分类

我们可从不同的角度对 C 语言函数进行分类。

（1）从函数定义的角度看，函数可分为标准库函数和用户自定义函数两种。

① 标准库函数由 C 语言系统提供，用户无需自己定义，也不必在程序中作类型说明即可直接使用，但一般需要在程序开始处通过#include 命令包含相应的头文件。例如，在前面各章中使用到的 printf()、scanf()、getchar()、strcpy()、sqrt()等函数均属此类函数。标准库函数按功能又可分为输入/输出函数、数学函数、字符函数等，详见附录Ⅱ。

② 用户自定义函数是由用户根据需要，遵循 C 语言的语法规则编写的函数。对于用户自定义函数，不仅要在程序中定义函数本身，而且要在主调函数中对被调函数进行函数原型说明才能使用，如例 8.1 中的 printstar()函数就是用户自定义函数。

（2）从函数的形式看，可将函数分为无参函数和有参函数两种。

① 无参函数指函数定义、函数说明及函数调用中均不带参数，主调函数和被调函数之间不进行参数传送。一般用来完成一个指定的功能，如例 8.1 中的 printstar()函数。

② 有参函数也称为带参函数，指在函数定义及函数说明时带有参数，该参数称为形式参数（简称为形参）。在函数调用时给出的参数称为实际参数（简称为实参）。进行函数调用时，主调函数将把实际参数的值传送给形式参数，供被调函数使用，如例 8.2 中的 sum()函数。

（3）从函数的结果看，可将函数分为无返回值函数和有返回值函数两种。

① 无返回值函数用于完成某项特定的处理任务，执行完成后不向调用者返回函数值，如例 8.1 中的 printstar()函数。

② 有返回值函数被调用执行完后将向调用者返回一个执行结果，称为函数返回值。由用户定义的这种有返回函数值的函数，必须在函数定义和函数说明中明确返回值的类型，如例 8.2 中的 sum()函数。

3. 函数的调用过程

在结构化程序设计中，通常把一个函数看作是一个飞机上的黑盒子，接收一个或多个输入数据（输入参数），然后机械地把它们转换成一个唯一的数据（返回值）输出。C 语言函数是一个独立完成某个功能的语句块，函数与函数之间通过输入的数据（参数）和输出结果（返回值）来联系。

输入数据和输出结果称为函数的接口。函数的使用者只需了解函数名称、功能、是否需要提供数据、提供几个数据即可，而不必了解其内部的工作细节。将输入数据通过函数转换成一个唯一输出结果的示意图如图 8-2 所示。

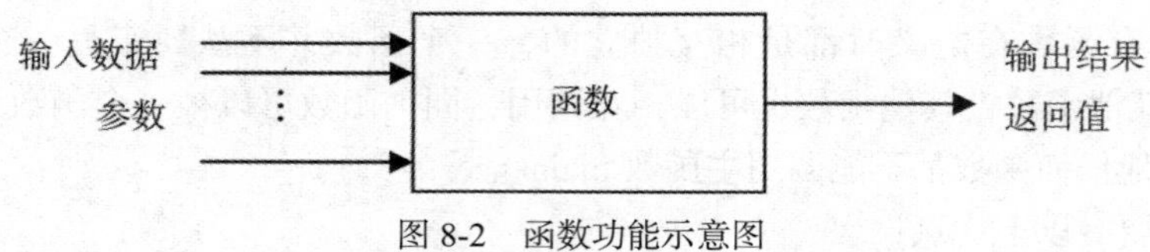

图 8-2　函数功能示意图

调用函数的过程分为以下几步。

（1）当程序执行到函数调用语句时，会暂停主调函数的执行，此时，主调函数将实参值复制一份传递给形参，使得形参变量也具有实参的值，即给函数输入数据；然后去执行被调函数中的语句。若函数没有参数，则直接转去执行被调函数中的语句。

（2）当被调函数执行到 return 语句时，系统将返回值（return 后的表达式的值）返回到主调函数中，使主调函数得到被调函数的输出数据，此时，被调函数执行完毕退出。如果函数体中没有 return 语句，函数将在结尾处自动无值返回。

（3）被调函数执行完毕后，程序控制返回到主调函数中执行调用函数的下一行代码，继续程序的执行。

8.2　函数的定义及函数返回值

8.2.1　函数的定义

函数的定义就是要确定一个函数完成什么样的功能以及怎样运行。C 语言函数的定义有以下两种形式。

形式 1：

```
函数类型　函数名（形式参数表及其说明）
{
  说明语句部分；
  可执行语句部分；
}
```

例如：

```
double add(double x,double y)
{
```

```
  double z;
  z=x+y;
  return(z);
}
```

形式 2：

函数类型　函数名（形式参数表）
形式参数类型说明；
{
　说明语句部分；
　可执行语句部分；
}

例如：

```
double add(x,y)
double x,y;
{
  double z;
  z=x+y;
  return(z);
}
```

第一种形式是 ANSI C 的新标准格式；第二种形式是传统格式，新标准中不再使用。

对定义 C 函数的几点说明如下：

（1）函数的定义在程序中都是平行的，不允许在一个函数内部再定义一个函数，即函数不能嵌套定义。

（2）函数名为用户定义的标识符。它前面的函数类型用来说明函数返回值的类型，当函数值的类型为 int 时，可省略函数类型。例如，例 8.2 中定义的 sum()函数头部 int sum(int m)也可写作 sum(int m)。当函数只完成特定操作而不需返回函数值时，可用类型名 void。

（3）形式参数表中的形参是用户定义的标识符。当函数被调用时，形参接受来自主调函数的数据，确定各形参的值。形参个数多于一个时，它们之间要以逗号“,”分隔。形参的类型可以按“形式 1”的方式在圆括号内加以说明。形式参数表可以是空的，当形参表中没有形参时，函数名后的一对圆括号“()”不能省略。

（4）函数体包含在函数首部后的一对花括号中，由说明语句部分和可执行语句部分组成。在没有特殊说明时，函数体内定义的变量均为局部变量，它们只在函数执行时有定义。因此，不同函数中的局部变量可以同名，互不干扰。

（5）当函数体中不包含任何内容时称为空函数。例如：

```
dummy(){ }
```

在程序中调用空函数时，实际上什么操作也没有做，即空函数不起任何作用。但空函数在模块化程序设计中十分有用，在程序设计中往往需要建立一个程序框架，程序的功能由各函数分别实现。但在开始时，一般不可能将所有的函数都设计好，只能将一些最重要、最基本的函数设计出来，而对一些次要的函数在程序设计的后期再补充。因此，在程序设计的开始阶段，为了程序的完整性，用一些空函数先放在那里。由此可以看出，在程序设计初期，利用空函数确定程序功能（函数）模块，可使程序结构清楚，可读性好，以后不断扩充、细化，最后实现函数的功能。

例 8.3　函数实例。

具体程序如下：

```
#include <stdio.h>
```

```
void main()
{
  int x=1;                    /* 函数main()中定义整型变量x，初值为1 */
  void f1(),f2();             /* 对被调用函数f1()，f2()说明 */
  f1();                       /* 调用函数f1()*/
  f2(x);                      /* 调用函数f2()，实参为x */
  printf("x=%d\n",x);
}
void f1(void)                 /* 定义f1()是无值函数，并且没有形式参数 */
{
  int x=3;                    /* 函数f1()中定义整型变量x，初值为3 */
  printf("x=%d\t",x);
}
void f2(int x)                /* 定义函数f2()是无值函数，有形式参数x */
{
  printf("x=%d\t",++x);
}
```

运行结果：

```
    x=3   x=2   x=1
```

说明：

在这个程序中用 void 定义函数 f1()和 f2()是无返回值函数，并且 f1()没有形式参数，f2()有形式参数 x。程序中的 3 个 x 分别在 3 个不同的函数中，这 3 个 x 都是自动变量。由于 3 个 x 分别局部于 3 个不同的函数中，3 个函数中对 x 的操作互不影响，故输出结果不同。

8.2.2 函数的返回值

程序中一旦调用了某个函数，该函数就会完成某些特定的工作，然后返回到调用它的地方。此时会有两种情况：一种是函数经过运算，得到一个明确的运算结果，并需要将该结果回送到主调函数，即函数有返回值情况；另一种是函数完成指定的工作，没有确定的运算结果回送给主调函数，即函数无返回值情况。因此，函数的返回语句有以下两种形式。

1. 函数无返回值的情况

return 语句的一般形式是：

```
return;
```

说明：

（1）在函数无返回值的情况下，返回语句仅仅是将控制返回到调用函数。此时也可以省略 return 语句，函数执行完毕后，自动返回到调用函数处，继续执行下面的语句。

（2）若函数体内没有 return 语句，这时也有一个不确定的函数值被带回。

（3）若确定不要求带回函数值，则应该将函数定义为 void 类型。

例如，例 8.1 中的 printstar()函数：

```
void printstar()
{
  printf("******************\n");
}
```

这样，系统就能保证不使函数返回任何值，从而避免错误的发生。

2. 函数有返回值的情况

return 语句的一般形式是：

return (表达式);

或

return 表达式;

它的功能是结束函数的运行，使控制返回到主调函数，同时也将函数值（表达式的值）返回给主调函数。

说明：

（1）一个函数中可以有多个 return 语句，当执行到某个 return 语句时，程序的控制流程返回调用函数，并将 return 语句中表达式的值作为函数值带回。

例如，

```
int sign(double x)
{
if (x>0)
   return  (1);
else if(x==0)
   return  (0);
else
   return  (-1);
}
```

值得注意的是，可以在函数中根据需要设置多个 return 语句，但每次调用函数时仅执行其中一个，所以最多只能返回一个值。上面的 sign()函数就是这样一个例子。虽然该函数设置了 3 条 return 语句，但只执行与条件相符合的对应的 return 语句。所以，每次调用 sign ()函数时仅执行其中的一个 return 语句，返回一个值。

（2）return 语句中表达式的类型应与函数值的类型一致。若不一致，则以函数值的类型为准，并由系统按赋值兼容的原则进行处理。若定义函数时缺省函数类型，则系统一律按整型处理。

例 8.4　求 1~100 的偶数之积。

具体程序如下：

```
#include <stdio.h>
double product (int n)          /* 定义函数，函数的类型为 double 型 */
{
 double p=1;                    /* 定义变量 p，将作为函数的返回值，类型也为 double 型 */
 int i;
 for (i=2;i<=n;i+=2)
   p=p*i;
 return (p);                    /* 返回 p 的值 */
}
void main()
{
 printf("product = %e\n", product (100));
}
```

运行结果：

```
        product = 3.424322e+079
```

说明：

函数 product()的数据类型为 double 型，因此作为函数返回值的变量 p 的类型也应为 double 型，这个值通过“return (p);”语句返回给调用函数。

8.3 函数的参数

对于有参函数，调用时用来替换形参的运算对象是实参。实参的数据类型、个数及其在实参表中的位置完全由其相应的形参来确定。实参与形参的替换过程就是函数间利用参数传送数据的过程。

8.3.1 有参函数的一般形式

在 C 程序中一个函数与其他函数之间往往存在数据传递的问题，这可以通过函数的参数实现。有参数函数的一般形式是：

```
类型说明  函数名(类型1  形参1，类型2  形参2，…)
{
  函数体
}
```

例如：

```
int max(int x,int y)
{
  int z;
  z=x>y?x:y;
  return(z);
}
```

这是一个求 x 和 y 两者中较大者的函数，x 和 y 是形式参数，类型为整型，主调函数把实参值传递给被调用函数的形参 x 和 y。花括号内是函数体，它包括类型说明和可执行语句两部分。请注意，“int z;”是类型说明语句，必须写在花括号内，而不能写在花括号外。函数体中的可执行语句“z=x>y?x:y; ”求出 z 的值（为 x 与 y 中较大者），return 语句的作用是将 z 的值作为函数值带回到主调函数中，括号中的值称为函数返回值。在函数定义时指定 max()函数为整型，在函数体中定义 z 为整型，二者是一致的。

必须注意，如果函数中有多个形参，即使它们的类型相同，也必须逐个加以说明。上例中，有两个形参 x 和 y，它们都是 int 型的，但也要分别进行说明：

```
int max(int x,int y)
{…}
```

千万不要以为形参 x 和 y 的类型相同而写成：

```
int max(int x, y)
{…}
```

这是错误的。

8.3.2 形式参数与实际参数

函数的参数分为形式参数和实际参数两种，作用是实现数据传递。

所谓形式参数（简称形参）是指在函数定义时函数名后面括号中的变量名，而实际参数（简称实参）是指在函数调用时，函数名后面括号中的表达式。

实参与形参的数据传递方式有以下两种。

（1）值传递方式：发生函数调用时，调用函数把实参的值复制一份，传送给被调用函数的形参，从而实现调用函数向被调用函数的数据传送。

（2）地址传递方式：实参是地址名（如数组名）或指针名，发生函数调用时，则将该地址或指针传送给相应的形参。

例 8.5 输入两个整型数，并求出较大者。

具体程序如下：

```
#include  <stdio.h>
void main()
{
  int a,b,c;
  int max(int x,int y);
  printf("input integers a,b:\n");
  scanf("%d%d",&a,&b);
  c=max(a,b);                                          /* ①调用函数， a，b 是实参*/
  printf("Max is %d\n",c);
}
int max(int x,int y)                                   /* ② 定义函数，x，y 是形参 */
{
  int z ;
  z=x>y?x:y;
  return(z);
}
```

运行输入：

```
input integers a,b:
5 11
```

运行结果：

```
Max is 11
```

说明：

程序中②行是一个带有参数的函数定义（注意，②行的末尾不加分号）。②行定义了一个函数，函数名为 max，并指定两个形参 x 和 y。main()函数中的①行是一个调用函数语句，max()后面括号内的 a 和 b 是实参。a 和 b 是 main()函数中定义的变量，x 和 y 是函数 max()中的形式参数变量，通过函数调用，使两个函数中的数据发生联系。

关于形参和实参的说明如下：

（1）在定义函数中指定的形参变量，在未出现函数调用时，它们并不占用内存中的存储单元。只有在发生函数调用时，函数中形参才被分配内存单元。在调用结束后，形参所占用的内存单元也被释放。

（2）实参可以是常量、变量或表达式，如：

```
max(3,a+b);
```

在进行函数调用时，要求实参必须有确定的值。这样，在调用时才能将实参的值传送给形参变量（如果形参是数组名，则实参传递的是某个数组的首地址）。

（3）在被定义的函数中，必须指定形参的类型。

（4）实参与形参在数量上应该相等，在类型上应该一致，上例中实参和形参都是两个，类型都是整型，这是合理的。如果实参为整型而形参为实型，或者相反，则发生“类型不匹配”的错误。字符型与整型可以互相通用。

（5）C 语言规定，实参变量对形参变量的数据传递是“值传递”，即单向传递，只由实参传给形参，而不能由形参传回来给实参，这是和其他语言不同的。

（6）实参与形参只有在各自的函数内才有效。

在函数调用开始时，系统为形参开辟一个临时存储区作为形参单元，然后将实参的值复制一份传递给形参（送入临时存储区中），这时形参得到实参的值。这种传递方式称为“值传递”。调用结束后，形参单元被释放，实参单元仍保留并维持原值。因此，在执行一个被调用函数时，形参的值如果发生改变，并不会影响主调函数的实参的值。由此可见，形参变量是一个局部变量，其作用域为所定义的函数之内。

例 8.6 形参值的变化不会影响实参的值。

具体程序如下：

```
#include <stdio.h>
void main()
{
  void s(int n);                    /* 对被调用函数 s()的说明 */
  int n=100;                        /* 定义实参 n，并初始化 */
  s( n );                           /* 调用函数 s()*/
  printf("n=%d\n",n);               /* 输出调用后实参的值以进行比较 */
}
void s( int n )                     /* 定义函数 */
{
  int i;
  printf("n=%d\n",n);               /* 输出改变前形参的值 */
  for(i=n-1; i>=1; i--)
   n=n+i;                           /* 改变形参的值 */
  printf("n=%d\n",n);               /* 输出改变后形参的值 */
}
```

运行结果：

```
n=100
n=5050
n=100
```

说明：

本程序中定义了一个函数 s()，该函数的功能是求 1 到 n 之和。在主函数中给出 n 的值 100，并作为实参。在调用函数时，将实参 n 的值传送给 s()函数的形参 n（注意，本例的形参变量名和实参变量名都为 n，但这是两个不同的量，各自的作用域不同）。在主函数 main()中用 printf 语句输出一次 n 值，这个值是实参 n 的值。在函数 s()中也两次用到 printf 语句输出 n 的值，第一次是把实参 n 的值 100 传递给形参 n 后，输出形参 n 的初始值也为 100；第二次是在函数 s()执行过程中，形参 n 的值变为 1 到 100 的累加和 5050，输出改变后形参 n 的值。返回主函数 main()之后，输出实参 n 的值仍为 100。可见形参值的变化不会影响到实参的值。

8.3.3 数组作为函数的参数

前面例子中介绍了可以用变量作为函数的参数。此外，数组元素也可以作为函数的实参，其用法与变量相同。数组名也可以作为函数的实参和形参，此时，通过数组的首地址传递整个数组。

1. 数组元素作为函数的实参

由于实参可以是表达式形式，一维数组和多维数组元素可以是表达式的组成部分，因此，可以作为函数的实参，与使用变量作实参一样，是单向传递，即"值传送"方式。

例 8.7　从键盘为一维整型数组输入 10 个数，求其中的素数之和。

具体程序如下：

```
#include "stdio.h"
int prime(int n)                        /* 定义函数，n 是形参 */
{
  int i,flag=1;
  for(i=2;i<n;i++)
  if(n%i==0)
  {
    flag=0;
    break;
  }
  return (flag);
}
void main()
{
  int a[10],i,sum=0;
printf("Input 10 integer greater than 1:\n");
  for(i=0;i<10;i++)
    scanf("%d",&a[i]);
  for(i=0;i<10;i++)
    if(prime(a[i]))                     /* 调用函数，a[i]作是实参 */
    sum=sum+a[i];
  printf("sum=%d\n",sum);
}
```

运行输入：

```
        Input 10 integer greater than 1:
        12  43  67  49  8  16  27  5  13  40
```

运行结果：

```
        sum=128
```

说明：

本程序中定义了 prime()函数，形参是变量 n，函数功能是判断一个数是否是素数。prime()函数中设置一个标志变量 flag，其作用是 flag 的值若为 1，表示 n 是素数；flag 的值若为 0，表示 n 不是素数，将 flag 作为函数的返回值。首先使 flag 的初值为 1。让 n 被 2 到(n–1)除，如果 n 能被 2 ~ (n–1)之中任何一个整数整除，则置 flag 为 0，并提前结束循环；如果 n 不能被 2 ~ (n–1)的整数整除，则在完成最后一次循环后，flag 仍然为 1。在 main()函数中调用了 prime()函数，实参是数组元素 a[i]。

在使用数组元素作为实参传送数据的编程过程中，应注意以下两点：

（1）实参数组元素的数据类型必须与形参变量完全相同，如果不同，可采用强制类型转换运算符对其进行强制转换。

（2）在采用值传递方式向形参传送整个数组的值时，只能把数组的每一个元素作为一个实参，分别传送给被调用函数的形参，而不能把整个数组作为一个实参复制到形参数组中。

2. 数组名作为函数参数

在 C 语言中，可以用数组名作为函数参数，此时实参与形参都使用数组名。参数传递时，实参数组的首地址传递给形参数组名，被调用函数通过形参使用实参数组元素的值，并且可以在被调用函数中改变实参数组元素的值。

（1）一维数组名作实参

例 8.8 在 10 个整数的一维整型数组中，找出其中最小的数。

具体程序如下：

```
#include "stdio.h"
int min(int x[])                                    /* 定义函数，形参数组是 x[]*/
{
  int m,i;
  m=x[0];
  for(i=1;i<10;i++)
    if(x[i]<m)
       m=x[i];
   return m;
}
void main()
{
  int a[10],i,m;
  for(i=0;i<10;i++)
     scanf("%d",&a[i]);
  m=min(a);                                         /* 调用函数，数组名 a 作实参数 */
  printf("The minimum value is %d\n",m);
}
```

运行输入：

```
         53  48  2  19  -7  42  30  -19  0  5
```

运行结果：

```
         The minimum value is -19
```

数组名作函数参数的几点说明如下。

① 用数组名作函数参数，应该在主调函数和被调用函数中分别定义数组。例如，上例中 x 是形参数组名，a 是实参数组名，分别在其所在函数中定义，不能只在一方定义。

② 实参数组与形参数组类型应一致，如不一致，结果将出错。例如，在上例中，形参数组 x[]和实参数组 a[]均为整型。

③ 实参数组和形参数组大小可以一致，也可以不一致，C 编译器对形参数组大小不作检查，只是将实参数组的首地址传给形参数组名，所以形参数组可以不指定大小。例如，上例中的形参数组 x[]。

如果要求形参数组得到实参数组全部的元素值，则应当指定形参数组与实参数组大小一致或形参数组不小于实参数组，否则会因为形参数组的部分元素没有确定值而导致计算结果错误。

④ 数组名作函数的实参，不是用实参数组与形参数组元素间的"传值"方式，而是把实参数组的首地址传给形参数组的"传址"方式。形参数组不予分配内存空间，而是与实参数组共用同一段内存空间。这样，形参数组发生变化，会直接影响到实参数组，实参数组随形参数组的变化而变化。

利用形参数组可以不指定大小这一特点，可以使它处理不同长度的数组。为了在被调函数中处理不同数量的数组元素的需要，可以另设一个参数，传递数组元素的个数。例如，下例中的形参 n。

例 8.9 改写上例，分别为不同大小的数组找出最小的数。

具体程序如下：

```
#include "stdio.h"
int min(int x[],int n)                          /* 定义函数，形参是数组 x[] 和变量 n */
{
 int m,i;
 m=x[0];
 for(i=1;i<n;i++)
   if(x[i]<m)
     m=x[i];
 return m;
}
void main()
{
 int a[10],b[20],i,m;
 printf("Enter array a:\n");
 for(i=0;i<10;i++)
   scanf("%d",&a[i]);
 printf("Enter array b:\n");
 for(i=0;i<20;i++)
  scanf("%d",&b[i]);
 printf("\n");
 printf("The minimum value of array a is %d\n",min(a,10));   /* 第一次调用 min 函数 */
 printf("The minimum value of array b is %d\n",min(b,20));   /* 第二次调用 min 函数 */
}
```

运行输入：

```
Enter array a:
12 3 56 78 -5 7 20 -54 73 0
Enter array b:
4 6 7 23 54 -9 3 42 -31 5 32 67 49 25 56 21 8 -15 45 -23
```

运行结果：

```
The minimum value of array a is -54
The minimum value of array b is -31
```

说明：

在函数 min()中有两个形参，形参数组 x[]和形参变量 n。通过形参 n 将实参数组的大小传送给函数 min()，以便处理不同长度的数组。在主函数 main()中，第一次调用 min()函数，求数组 a 中 10 个元素的最小值，在函数的循环中，用 n=10 作为循环的上限；第二次调用 min()函数，求数组 b 中 20 个元素的最小值，此时循环的上限是 n=20。

如前所述，数组名做函数参数时，是把实参数组的起始地址传递给形参数组名，这样两个数组就共占同一段内存单元。由此可知，当形参数组元素改变时，必定改变同一内存区域存储的实参数组元素；函数返回后，实参数组元素的值会发生改变。在 C 语言程序设计中经常利用这一特点改变实参数组的值。

例如，实参数组 a 中有 10 个元素，如图 8-3 所示。

a[0]	a[1]	a[2]	a[3]	a[4]	a[5]	a[6]	a[7]	a[8]	a[9]
1	2	3	4	5	6	7	8	9	10

图 8-3　数组 a 中的原始数据

函数调用时，进行参数传递，实参数组 a 的首地址传递给形参数组 b，两个数组共用同一段内存单元，如图 8-4 所示。

a[0]	a[1]	a[2]	a[3]	a[4]	a[5]	a[6]	a[7]	a[8]	a[9]
1	2	3	4	5	6	7	8	9	10
b[0]	b[1]	b[2]	b[3]	b[4]	b[5]	b[6]	b[7]	b[8]	b[9]

图 8-4　函数调用时实参数组 a 的首地址传递给形参数组 b

执行被调用函数对 b 数组中的元素逆序存放后，实参数组 a 的元素同时也发生了变化，如图 8-5 所示。

a[0]	a[1]	a[2]	a[3]	a[4]	a[5]	a[6]	a[7]	a[8]	a[9]
10	9	8	7	6	5	4	3	2	1
b[0]	b[1]	b[2]	b[3]	b[4]	b[5]	b[6]	b[7]	b[8]	b[9]

图 8-5　对形参数组 b 中的元素逆序存放后

例 8.10　将一个数组中的值按逆序存放，并在主函数中输出。

分析：

将数组的第一个元素与最后一个元素互换，再将第二个元素与倒数第二个元素互换，如此依次进行，第 i 个元素与倒数第 i 个元素互换。假设数组含有 N 个元素，倒数第一个元素的下标为 N–1，我们可以看作是(N–1)–0，倒数第二个元素的下标为(N–1)–1，倒数第三个元素的下标为(N–1)–2……这样，数组中元素按逆序存放也就是将第 i 个元素与倒数第 N–1–i 个元素互换，每次互换后，将 i 加 1，直到进行 N/2 次互换，逆序存放完成。

具体程序如下：

```
#include "stdio.h"
#define N 10
void main()
{
  static int a[N]={1,2,3,4,5,6,7,8,9,10};
  int i;
  void invert(int b[],int n) ;            /* invert()函数原型说明*/
  printf("The original array :\n");
  for(i=0;i<N;i++)                        /* 输出调用函数 invert()前 a 数组中的各元素 */
    printf("%5d",a[i]);
  printf("\n");
  invert(a,N);                            /* 调用函数 invert()*/
  printf("The invert array :\n");
  for(i=0;i<N;i++)                        /* 输出调用函数 invert()后 a 数组中的各元素 */
    printf("%5d",a[i]);
}
void invert(int b[],int n)                /* 定义函数 */
{
  int i,t;
  for(i=0;i<n/2;i++)                  /* 对 b 数组中的元素逆序存放 */
  {
    t=b[i];
    b[i]=b[n-1-i];
    b[n-1-i]=t;
  }
}
```

运行结果：

```
The original array :
    1    2    3    4    5    6    7    8    9   10
The invert array :
   10    9    8    7    6    5    4    3    2    1
```

可以看出在执行函数调用语句“invert(a,N);”之前和之后，a 数组中各元素的值是不同的，表明实参数组随形参数组的变化而变化。

（2）多维数组名作实参

多维数组名作实参和形参，在被调用函数中对形参数组定义时可以指定每一维的大小，也可以省略第一维的大小说明。例如：

```
int sum(int m[4][3])
{…}
```

与

```
int sum(int m[][3])
{…}
```

两者都合法而且等价。但是不能把第二维以及其他更高维数的大小说明省略。例如，下面的形参数组说明是不合法的：

```
int sum(int m[][])
{…}
```

因为从实参传送来的是数组起始地址，在内存中按数组排列规则存放（按行存放），而并不区分行和列。如果在形参中不说明列数，则系统无法确定应为多少行多少列。不能只指定第一维而省略第二维，下面写法是错误的：

```
int sum(int m[4][])
{…}
```

实参数组可以大于形参数组。例如，实参数组定义为：

```
int x[5][5];
```

而形参数组定义为：

```
int b[3][3]
```

此时形参数组只取实参数组的一部分，其余部分不起作用。

例 8.11 将 N×M 整型数组的最大元素与最小元素互换位置。(如果最大元素或最小元素不唯一，选择位置在最前面的一个)。

分析：

先求出数组中的最大值和最小值，然后进行互换即可。在函数 max_min()中设置变量 maxi 和 maxj 分别记住最大值的行下标和列下标，设置变量 mini 和 minj 来记住最小值的行下标和列下标，那么，通过比较，就会得到最大值 b[maxi][maxj]和最小值 b[mini][minj]，将 b[maxi][maxj]与 b[mini][minj]进行交换，完成数组中最大元素与最小元素互换位置。

具体程序如下：

```
#define N 4
#define M 3
#include "stdio.h"
void main()
{
  int a[N][M],i,j;
  printf("input a array:");
  for(i=0;i<N;i++)                              /* 为实参数组 a 赋值 */
  for(j=0;j<M;j++)
```

```
    scanf("%d",&a[i][j]);
  max_min(a);                          /* 调用函数 */
  for(i=0;i<N;i++)                     /* 调用函数后，输出实参数组 a 的值 */
  {
    for(j=0;j<M;j++)
     printf("%5d",a[i][j]);
    printf("\n");
  }
}
int max_min(int b[N][M])               /* 定义函数，形参是数组 b[N][M] */
{
  int i,j,maxi,maxj,mini,minj,t;
  maxi=maxj=mini=minj=0;
  for(i=0;i<N;i++)                     /* 求最大值与最小值的行号和列号 */
  for(j=0;j<M;j++)
{
   if(b[maxi][maxj]<b [i][j])
     { maxi=i;    maxj=j; }
   if(b[mini][minj]>b [i][j])
     { mini=i;    minj=j; }
}
  t=b[maxi][maxj];                     /* 最大值与最小值进行交换 */
  b[maxi][maxj]=b[mini][minj];
  b[mini][minj]=t;
}
```

运行输入：

```
input a array:
14  3  11
-9  6  24
21  5  16
0  33  -5
```

运行结果：

```
14    3   11
[33]    6   24
21   15    6
0  [-9]   -5
```

此程序中的形参 int b[N][M]也可以写成 int b[ ][M]。

（3）字符数组名作实参

C 语言的字符数组所处理的都是字符串，所以处理字符串的函数与处理字符数组的函数实质上是相同的。因此，字符数组作函数的参数时，传送的也是数组的首地址，即字符串的首地址。

例 8.12　编写函数，将任意两个字符串连接成一个字符串。

分析：

在函数 connect()中定义两个形参数组 s1 和 s2，分别存放两个字符串，将两个字符串连接后的结果保存在 s1 数组中。设置变量 i 控制字符数组 s1 的下标，设置变量 j 控制字符数组 s2 的下标。为了将字符串 s2 连接到字符串 s1 的后面，首先要找到字符串 s1 的最后位置，即求得 s1 的实际长度，此时的长度值 i 即是 s1 的末尾元素的下标，然后将 s2 内容连接在其后，即把 s2[0]放在 s1[i]的位置，把 s2[1]放在 s1[i+1]的位置，把 s2[2]放在 s1[i+2]的位置，如此进行下去，直到 s2[j]为结束符'\0'，整个字符串连接完毕。函数的结果是通过地址返回的。

具体程序如下：

```
#include "stdio.h"
void connect(char s1[ ],char s2[ ])                     /* 定义连接两个字符串的函数 */
{
  int i,j;
  i=j=0;
  while(s1[i]!='\0')                                     /* 求第一个字符串 s1 的长度 */
    i++;
  while(s2[j]!='\0')                                     /* 将字符串 s2 连接到 s1 的后面 */
    s1[i++]=s2[j++];
  s1[i]='\0';                                            /* 在字符串 s1 的末尾加上结束标志 */
}
void main()
{
  char  str1[81],str2[41];
  printf("Please input first string:\n");
  scanf("%s",str1);
  printf("Please input second string:\n");
  scanf("%s",str2);
  connect(str1,str2);                                    /* 调用函数，实参是数组 str1 和 str2 */
  printf("The connected str1:\n");
  printf("%s\n",str1);                                   /* 输出连接后的结果字符串 str1 */
}
```

运行输入：

```
Please input first string:
Good
Please input second string:
Lucky
```

运行结果：

```
The connected str1:
GoodLucky
```

说明：

在发生函数调用时，将实参数组 str1 的首地址传送给形参数组 s1，实参数组 str2 的首地址传送给形参数组 s2。执行 connect()函数后，形参数组 s1 的元素改变为原 s1 与 s2 连接后的字符串，那么同一内存区域存储的实参数组 str1 的元素也必定随之改变；函数返回后，实参数组 str1 元素的值就会改变为两个字符串连接后的结果字符串。

8.4　函数的调用

程序模块是由函数构成的，并且函数之间可以存在某种关系，这种关系就是函数调用。函数的调用涉及下列问题：调用函数如何得到被调用函数的值；被调用函数必须已经存在，即函数的预说明(函数的原型)存在；如何将调用函数的实参传递给被调用函数。

8.4.1　函数原型

函数原型是在调用函数中对被调函数进行的说明。当一个函数调用另一个函数时，被调用函数必须已经存在。也就是说，在调用函数之前，应该对被调用函数进行说明，这与使用变量之前要先进行变量说明是一样的。在调用函数中对被调用函数进行说明的目的是，使编译系统知道被调用函数返回值的类型，以及函数参数的个数、类型和顺序，便于调用时对调用函数提供的参数值的个数、类型及顺序是否一致等进行对照检查。

（1）如果被调用函数是一个库函数，一般应该在本文件开头用#include 将与被调用函数有关的库函数所需的信息包含到本源程序文件来，包括所用到的库函数的原型。例如，前几章中已经用过的：

```
#include "stdio.h"
```

其中"stdio.h"是一个头文件，是标准输入和标准输出（standard input & output）的缩写，在 stdio.h 中存在输入/输出库函数所用到的一些宏定义信息。如果不包含"stdio.h"文件，就无法使用输入/输出库中的函数，如 putchar()和 getchar()函数就不能使用。同样，如果要使用数学运算库函数，如 sin()和 cos()函数，就必须包含数学库函数的预说明文件（有时称为头文件）：

```
#include "math.h"
```

.h 是头文件所用的后缀，说明是头文件（header file）。

（2）如果使用用户自己定义的函数，而且该函数与调用它的函数（即主调函数）不在同一文件中，一般应该在主调函数中对被调用函数进行原型说明；如果该函数与调用它的函数在同一文件中，可以对该函数进行原型说明，也可以不说明。

（3）函数原型是一条语句，即它必须以分号结束。它由函数返回类型、函数名和参数表构成。

函数原型说明一般有两种形式：

① 数据类型　函数名(参数类型 1，参数类型 2，…)；

② 数据类型　函数名(参数类型 1　参数名 1，参数类型 2　参数名 2，…)；

例如，函数原型说明语句：

```
    int max(int x,int y);
```

也可以写成：

```
int max(int,int);
```

在编译时，系统并不检查参数名，带上参数名，只是为了提高程序的可读性。

另外，在 C 语言的旧版本中，对被调用函数的说明并不采用函数原型方式，只是说明函数的类型，如下所示：

数据类型　函数名( )；

由于这种说明格式没有任何参数信息，不便于编译系统进行参数检查，易于发生错误，现已基本不再使用。

例 8.13　用数组模拟堆栈（实现先进后出）程序，给出堆栈操作的函数原型定义。

具体程序如下：

```
#include <stdio.h>
#define SIZE 5
void push(int);                              /* 函数原型说明 */
int pop();                                   /* 函数原型说明 */
int total,top,item;
int stack[SIZE];
void main()
{
  int num,i;
  printf("How many numbers do you want to push: ");
  scanf("%d",&total);
```

```
  top=0;
  printf("Push data to stack-->\n");
  for(i=0;i<total;i++)
  {
   printf("node.%d: ",i);
   scanf("%d",&num);
   push(num);
 }
 total=top;
 printf("Pop data from stack-->\n");
 for(i=0;i<total;i++)
 {
  if(total>0)
    printf("%d\n",pop());
 }
 }
 void push(int item)                        /* 定义函数，形参的数据类型为 int 型 */
 {
   if(top>=SIZE)
   {
    printf("\nStack Overflow!");
    exit(1);
  }
  stack[top]=item;
  top=top+1;
 }
 int pop()                                  /* 定义函数 */
 {
  top=top-1;
  item=stack[top];
  return(item);
 }
```

运行输入：

```
How many numbers do you want to push: 5
Push data to stack-->
node.0: 1
node.1: 3
node.2: 5
node.3: 7
node.4: 9
```

运行结果：

```
Pop data from stack-->
9
7
5
3
1
```

说明：

该程序的功能是对数组进行堆栈（实现先进后出）的模拟操作，源程序定义了堆栈操作进栈和出栈的两个函数 push()和 pop()，供主函数 main()调用。

在这个程序中的第 1 行包含"stdio.h"头文件；第 2 行是宏定义，定义了符号常量 SIZE；第 3 行和第 4 行进了函数原型预说明；第 5 行和第 6 行说明了该源文件中使用的全局变量 total、 top、item 和 stack[SIZE]，其余部分是函数的定义。

以下几种情况可以省略函数原型说明：

① 原则上，如果调用函数和被调用函数在同一源文件中，则整型函数、定义在调用函数之前的函数可以不加原型说明。如例 8.11 中，虽然函数 max_min()定义在主函数 main()之后，但由于它的数据类型是整型的，所以在主函数 main()中可以不进行原型说明；又如例 8.12 中，虽然函数 connect()的数据类型为 void 型，但由于它定义在主函数 main()之前，所以在主函数 main()中也可以不加原型说明。

② 如果所有被调用函数的说明都是在源文件开头，则在该源文件内的所有调用函数中不必再对被调用函数进行说明。如例 8.13 中，函数 push()和 pop()的原型说明都放在了源文件的开头，所以在主函数 main()中不再加以说明。

8.4.2 函数调用的一般形式

不同的函数实现各自的功能，完成各自的任务。要将它们组织起来，按一定顺序执行，是通过函数调用来实现的。在调用函数时，主调函数将实参数据传送给被调函数的形参，并将控制转移到被调函数执行，执行完被调用函数后，又会将结果数据回传给主调函数，同时将控制权交回给主调函数，继续执行主调函数后面的语句。各函数之间就是这样在不同时间、不同情况下实行有序的调用，共同来完成程序规定的任务。

1. 函数的调用形式

函数调用的一般形式为：

函数名(实参表)；

如果调用的是无参函数，则实参表可以没有，但括号必须保留，实参表中实参的个数多于 1 个时，各参数之间用逗号分隔。实参的个数、类型必须与对应的形参一致，否则编译程序往往并不报错，最终可能导致一个不期望的错误结果。实参与形参按次序对应，一一传递数据。例如，在例 8.5 求两个整型数的较大者程序中，有如下程序段：

```
void main()
{
  …
  c=max(a,b);                     /* 调用函数 */
  …
}
int max(int x, int y)
{
  …
  return(z);
}
```

函数调用语句 c=max(a,b)；是正确的函数调用。它将实参 a 的值赋给形参 x，将实参 b 的值赋给形参 y。将函数 max()的值赋给变量 c。

2. 函数的调用方式

函数的调用一般有以下 3 种方式：

（1）语句方式。把函数调用作为一条独立的语句，完成特定操作。这时不要求函数返回值，只要求函数完成一定的操作。例如，例 8.12 中的函数调用语句：

```
connect(str1,str2);                        /* 语句方式调用用户自定义函数 */
```

```
printf("The connected str1:\n");              /* 语句方式调用库函数 */
```

（2）表达式方式。函数调用作为表达式出现在任何允许表达式出现的地方，参与运算。这时要求函数带回一个确定的值参加表达式的运算。例如，例 8.5 中的函数调用语句：

```
c=max(a,b);                                   /* 将函数返回值作为赋值表达式的右值 */
```

（3）函数参数方式。函数调用作为一个函数的实参。例如，例 8.4 中输出结果的语句：

```
printf("product = %e\n", product (100));      /* 函数product ()作为printf()函数的实参 */
```

例 8.14　编写一个求解从 m 个元素选 n 个元素的组合数程序。

计算公式：

$$C_m^n = \frac{m!}{n!(m-n)!}$$

具体程序如下：

```
#include "stdio.h"
long f(int x )                              /* 定义函数，函数的功能是求 x!  */
{
  long y;
  for(y=1;x>0;--x)
    y=y*x;
  return(y);
}
void main()
{
  int m,n;
  long cmn,temp;
  long f(int);                              /* 函数原型说明 */
  printf("Enter m and n: ");
  scanf("%d%d",&m,&n);                      /* 输入变量 m 和 n 的值  */
  cmn=f(m);                                 /* 第一次调用函数，求 m!  */
  temp=f(n);                                /* 第二次调用函数，求 n!  */
  cmn=cmn/temp;                             /* 求 m!/n!  */
  cmn=cmn/f(m-n);                           /* 第三次调用函数，求(m-n)!，并计算公式 */
  printf("The combination:  %ld\n",cmn);
}
```

运行输入：

```
Enter m and n: 4 3
```

运行结果：

```
The combination:  4
```

8.4.3　函数的嵌套调用

C 语言不允许函数嵌套定义，但允许函数嵌套调用，即在执行被调用函数时，被调用函数又调用了其他函数。函数嵌套调用关系如图 8-6 所示。

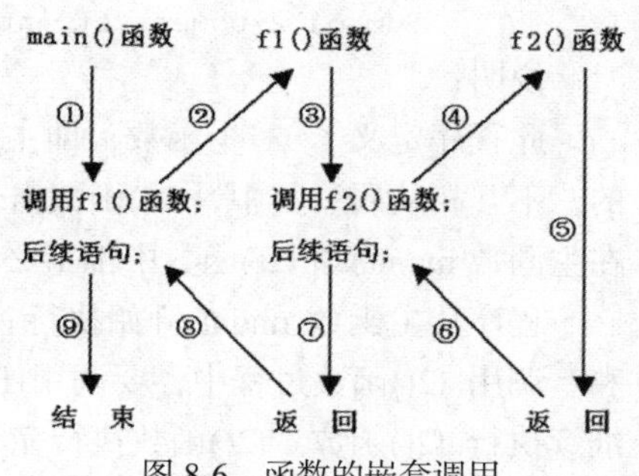

图 8-6　函数的嵌套调用

图 8-6 中是一个两层嵌套（连同主函数共三层）调用的示意图。其执行过程如下：

① 执行主函数 main()中调用函数语句之前的部分；

② 执行调用 f1()函数语句时，控制转去执行 f1()函数；

③ 执行 f1()函数中调用函数语句之前的部分；

④ 执行调用 f2()函数语句时，控制转去执行 f2()函数；

⑤ 执行 f2()函数直至结束；

⑥ 返回 f1()函数中的调用 f2()函数处；

⑦ 执行 f1()函数余下的部分直至结束；

⑧ 返回主函数 main()中的调用 f1()函数处；

⑨ 执行主函数 main()中余下的部分直至结束。

例 8.15 求 1 到 n 的 k 次方之和，计算公式如下：

$$s=1^k+2^k+3^k+\cdots+n^k$$

具体程序如下：

```
#include "stdio.h"
long  f1(int n,int k)                        /* 定义函数 f1()，功能是计算 n 的 k 次方 */
{
  long power=n;
  int i;
  for(i=1;i<k;i++)  power *= n;
  return power;
}
long  f2(int n,int k)                        /* 定义函数 f2()，功能是计算 1 到 n 的 k 次方之和 */
{
  long sum=0;
  int i;
  for(i=1;i<=n;i++)  sum += f1(i, k);          /* 调用函数 f1()*/
  return sum;
}
main()
{
  int n,k;
  long sum;
  scanf("%d,%d",&n,&k);
  sum=f2(n,k);                                 /* 调用函数 f2()*/
  printf("Sum of %d powers of integers from 1 to %d = ",k,n);
  printf("%ld\n",sum);
}
```

运行输入：

```
    5,2
```

运行结果：

```
    Sum of 2 powers of integers from 1 to 5 = 55
```

说明：

此程序定义了 3 个函数，即主函数 main()、自定义函数 f1()和 f2()，3 个函数是互相独立的，不互相从属。其中，f2()函数出现在主函数 main()之前，f1()函数出现在 f2()函数之前，所以在主函数 main()和 f2()函数中都不必对被调用函数进行函数原型说明。

程序从主函数 main()开始执行。执行 scanf()语句，然后调用 f2()函数求 1 到 n 的 k 次方之和。调用 f2()函数过程中，要调用 f1()函数计算一个数的 k 次方，并把结果值返回给 f2()函数，继续执行 f2()函数。f2()函数执行完毕，把结果值返回给主函数 main()，并赋值给 sum 变量，执行 printf()语句，输出结果值，程序执行结束。

8.4.4 函数的递归调用

C 语言允许函数的递归调用。递归函数又称为自调用函数，它的特点是：在函数内部直接或间接地调用自己。从函数定义的形式上看，在函数体出现调用该函数本身的语句时，它就是递归函数。递归函数的结构十分简练。对于可以使用递归算法实现功能的函数，可以把它们编写成递归函数。某些问题（如解汉诺塔问题）用递归算法来实现，所写程序的代码十分简洁，但并不意味着执行效率就高，为了进行递归调用，系统要自动安排一系列的内部操作，因此通常使效率降低；而且并不是所有问题都可用递归算法来实现的，一个问题要采用递归方法来解决时，必须符合以下 3 个条件：

（1）找出递归问题的规律，运用此规律使程序控制反复地进行递归调用。把一个问题转化为一个新的问题，而这个新问题的解决方法仍与原问题的解法相同，只是所处理的对象有所不同，只是有规律地递增或递减。

（2）可以通过转化过程使问题得以解决。

（3）找出函数递归调用结束的条件，否则程序无休止地进行递归，不但解决不了问题，而且会出错。也就是说必须要有某个终止递归的条件。

在递归函数程序设计的过程中，只要找出递归问题的规律和递归调用结束的条件两个要点，问题就会迎刃而解。递归函数的典型例子是求阶乘函数。数学中整数 n 的阶乘按下列公式计算：

$n!=1\times 2\times 3\times\cdots\times n$

在归纳算法中，它由下列两个计算式表示：

n!=n × (n–1)!

1!=1

由公式可知，求 n!可以转化为 n × (n–1)!，而(n–1)!的解决方法仍与求 n!的解法相同，只是处理对象比原来的递减了 1，变成了 n–1。对于(n–1)!又可转化为求(n–1) × (n–2)!，而(n–2)!又可转化为(n–2) × (n–3)!……当 n=1 时，n!=1，这是结束递归的条件，从而使问题得以解决。求 4 的阶乘时，其递归过程是：

4!=4 × 3!

3!=3 × 2!

2!=2 × 1!

1!=1

按上述相反过程回溯计算就得到了计算结果：

1!=1

2!=2

3!=6

4!=24

上面给出的阶乘递归算法用函数实现时，就形成了阶乘的递归函数。根据递归公式很容易写出以下的递归函数 f()。

例 8.16 求阶乘的递归函数。

```
#include "stdio.h"
long int f(int n)
{
  if (n==1)
```

```
    return(1);
  else
    return(n*f(n-1));
}
void main()
{
  int x=4;
  printf("n!=%ld\n",f(x));
}
```

f()函数的功能是求形式参数 n 为给定值的阶乘，返回值是阶乘值。从函数的形式上可以看出函数体中最后一个语句出现了 f(n–1)。这正是调用该函数自己，所以它是一个递归函数。假如在程序中要求计算 4!，则从调用 f(4)开始了函数的递归过程。图 8-7 给出了递归调用和返回的示意图。

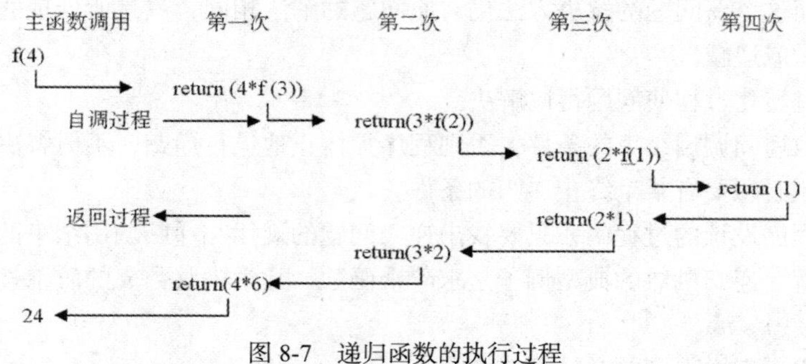

图 8-7　递归函数的执行过程

分析递归调用时，应当弄清楚当前是在执行第几层调用，在这一层调用中各内部变量的值是什么，上一层函数的返回值是什么，这样才能确定本层的函数返回值是什么。现以上面的求阶乘函数为例，最初的调用语句为 f(4)。分析步骤如下：

（1）进入第一层调用，n 接受主调函数中实参的值 4，进入函数体后，由于 n≠1，所以执行 else 下的“return(n*f(n–1));”语句，首先要求出函数值 f(n–1)，因此进行第二层调用，这时实参表达式 n–1 的值为 3（等价于 f(3)）。

（2）进入第二层调用，形参 n 接受来自上一层的实参值 3，n≠1，执行“return(n*f(n–1));”语句，需要先求函数值 f(n–1)，因此进行第三层调用，这时实参的值为 2（等价于 f(2)）。

（3）进入第三层调用，形参 n 接受来自上一层的实参值 2，因为 n≠1，所以执行“return(n*f(n–1));”语句，需要进行第四层调用，实参表达式 n–1 的值为 1（等价于 f(1)）。

（4）进入第四层调用，形参 n 接受来自上一层的实参值 1，因为 n=1，因此执行“return(1);”语句，在此遇到了递归结束条件，递归调用终止，并返回本层调用所得的函数值 1。至此为止自调用过程终止，程序控制开始逐步返回。每次返回时，函数的返回值乘 n 的当前值，其结果作为本次调用的返回值。

（5）返回到第三层调用，f(n–1)（即 f(1)）的值为 1，本层 n 的值为 2，表达式 n*f(n–1)的值为 2，返回值为 2，返回函数值 2。

（6）返回到第二层调用，f(n–1)（即 f(2)）的值为 2，本层 n 的值为 3，表达式 n*f(n–1)的值为 6，返回函数值为 6。

（7）返回第一层调用，f(n–1)（即 f(3)）的值为 6，本层 n 的值为 4，因此返回到主调函数的函数值为 24。

（8）返回到主调函数，表达式 f(4)的值为 24。

从上述递归函数的执行过程中可以看到，作为函数内部变量的形式参数 n，在每次调用时它有不同的值。随着自调用过程的层层进行，n 的值在每层都取不同的值。在返回过程中，返回到每层时，n 恢复该层的原来值。递归函数中局部变量的这种性质是由它的存储特性决定的。这种变量在自调用过程中，它们的值被依次压入堆栈存储区。而在返回过程中，它们的值按后进先出的顺序一一恢复。由此得出结论，在编写递归函数时，函数内部使用的变量应该是 auto 堆栈变量。

C 编译系统对递归函数的自调用次数没有限制，但是当递归层次过多时可能会产生堆栈溢出。在使用递归函数时应特别注意这个问题。

例 8.17 Hanoi（汉诺）塔问题。

分析：

汉诺塔问题也称梵塔问题，这是一个典型的用递归方法解决的问题：有 3 根针 A、B、C，A 针上有 64 个盘子，盘子大小不等，大的在下，小的在上（见图 8-8）。要求把这 64 个盘子从 A 针移到 C 针，在移动过程中可以借助 B 针，每次只允许移动一个盘，且在移动过程中在 3 根针上都保持大盘在下，小盘在上。要求编程序打印出移动的步骤。

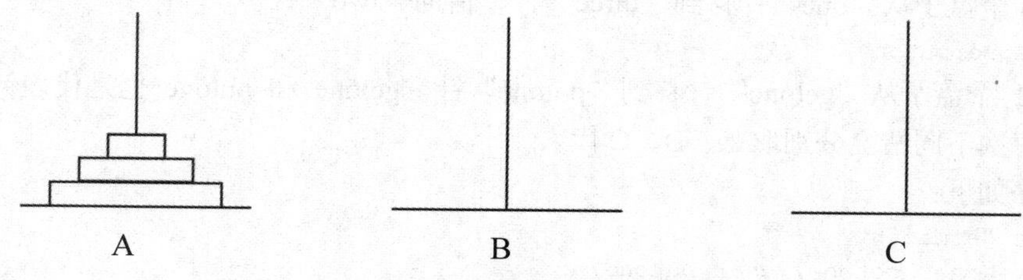

图 8-8 Hanoi(汉诺)塔问题

将 n 个盘子从 A 针移到 C 针可以分解为以下 3 个步骤：

（1）将 A 上 n–1 个盘借助 C 针先移到 B 针上。

（2）把 A 针上剩下的一个盘移到 C 针上。

（3）将 n-1 个盘从 B 针借助于 A 针移到 C 针上。

下面以 3 个盘子为例，要想将 A 针上 3 个盘子移到 C 针上，可以分解为以下三步：

（1）将 A 针上 2 个盘子移到 B 针上（借助 C）。

（2）将 A 针上 1 个盘子移到 C 针上。

（3）将 B 针上 2 个盘子移到 C 针上（借助 A）。

其中第 2 步可以直接实现。第 1 步又可用递归方法分解为：

（1）将 A 上 1 个盘子从 A 移到 C。

（2）将 A 上 1 个盘子从 A 移到 B。

（3）将 C 上 1 个盘子从 C 移到 B。

第 3 步可以分解为：

（1）将 B 上 1 个盘子从 B 移到 A 上。

（2）将 B 上 1 个盘子从 B 移到 C 上。

（3）将 A 上 1 个盘子从 A 移到 C 上。

将以上综合起来，可得到移动的步骤为：

A→C，A→B，C→B，A→C，B→A，B→C，A→C。

上面第 1 步和第 3 步都是把 n–1 个盘从一个针移到另一个针上，采取的办法是一样的，只是针的名字不同而已。为使之一般化，可以将第 1 步和第 3 步表示为：

将“one”针上 n–1 个盘移到“two”针，借助“three”针。

只是在第 1 步和第 3 步中，one、two、three 和 A、B、C 的对应关系不同。对第 1 步，对应关系是：

one —— A，two —— B，three —— C

对第 3 步，是：

one —— B，two —— C，three —— A

因此，可以把上面 3 个步骤分成两步来操作：

（1）将 n–1 个盘从一个针移到另一个针上（n>1）。这是一个递归的过程。

（2）将 1 个盘子从一个针上移到另一针上。

下面编写程序，分别用两函数实现上面的两步操作，用 hanoi 函数实现上面第 1 步操作，用 move 函数实现上面第 2 步操作，

```
hanoi(n,one,two,three);
```

表示将 n 个盘子从“one”针移到“three”针，借助“two”针。

```
move(getone,putone);
```

表示将 1 个盘子从“getone”针移到“putone”针。getone 和 putone 也是代表针 A、B、C 之一，根据每次不同情况分别取 A、B、C 代入。

具体程序如下：

```
#include "stdio.h"
void move(char getone, char putone)
{
   printf("%c-->%c\n",getone,putone);
}
void hanoi(int n,char one,char two,char three)    /* 将 n 个盘从 one 借助 two，移到 three */
{
   if (n==1)
      move(one,three);
   else
   {
      hanoi(n-1,one,three,two);
      move(one,three);
      hanoi(n-1,two,one,three);
   }
}
void main()
{
   int m;
   printf("input the number of diskes:  ");
   scanf("%d",&m);
   printf("The step to moving %d diskes: \n",m);
   hanoi(m,'A','B','C');
}
```

运行输入：

```
      input the number of diskes:  3
```

运行结果：

```
      The step to moving 3 diskes:
```

```
A-->C
A-->B
C-->B
A-->C
B-->A
B-->C
A-->C
```

8.5 变量的作用域和存储类型

对于 C 语言程序中已定义的变量，系统会在适当的时间根据变量的数据类型为每个变量分配不同大小的内存空间。变量的定义除了说明变量的数据类型之外，还包括说明变量存储方式的变量存储类型。变量的存储类型又决定了它的作用域和生存期。变量的作用域是指变量定义后，在程序的什么范围内可以引用，什么范围内不可以引用；生存期是指变量在程序的什么时间建立，什么时间消亡。

8.5.1 变量的作用域

从变量作用域的角度看，可以将变量分为局部变量和全局变量。

（1）局部变量（又称作内部变量）是在函数内部或复合语句内部定义的变量。函数的形参也是局部变量，其作用域是从定义的位置起到函数体或复合语句结束止。

（2）全局变量（又称作外部变量）是在函数外部定义的变量。其有效范围是从变量定义的位置开始到本源文件结束止。

若在同一个源文件中，局部变量与全局变量同名，则在局部变量的作用范围内，全局变量被屏蔽，不起作用。

例 8.18 变量的作用域举例。

具体程序如下：

```
#include "stdio.h"
int a=10,b=1;                          /* 全局变量*/
int f1(int a)                          /* 函数 f1()*/
{
  int b,c;                             /* 局部变量 */
  b=5;
  c=a+b;
  return c;
}                                      /* a,b,c 作用域：仅限于函数 f1()中 */
int f2(int x)                          /* 函数 f2()*/
{
  int y,z;                             /* 局部变量 */
  y=5;
  z=x-y;
  return z;
}                                      /* x,y,z 作用域：仅限于函数 f2()中 */
void main()
{
```

```
int m,n,y=0;                           /* 局部变量 */
  m=f1(20);
  printf("a=%d,b=%d\n",a,b);
  n=f2(20);
  printf("m=%d,n=%d,y=%d\n",m,n,y);
}                                      /* m,n,y 作用域：仅限于函数 main()中 */
```

运行结果：

```
a=10,b=1
m=25,n=15,y=0
```

说明：

（1）程序第 1 行定义的全局变量 a 和 b，其作用域是整个程序，即从定义的位置开始到本源文件结束止，所以在主函数 main()中可以使用全局变量 a 和 b。

（2）f1()函数中的形参 a 和变量 b 都是局部变量，虽然与全局变量 a 和 b 同名，但在局部变量的作用范围内，局部变量有效，所以当主函数 main()调用 f1()函数时，f1()函数中的表达式 c=a+b 的值是 25，而不是 11。

（3）各函数中的同名变量代表不同的对象，互不冲突。主函数 main()中的变量 y 和 f2()函数中的变量 y 虽然同名，但它们代表不同的对象，分配不同的内存单元，互不干扰，所以主函数 main()调用 f2()函数后，主函数 main()中的变量 y 的值还是 0。

8.5.2 变量的存储类型

变量的存储类型是 C 语言的重要特点之一，体现了变量的物理特性，它是实现低级语言特性的机制。这也是 C 语言中的难点和重点之一。

1. 数据在内存中的存储

变量的存储类型规定了该变量的存储区域，同时也说明了该变量的生存期。在计算机中，用于存放程序和数据的物理单元有寄存器和随机存储器（RAM）。寄存器速度快，但空间少，常常只存放参与运算的少数变量。RAM 比寄存器速度慢，但空间大，可存放程序和一般数据。RAM 又分为堆栈区、系统程序区、应用程序区和数据区，如图 8-9 所示。

RAM
系统程序区
应用程序区
数　据　区
堆　栈　区

图 8-9　RAM 的存储分配

（1）堆栈区：也称动态存储区，用于临时存放数据的内存单元，它具有先进后出的特性。堆栈中的数据可以不断地被另外的变量值覆盖。

（2）系统程序区：用于存放系统软件（如操作系统、语言编译系统等）的内存单元。它是计算机系统确定的。只要计算机运行，这一部分空间就必须保留给系统软件使用。

（3）应用程序区：用于存放用户程序（如 C 语言源程序等）的内存单元。在某应用程序运行时，该部分空间不能被覆盖。但当某程序或函数运行结束后，可以被另外的程序或函数覆盖。

（4）数据区：也称静态存储区，用于存放用户程序数据（应用程序所调用的数据）的内存单元。所给变量的空间是固定的，只有说明该变量的程序结束后，才释放该空间。

（5）寄存器：用于存放立即参加运算的数据，它可以随时更新。

2. 变量的存储类型

对一个变量的完整定义应包括数据类型和存储类型，分别用两个保留字说明，且无先后顺序。C 语言中用来说明存储类型的保留字共有四个：auto（自动）、register（寄存器）、static（静态）、extern（外部）。同样，变量的存储类型也分为四种，它们是自动类型、寄存器类型、静态类型和外部类型。各类型含义如下。

（1）自动变量（auto）

自动变量的存储类型用保留字 auto 表示。但通常 auto 可以省略。这种变量也称为局部变量，存储在内存的堆栈区，属于临时性存储变量，并不长期占用内存。其存储空间可以被其他变量多次覆盖使用。因此在 C 语言中自动存储变量使用得最多，其目的就是为了节省空间。

当局部变量未指明存储类型时，被默认为 auto 变量。其值存放在内存的动态存储区，因此在退出其作用域后，变量被自动释放，其值不予保留。自动变量是在函数调用时赋初值，每调用一次赋一次指定的初值。未赋初值的变量值不确定。标准 C 语言不允许对自动数组赋初值（main()函数中的除外）。

auto 型变量定义的一般形式如下：

[auto] 数据类型 变量名表;

例如：

```
auto int i,j,k;
```

通常可以省略 auto，其等价于：

```
int i,j,k;
```

（2）寄存器变量（register）

寄存器变量的存储类型用保留字 register 说明。与 auto 变量一样属于自动类别，区别主要在于寄存器变量的值保存在 CPU 的寄存器中。这种类型可以说明局部变量，也可以说明形式参数。register 型变量存储在 CPU 的通用寄存器中。计算机中只有寄存器中的数据才能直接参加运算，而一般变量是放在内存中的，变量参加运算时，需要先把变量的值从内存中取到寄存器中，然后计算，再把计算结果放到内存中去。为了减少对内存的操作次数，提高运算速度，一般把使用最频繁的变量定义成 register 变量，如循环控制变量等。register 变量只能在函数中定义，并只能是 int 或 char 型，数据类型为 long、double 和 float 不能设定为 register 型变量。因为它们的数据长度超过了通用寄存器本身的位长。另外，计算机中可供寄存器变量使用的寄存器数量很少，有些机器甚至根本不允许变量在寄存器中存储，当系统没有足够的寄存器时，register 型的变量就当作 auto 型变量来看待。

register 型变量定义的一般形式如下：

register 数据类型 变量名表;

例如：

```
register int a,b;
```

（3）静态变量（static）

静态变量的存储类型用保留字 static 表示。这种类型可以说明局部变量，也可以说明全局变量。

在函数体内用 static 说明的变量称为静态局部变量，属于静态类别。static 型变量一般存储在数据区。这类变量在数据说明时被分配了一定的内存空间，程序运行期间，它占据一个永久性的存储单元，因此在退出函数后，存储单元中的值仍旧保留。并且只要该文件存在，存储单元自始至终都被该变量使用，该变量随着文件的存在而存在。

静态局部变量是在编译时赋初值，因此在程序执行期间，一旦存储单元中的值改变，就不会再执行赋初值的语句。未赋初值的变量，C 语言编译程序将其置为 0。

static 型变量定义的一般形式如下：

static 数据类型 变量名表;

例如：

```
static int a,b;
```

例 8.19　静态变量的使用。

具体程序如下：

```
#include "stdio.h"
void main()
{
  int i,a=3;
  for(i=0;i<3;i++)
    printf("No.%d : %d\n",i,f(a));
}
f(int a)
{
  auto int b=0;
  static int c=3;
  b++;c++;
  return(a+b+c);
}
```

运行结果：

```
No.0 : 8
No.1 : 9
No.2 : 10
```

说明：

程序中的形参 a 和变量 b 是自动存储类型的变量，变量 c 是静态存储类型的变量。程序运行过程中，每次调用 f()函数时，都需要给自动存储类型的变量 a 和变量 b 重新分配内存空间和赋初值；但对于静态存储类型的变量 c，只在第一次被调用时赋初值，以后被调用时却不会再执行赋初值的语句，而是使用其上一次被调用时保留的值。

（4）外部类型（extern）

外部变量的存储类型用保留字 extern 表示。这种类型只能说明全局变量。这类变量在数据说明时被分配了一定的内存空间，并且外部变量的初始化是在编译时赋初值的，该空间在整个程序运行中，只要该程序存在，自始至终都被该变量使用，在退出用户程序前，该变量一直存在并且活动。

extern 型变量定义的一般形式如下：

[extern] 数据类型 变量名表;

例如：

```
extern int a,b;
```

通常可以省略 extern ，其等价于：

```
int a,b;
```

注意

只有定义为 extern 型的外部变量才能供其他文件使用。如果在一个文件中引用另一个文件中定义的外部变量，存储类型标识符 extern 不可以省略，并且不能给变量表中的变量赋初值。

例 8.20　extern 类型变量的使用。

具体程序如下：

```
/* C 源程序文件 file1.c 的内容： */
#include "file2.c"
#include "stdio.h"
int a=10;                          /* 定义外部变量 */
```

```
extern int add();                /* 对外部函数的说明 */
void main()
{
  int b,c;
  scanf("%d",&b);
  c=add(b);
  printf("%d+%d=%d\n",a,b,c);
}
/* C 源程序文件 file2.c 的内容：  */
extern int a;                    /* 对外部变量的说明 */
int add(int x)
{
  int y;
  y=a+x;
  return(y);
}
```

运行输入：

```
    20
```

运行结果：

```
        10+20=30
```

说明：

此程序由两个源文件组成：file1.c 和 file2.c。在 file1.c 源文件的第 2 行定义了一个外部变量 a，第 3 行是对要引用的外部函数（file2.c 中的 add()函数）进行说明。file2.c 源文件的开头有一个用 extern 说明的全局外部变量 a，它说明此变量在其他源文件中已经定义过，在本文件不再为它分配内存，此变量在 file1.c 和 file2.c 都是存在和起作用的。

不同存储类型的变量有不同的作用域和生存期，各种类型变量的作用域和生存期的情况见表 8-1。

表 8-1　变量的存储类型和作用域

变量的存储类型		函数内		函数外		文件外	
		作用域	存在性	作用域	存在性	作用域	存在性
局部	自　动	√	√	×	×	×	×
	寄存器	√	√	×	×	×	×
	静　态	√	√	×	√	×	√
全局	静　态	√	√	√	√	×	×
	外　部	√	√	√	√	√	√

8.6　程序编译预处理

C 语言源程序在编译之前，编译器首先调用预处理程序对源程序中以“#”开头的预处理命令进行预处理，处理完毕自动进入对源程序的编译。

C 语言提供了多种编译预处理功能，如宏定义、文件包含和条件编译等，它们分别用宏定义命令#define、文件包含命令#include 和条件编译命令#ifdef()~#endif 等来实现。

合理地使用预处理功能，有利于程序的编写、阅读、修改、调试和移植，有利于提高代码的效率，也有利于模块化程序设计。

8.6.1 宏定义

在 C 语言源程序中，允许用一个标识符来表示一个字符串，称为宏。宏定义有两种形式，无参数的宏定义和有参数的宏定义。

1. 无参数的宏定义

无参数的宏定义的一般形式是：

#define 标识符 字符串

其中，“#”表示这是一条预处理命令；“define”为宏定义命令；“标识符”为所定义的宏名；“字符串”可以常数、表达式、格式串、函数名、数据类型等。前面各章例题中使用的符号常量的定义就是一种无参数的宏定义。

例如：

```
#define  N  10                    /* 替换常数 */
#define  S  a*b                   /* 替换表达式 */
#define  F  "%d,%f\n"             /* 替换格式串 */
#define  OUTPUT  printf           /* 替换函数名 */
#define  DATE  struct date        /* 替换结构体类型 */
```

宏定义的作用是在编译预处理时，将源程序中的所有出现的宏名都替换成字符串，这一替换过程称为宏替换或宏展开。

例 8.21 宏替换的应用。

具体程序如下：

```
#define  Y  (x*x+3*x-1)                   /* 宏定义 */
#include "stdio.h"
void main()
{
 int sum,x;
 printf("Input a number: ");
 scanf("%d",&x);
 sum=Y+3*Y+5*Y;                           /* 宏调用 */
 printf("sum=%d\n",sum);
}
```

运行输入：

```
    Input a number: 5
```

运行结果：

```
   sum=351
```

说明：

此程序开头是宏定义，定义 Y 来替代表达式“(x*x+3*x–1)”。在编译预处理时，所有宏名“Y”都进行宏替换，即宏调用语句“sum=Y+3*Y+5*Y;”经宏展开后变为“sum=(x*x+3*x–1)+3*(x*x+3*x–1)+5*(x*x+3*x–1)”。

要注意，在宏定义中表达式“(x*x+3*x-1)”两边的括号不能少，否则将发生错误。如果宏定义改为：

```
#define  Y  x*x+3*x-1       /* 表达式不带括号 */
```

则宏展开时将得到如下语句：

```
sum=x*x+3*x-1+3*x*x+3*x-1+5*x*x+3*x-1
```

此时运行该程序，则会得到错误的计算结果：

```
Input a number: 5
sum=267
```

因此，在宏定义时必须要注意，应保证在宏替换之后不发生错误。

2. 有参数的宏定义

有参数宏定义的一般形式是：

#define 宏名(参数表) 字符串

例如：

```
#define max(x,y)  ((x>y)?x:y)          /* 求x和y中较大的一个 */
#define abs(x)    ((x>0)?x:0-x)        /* 求x的绝对值 */
#define percent(x,y)  (100.0*x/y)      /* 求x除以y的百分数值 */
```

有参宏定义的作用是在编译预处理时，将源程序中所有宏名都替换成字符串，并且将字符串中的参数用实际使用的参数替换。

例如，定义求平方数带参数宏定义为：

```
#define POWER(x)  ((x)*(x))
```

如果在宏替换时，

```
a=4, b=6
```

那么，POWER(a+b)的值为：

```
((4+6)*(4+6))=100
```

注意：在带参数宏定义中，对参数是否加括号是有区别的。例如，对上面的 POWER(X)宏定义的参数x不加括号，即

```
#define POWER(x)  (x*x)
```

那么，当a=4，b=6时，POWER(a+b)的结果为：

```
(4+6*4+6)=34
```

例 8.22 用宏定义实现求最大值的程序。

具体程序如下：

```
#include "stdio.h"
#define max(a,b)  (((a)>=(b))?(a): (b))
void main()
{
  int j,k;
  printf("Please input two integers: \n");
  scanf("%d%d",&j,&k);
  printf("The max is %d\n",max(j,k));
}
```

运行输入：

```
Please input two integers:
10 20
```

运行结果：

```
The max is 20
```

带参数的宏与函数有些相同的地方，例如，在调用时都需要在括号中写参数，也要求参数的数目相同。但它们之间存在许多不同。

（1）函数调用时，先求出实参表达式的值，然后代入形参。而使用带参数的宏只是进行简单的字符替换。

（2）函数调用是在程序运行时处理，分配临时的内存单元。而宏展开则是在编译时进行，在展开时并不分配内存单元，不进行值的传递处理，也没有“返回值”的概念。

（3）对函数中的实参和形参都要定义类型，二者的类型要求一致，如不一致，应进行类型转换。而宏定义不存在类型问题，宏名无类型，它的参数也无类型，只是一个符号代表，展开时代入指定的字符即可。宏定义时，字符串可以是任何类型的数据。

（4）调用函数只能得到一个返回值，而用宏可以得到几个结果。

（5）使用宏次数多时，宏展开后源程序增长，因为每展开一次都使程序增长，而函数调用不使源程序变长。

（6）宏替换不占运行时间，只占编译时间。而函数调用则占运行时间（分配单元、保留现场、值传递、返回）。

3. 终止宏定义作用域的命令

终止宏定义作用域命令的一般形式是：

#undef 宏名

宏名的有效范围是：从定义命令之后， 到本文件结束。如果要终止宏定义的作用域，可以使用该命令。

例如：

```
#define  PI  3.1415926      /* 开始宏定义 */
void main()
{
 float r=3.0,l,s;
 l=2*PI*r;
 #undef  PI                 /* 取消宏定义 */
 s=PI*r*r;
 printf("l=%f,s=%f\n",l,s);
}
```

那么，在编译时，系统将会提示没有定义 PI（Undefined symbol 'PI' in function main）。

在使用宏定义时应注意以下几点：

（1）宏名通常用大写字母表示，以便与变量名区别开来。

（2）宏定义不是C语句，所以不能在行尾加分号。否则，宏展开时，会将分号作为字符串的1个字符，用于替换宏名。

（3）定义有参宏时，宏名与左圆括号之间不能留有空格。否则，C编译系统将空格以后的所有字符均作为替代字符串，而将该宏视为无参宏。

（4）有参宏的展开，只是将实参作为字符串，简单地置换形参字符串，而不做任何语法检查。在定义有参宏时，在所有形参外和整个字符串外，均加一对圆括号。

（5）宏定义命令#define 出现在函数的外部，宏名的有效范围是：从定义命令之后， 到本文件结束。通常，宏定义命令放在文件开头处。

（6）对双引号括起来的字符串内的字符，即使与宏名同名，也不进行宏展开。

8.6.2 文件包含

所谓文件包含处理，是指一个源文件可以将另外一个源文件的全部内容包含进来，即将另外的文件包含到本文件之中。文件包含的一般格式是：

```
#include "文件名"
```

C 语言中提供了#include 命令来实现文件包含操作，文件包含在前面的例子中已多次用到，在此就不再重复，但在使用中应注意以下几方面：

（1）一般被包含的文件以.h 作为后缀。

（2）一个#include 命令只能指定一个被包含文件，如果包含 n 个文件，就要用 n 个 #include 命令。

（3）如果 file1.c 文件包含 file2.h 文件，而 file2.h 文件中又包含 file3.h 文件，则在 file1.c 文件中有两个包含命令分别包含 file2.h 文件和 file3.h 文件，而且 file3.h 文件的包含命令行在 file2.h 文件的包含命令行之前。

file1.c 文件中定义的包含命令行如下：

```
#include "file3.h"
#include "file2.h"
```

这样，file1.c 文件和 file2.h 文件都可以用 file3.h 文件中的内容，在 file2.h 文件中不必再使用命令行：

```
#include "file3.h"
```

file1.c 文件中定义的两个命令行的作用与 file1.c 文件包含 file2.h 文件，file2.h 文件中又包含 file3.h 文件是相同的。

（4）所包含的文件 file.h 不是作为目标文件，而是作为源文件嵌入 file.c，在 C 语言源程序预编译后二者已成为同一个文件。因此，如果 file.h 中有全局静态变量，它在 file.c 中也有效，不必再用 extern 说明。

（5）在包含命令中，文件名可以用双引号或尖括号括起，如：

```
#include "file.h"
```

或

```
#include <file.h>
```

二者都是合法的。它们的区别是：用双引号时，系统先在引用被包含文件所在的目录中查找要包含的文件，若找不到，再按系统指定的标准方式检索其他目录；而用尖括号时，不检查源文件所在的文件目录，而直接按系统标准方式检索文件目录。一般情况下用双引号不会出现找不到被包含文件的现象。

8.6.3 条件编译

条件编译是指根据给定的条件决定是否对某些程序段进行编译。条件编译的指定方法有两种：一种是指定表达式真假值；另一种是指定某种符号是否有定义。

1. 指定表达式真假值

其一般格式是：

```
#if 常量表达式
  程序段 1
#else
  程序段 2
#endif
```

该条件编译的执行过程是，当常量表达式的值为真（非 0）时，执行程序段 1，否则执行程序段 2。

例 8.23　输入字符，根据需要设置条件编译，使之能将字母全改为大写字母输出，或全改为小写字母输出，直到键入 Ctrl+C 组合键时结束。

具体程序如下：

```
#include "stdio.h"
#define LETTER 1
void main()
{
 unsigned char ch;
 while(1)
 {
  ch=getchar();
  if(ch==EOF)
  break;
  #if  LETTER
   if(ch>='a' && ch<='z')
     ch-=32;
  #else
    if(ch>='A' && ch<='Z')
      ch+=32;
  #endif
  putchar(ch);
 }
}
```

键盘输入和运行结果：

```
a
A
b
B
Ctrl+C
```

说明：

该程序根据符号常量 LETTER 是否为 1，决定将输入字符转换成大写或小写。当 LETTER 为 1 时，输入字母转换成大写，否则转换成小写。程序中 Ctrl+C 组合键使程序退出 while(1)循环。

2. 指定符号是否有定义

其一般格式是：

#ifdef 标识符
程序段 1
#else
程序段 2
#endif

条件编译指定符号是否有定义的执行过程是，如果标识符已定义，则执行程序段 1，否则执行程序段 2。

例 8.24　改写上例，用 ifdef 命令设置是否要进行字母大小写转换。

具体程序如下：

```
#include "stdio.h"
#define LETTER 1
#define TRANS
void main()
{
```

```
    unsigned char ch;
    while(1)
    {
     ch=getchar();
     if(ch==EOF)
       break;
     #ifdef TRANS
     {
      #if LETTER
        if(ch>='a' && ch<='z')
            ch-=32;
     #else
       if(ch>='A' && ch<='Z')
          ch+=32;
    #endif
    }
    #endif
    putchar(ch);
    }
}
```

说明:

该程序根据程序符号 TRANS 是否定义，决定是否要进行字母大小写转换。如果定义了TRANS 符号，则编译和执行#ifdef ~ #endif 程序段，否则不执行该程序段。

条件编译可以用分支结构来实现，但它们之间不同，采用条件编译时，可以减少目标程序的长度。

指定符号是否有定义还有另一种格式:

```
#ifndef 标识符
  程序段 1
#else
  程序段 2
#endif
```

与前述格式的区别是，将“#ifdef”改为“#ifndef”。该定义格式的用法是，如果标识符未定义，执行程序段 1，否则执行程序段 2。

本章小结

在 C 语言程序的结构中，一个大的程序由许多源程序文件组成，而源程序文件由预编译和许多函数组成。

C 语言函数是程序的基本组成成分。在 C 语言中，函数分为系统函数（库函数）和用户函数。C 语言不允许在一个函数内部再定义另一个函数，即函数不允许嵌套定义。

函数的返回值是指函数被调用、执行完毕后，返回给主调函数的值。如果用户定义的函数需要返回函数值，必须在函数定义中明确指定返回值的数据类型。

在 C 程序中，一个函数与其他函数之间往往存在数据传递的问题，C 语言中可以通过函数的形参、实参实现。形参出现在函数定义中，实参出现在函数调用中。用变量作函数的参数时，实参对形参的数据传递是单向的值传递，只能由实参传递给形参；用数组名作函数的实参和形参，实际上是把实参数组的首地址传递给了形参，形参数组和实参数组共用同一段内存空间。

函数之间的联系是通过函数调用实现的。当一个函数调用另一个函数时，被调用函数必须存在。如果被调用函数是一个库函数，在源程序文件开头用#include 将含有该库函数原型的头文件包含到该源程序文件中。

函数调用的方式有语句方式、表达式方式和函数参数方式三种。

C 语言可以使用递归函数。在递归函数程序设计的过程中，只要找出递归问题的规律和递归调用结束的条件这两个要点，问题就迎刃而解。

C 语言变量的定义包括变量存储类型和变量的数据类型。变量的存储类型共有 4 种：auto（自动类型）、register（寄存器类型）、static（静态类型）和 extern（外部类型）。变量的作用域有局部变量和全局变量，若在同一个源文件中，局部变量与全局变量同名，则在局部变量的作用范围内，全局变量被屏蔽，不起作用。

程序编译预处理有宏定义、文件包含、条件编译。宏定义有不带参数的宏定义和带参数宏定义两种形式。所谓文件包含处理是指一个源文件可以将另外一个源文件包含到本文件之中。条件编译是指根据给定的条件决定是否对某些程序段进行编译。条件编译的指定方法有两种：一种是指定表达式真假；另一种是指定某种符号是否有定义。

习　题

1．在 C 语言中，函数定义和函数说明分别指什么？

2．自动变量与静态变量有何区别？

3．编写两个函数，分别求圆的周长和圆的面积，另编写一个主函数，在主函数中输入圆的半径，通过函数调用求出圆的周长和面积，并在主函数中输出结果。

4．编写一个函数，对 10 个整数按从小到大进行排序，排序方法不限，在主函数中输入数据，调用函数进行排序，最后在主函数中输出结果。

5．编写一个函数，使输入的一个字符串反序存放，在主函数中输入和输出字符串。

6．编写一个函数，实现将一个字符串复制到一个字符数组中，在主函数中输入和输出字符串。

7．编写一个函数，判断一个三位数是否是“水仙花数”，在主函数中输入数据和输出结果。

注：所谓“水仙花数”是指一个三位数，其各位数字立方和等于该数本身。例如，153 是一水仙花数，因为 $153=1^3+5^3+3^3$。

8．编写一个函数，输出如下图案。用参数 n 控制输出的行数，n 的取值范围 1~9。编写主函数调用该函数。

```
    1
   222
  33333
 4444444
555555555
```

9．编写一个函数，用递归方法求 Fibonacci 序列，在主函数中调用该函数计算其前 20 项之和。

$$f=\begin{cases}1 & n=1\\ 1 & n=2\\ f_{n-1}+f_{n-2} & n>2\end{cases}$$

第 9 章 构造数据类型

前面各章已经介绍了 C 语言基本数据类型（如整型、实型、字符型等）及一种构造类型——数组，这些数据类型不能完全满足实际编程中对数据描述的需要，因此，C 语言允许用户根据实际需要按照语法规则构造新的数据类型。

本章主要介绍表示不同类型数据集合的数据，包括结构体、共用体、位字段和枚举类型的概念、定义和使用。

9.1 结构体类型

在实际工作中，有时描述一个对象仅用单一类型的数据是远远不够的，常常需要将几种不同数据类型并且相关联的数据组合成一个有机的整体来共同描述这个对象，以保证数据间逻辑关系清晰，又便于复杂问题的编程。例如，在处理通讯录数据时，涉及一个人的姓名、年龄、性别、电话号码、家庭地址及邮政编码等数据，它们的数据类型各不相同但属于同一整体。对此，C 语言引用了另一种数据结构——结构体。

9.1.1 结构体类型定义

结构体是不同数据类型的数据的集合。在使用时，首先作为一种数据类型，我们需要先构造结构体类型，这称作结构体类型的定义。然后再用它来定义要使用的结构体变量、数组、指针等。组成结构体的每个数据称为结构体的成员，简称成员。结构体类型的定义是声明该结构体是由几个成员项组成，以及每个成员项是什么数据类型。

结构体类型定义的一般形式：

```
struct [结构体名]
       {
          类型名 结构体成员名 1;
          类型名 结构体成员名 2;
               ...
          类型名 结构体成员名 n;
       };
```

说明：

（1）struct 为结构体类型定义的保留字。

（2）结构体名指明了结构体类型的名字，由用户定义，规则与变量名相同。它与 struct 一起形成特定的结构体类型，在以后的结构体变量定义中就以“struct 结构体名”作为一种结构体类型被使用。也可以省略结构体名。

（3）结构体中所有成员用花括号括起来。每个成员由数据类型和成员名组成，每个结构体成员的数据类型可以是简单类型、数组、指针或已说明过的结构体等，每个成员项后面用分号结束。结构体内成员名不允许相同，但可以与结构体外其他标识符同名，不会产生冲突。

（4）整个结构体的定义用分号结束，花括号后边的分号不可省略。

（5）此处只是定义了结构体的类型，说明了此结构体内允许包含的各成员的名字和各成员的类型，并没有在内存中为此开辟任何存储空间。也就是说，在 C 语言中的类型是不占用内存的，但由它们定义的变量、数组等都占内存。

例 9.1 描述学生信息的结构体类型。

具体程序如下：

```
#define NAMESIZE 20
struct  student                /*定义名为 student 的结构体*/
  {
    long number;
    char name[NAMESIZE];
    int age;
    int score;
   };
```

说明：

对于学生信息的结构体类型可以包含有长整型的学号、字符型数组的姓名、整型的年龄、成绩等项。第一个成员项是长整型的变量 number，它用于保存学生学号；第二个成员项是字符型数组 name，它用于保存姓名字符串；第三个成员是整型变量 age，它用于保存年龄；第四个成员是变量 score，它用于保存学生的某一门成绩，如图 9-1 所示。

学号	姓名	年龄	成绩
（长整型）	（字符数组）	（整型）	（整型）

图 9-1 结构体定义

从例中可以看出，结构体的成员可以是基本类型变量，也可以是数组等构造类型。但对于本例中的年龄这个成员来说，用出生年月日表示会更合适。

（6）结构体中的成员本身还可以是结构体，这称为结构体的嵌套。

例如，定义一个能够记录出生日期的结构体来代替上例中的年龄。

```
struct date                    /* 定义名为 date 的结构体 */
{
  int year;
  int month;
  int day;
 };
struct  student                /* 定义名为 student 的结构体 */
{
  long number;
  char name[NAMESIZE];
  struct date birthday;        /* 以嵌套的 struct date 作为类型名定义 birthday 变量 */
  int score;
```

```
};
```

说明：

本例中，结构体 student 中的成员 date 是结构体类型 birthday，其中的成员是 year、month 和 day，结构体 student 和 birthday 组成了结构体的嵌套结构，如图 9-2 所示。

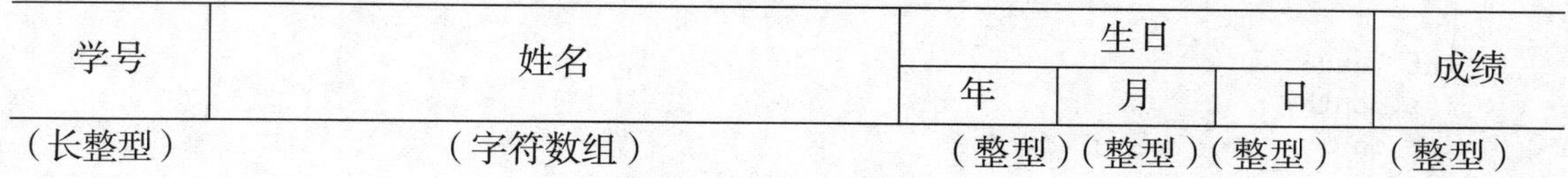

学号	姓名	生日			成绩
		年	月	日	
（长整型）	（字符数组）	（整型）	（整型）	（整型）	（整型）

图 9-2 嵌套的结构体定义

程序中定义的结构体类型相当于设计一张表的表头，不同表的表头也不一样，如通讯录、成绩单等，在程序设计中都要根据实际需要来分别定义不同的结构体类型，来组织它们的数据。同时对于定义的结构体成员，必须明确其数据类型，明确其将占内存的长度。

9.1.2 结构体变量的说明及使用

1. 结构体变量的定义

定义一个结构体类型的变量、数组、指针可以采取 4 种定义方式：先说明结构体类型，再单独进行定义(间接定义)；紧跟在类型说明之后进行定义(直接定义)；说明一个无名结构体类型，直接进行变量定义(无名定义)；用 typedef 说明一个结构体类型名，再用类型名进行定义。下面讨论前 3 种方式。

（1）间接定义：先定义结构体类型，再定义结构体变量，如可以利用上面已定义的结构体类型 struct student 来定义变量：

```
struct student p;
```

（2）直接定义：在定义结构体类型的同时定义结构体变量，它的一般形式：

```
struct 结构体名
 {
   成员表;
 } 结构体变量名表;
```

例如：

```
struct date
{
  int year;
  int month;
  int day;
};
struct  student
{
  long number;
  char name[NAMESIZE];
  struct date birthday;
  int score;
} p;          /*定义结构体类型 student，同时定义结构体变量 p*/
```

（3）无名定义：无结构体类型名的直接定义，一般用于后续程序中不再需要定义此种类型变量的情况才可采用这种方式。它的一般形式：

```
struct
{
```

成员表;

} 结构体变量名表;

例如：

```
struct date
{
 int year;
 int month;
 int day;
};
struct                                          /*结构体无名定义*/
 {
 long number;
 char name[NAMESIZE];
 struct date birthday;
 int score;
 }p;                                            /*定义结构体变量*/
```

2. 结构体类型变量的使用

结构体是由不同数据类型的若干数据组成的集合体。对结构体变量成员分配存储空间，是按结构体类型说明的成员顺序进行的。它占内存的字节数是该结构体所有成员项所占内存数的总和。在程序中使用结构体时，结构体一般不作为一个整体参加数据处理，而参加各种运算和操作的是结构体的各个成员项数据。

对结构体成员的使用有 3 种方式：

结构体变量名.成员名

指针变量名->成员名

(*指针变量名).成员名

本章只讨论用成员（分量）运算符“.”访问其成员，形式如下：

结构体变量名.成员名

例如：

```
p.number=20130112;
p.score=96;
```

例 9.2　求结构体类型(或结构体类型变量)的字节数。

分析：通过这个小程序，可以测试这个结构体（或变量）占内存的字节数。

具体程序如下：

```
#include "stdio.h"
#define  NAMESIZE  20
struct date                            /* 定义结构体，共占 12 个字节 */
{
  int year,month,day;                  /* 成员数据类型相同时可以如此定义 */
 };
struct student
 {
   long number;                        /* 长整型，占 4 个字节 */
   char name[NAMESIZE];                /* 字符数组 占 20 个字节 */
   struct date birthday;               /* 嵌套结构体，占 12 个字节 */
   int score;                          /* 整型，占 4 个字节 */
 };
```

```
void main()
{
  struct student p;
  printf("the p length: %d\n",sizeof(p));
  printf("the struct student length:%d\n",sizeof(struct student));
}
```

运行结果：

```
        the p length: 40
        the struct student length: 40
```

说明：其中 sizeof 是求变量或类型字节数的运算符。

关于成员引用的几点说明：

（1）结构体变量可以是外部、自动、静态三种存储类型，不能是寄存器类型。

（2）对于结构体嵌套，只能引用最末一级成员。

对于嵌套的结构体，采用逐级访问的方式，只能对最低一级的成员进行赋值或存取等运算。此时的引用格式扩展为：

结构体变量 . 成员 . 子成员 . …… . 最低一级子成员

例如,在例 9.2 中，对出生年、月、日的操作：

```
p. birthday.year=1996;
p. birthday.month=2;
p. birthday.day=14;
```

（3）结构体类型变量成员的引用与普通的简单变量（如整型、实型、字符型）一样，包括赋值、运算和输出。例如：

```
i=p.birthday.day+1;
```

9.1.3　结构体变量的初始化

定义变量的同时赋初值称为变量的初始化。与数组的初始化一样，对外部类型和静态类型结构体变量都可以初始化。给结构体类型的变量（或数组）初始化时要注意：

（1）只可以给外部存储类型和静态存储类型的结构体变量（或数组）赋初值。

（2）给结构体变量赋初值不能跨越前边的成员而只给后面的成员赋值。

例 9.3　结构体变量的初始化。

具体程序如下：

```
#include "stdio.h"
#define  NAMESIZE  20
struct date
{
  int year;
  int month;
  int day;
 };
struct student
 {
   long number;
   char name[NAMESIZE];
   struct date birthday;
   int score;
 };
struct student p={20130112,"ZhangPing",{1995,12,25},86};  /* 注意初始化形式 */
```

```
void main()
 {
  printf("number: %ld\n",p.number);  /* 输出各成员项，注意输出格式 */
  printf("Name: %s\n",p.name);
  printf("birthday: %d-%d-%d\n",p.birthday.year,p.birthday.month,p.birthday.day);
  printf("score: %d\n",p.score);
 }
```

运行结果：

```
number: 20130112
name: ZhangPing
birthday: 1995-12-25
score: 86
```

9.1.4 结构体数组

上例中初始化一个变量 p，相当于我们设计了一个表的表头，表中只有一组数据，如果我们有 10 个学生的数据情况，该如何将它们组织到这个表中呢？显然应该用结构体数组。即每个数组元素为一个结构体变量。

1. 结构体数组的定义

定义结构体数组的一般形式：

struct 结构体名 结构体数组名[元素个数]；

例如，struct student std[10]; 相当于我们设计的一个表，表头下面有 10 个空行，等待你放入数据并加以处理。

例 9.4 计算 *N* 个学生的平均成绩。

具体程序如下：

```
#include <stdio.h>
#define N 3
#define  NAMESIZE  20
struct student
{
 long number;
 char name[NAMESIZE];
 int score;
};
struct student std[N];               /* 定义 N 个学生的结构体数组 */
void main()
{
   int I,j;
   float sum=0,ave;
   printf("Please input student data:\n");
   printf("number :    name:     score: ");
   i=0;
   while(i<N)                    /* 输入 N 个学生的数据 */
 {
   scanf("%ld",&std[i].number);
   scanf("%s",std[i].name);
   scanf("%d",&std[i].score);
   i=i+1;
  }
for(i=0;i<N;i++)
```

```
  sum=sum+std[i].score;
ave=sum/N;                  /* 计算平均值 */
for(i=0;i<N;i++)
  printf("Number:%ld\tname:%s\tscoer:%d\n",std[i].number,std[i].name,std[i].score);
printf("ave=%.1f\n",ave);
}
```

运行输入：

```
Please input student data:
number:   name:    score:
20130101 Zhangping 86
20130102 Lidong 87
20130103 Wangzhuo 98
```

运行结果：

```
Number: 20130101  name:Zhangping   score:86
Number: 20130102  name:Lidong      score:87
Number: 20130103  name:Wangzhuo    score:98
ave=90.3
```

2. 结构体数组的初始化

结构体数组也可以初始化。结构体数组初始化的一般形式：

struct 结构体名 数组名[SIZE]={{…},{…},{…},…};

其中，内层每对花括号对应一个数组元素，括号内数组序列与结构体类型定义时成员顺序应该相对应,否则，初始化将出错。

例 9.5　结构体数组初始化。

具体程序如下：

```
#include <stdio.h>
#define N 3
#define NAMESIZE 20
struct student
 {
  long number;
  char name[NAMESIZE];
  int score;
 };
void main()
 {
   int i,j;
   struct student std[ ]={{20130101,"Zhangping",86},{20130102, "Lidong",87},
                          {20130103, "Wangzhuo",98}};
   /*初始化 N 个学生的结构体数组，注意各种数据类型常量的表示方法*/
  for(i=0;i<N;i++)
printf("Number:%ld\tname:%s\tscoer:%d\n",std[i].number,std[i].name,std[i].score);
}
```

运行结果：

```
Number: 20130101  name:Zhangping   score:86
Number: 20130102  name:Lidong      score:87
Number: 20130103  name:Wangzhuo    score:98
```

9.1.5　结构体和函数

ANSI C 允许结构体变量作为普通变量一样处理，可以作为函数的形参、实参。有如下几种形式：

（1）结构体变量的成员项作实参

这种情况同普通变量一样，属于单向值的传递。被调用函数中也应定义与结构体成员类型一致的形参。这种传递的工作量比较大，且不能带回多个值。

（2）结构体变量作实参

结构体变量作实参，形参也要用结构体变量，函数调用时，将实参的所有成员值全部顺序传递给形参的成员。这种传递在时间和空间上的开销都很大，效率低。第一种方式可以按需传递，不用的不传；第二种方式书写简单，开销比较大。

（3）结构体变量的指针作实参

结构体变量的指针作实参，传递其地址，并可带回多个值，时间和空间上的开销都比较小，效率比较高。我们将在第 9 章介绍指针时再给大家介绍。

例 9.6　根据学生的学号查找学生的信息。

分析：某班有 N 个学生，学生信息包括学号、姓名、成绩。输入任意一名学生的学号，如果找到，则输出这名学生的所有信息；如果没找到，则显示没找到的信息。

具体程序如下：

```
#include <stdio.h>
#define N  3
struct stu                                  /* 定义学生信息结构体，3 个成员 */
 {
  int num;
   char name[20];
   int score;
 };
void find(struct stu p[],int n)     /* 调用函数，形参是结构体数组和要查找的学号 */
 {  int i;
    for(i=0;i<N;i++)                /* 查找 */
    if(p[i].num==n)
      break;
     if(i<N)                        /* 找到，输出学生信息 */
     { printf("number is %d\n ",p[i].num);
       printf("name is %s\n", p[i].name);
      printf("score is %d\n",p[i].score);
     }
     else                           /* 没找到，显示信息 */
      printf("No found!\n");
    }
void main()
 {
     int n,j;
     struct stu s[N];                    /* 定义结构体数组 */
     printf("Please input student data: ");
     for(j=0;j<N;j++)                    /* 输入学生信息 */
    {
     scanf("%d",&s[j].num);
      scanf("%s",s[j].name);
      scanf("%d",&s[j].score);
    }
   printf("Please input number to find:\n");
   scanf("%d",&n);                  /* 输入要查找的学号 */
```

```
    find(s,n);                          /* 调用函数 */
}
```

运行输入：

```
Please input student data:
2201 Zhangxiao 98
2202 Lida 87
2203 Wangyu 65
Please input number to find:
2202
```

运行结果：

```
number is 2202
name is Lida
score is 87
```

main()函数中定义了结构体数组，调用函数时，以整个结构体数组作为实参。同时，形参也应该定义结构体类型数组来接收传递的数据。这是一种数据复制方式，时间和空间上的开销都比较大。本程序还可以将形参定义为结构体类型的指针来接收由实参传递来的数组的地址，在被调用函数中利用指针来操作，等大家学过指针后，再尝试用指针。

9.2　共用体类型

C 语言提供了另一种构造类型——共用体。使几个不同的变量占用同一段内存空间的结构称为共用体。使用这种数据类型的成员项不会同时占据内存，也不会同时起作用。就像我们学校中的一些公共教室一样，对这些教室排课时至少应该考虑各个班级的上课时间和上课的人数，以便更好地充分利用教学资源。

共用体的定义方式与结构体类型相同。不同的是结构体中的所有成员各有自己固定的存储空间，变量所占内存空间的大小等于各成员之和。而共用体中的所有成员是使几个不同数据类型的数据共用同一段存储空间，均放在以同一地址开始的存储空间中，使用覆盖技术，使几个变量相互覆盖，共享存储单元。共用体类型所占空间的大小取决于占存储空间最大的那个成员的长度。

9.2.1　共用体类型的定义

定义共用体类型的一般形式为：

```
union  共用体类型名
{
类型名 成员名;
…
};
```

其中，union 为共用体类型说明的保留字，其他规则均与结构体定义相同。例如：

```
union data
 {
  char ch;
  int i;
  double d;
 };
```

定义的共用体类型 data 由 3 个成员项组成，这 3 个成员项在内存中使用共同的存储空间。

由于共用体中各成员项的数据长度往往不同，所以共用体在存储时总是按其成员中数据长度最大的成员项占用内存空间。如上述共用体占用内存的长度与成员项 d 相同，即占用 8 个字节内存。这 8 字节的内存位置上既可存放 i（只占用前 4 个字节），又可存放 ch（只占用第 1 个字节），只有存放 d 数据时占用 8 个字节。

共用体类型的语法与结构体类型语法一致，共用体自身可以嵌套。共用体与结构体也可以相互嵌套。

9.2.2 共用体变量的说明及使用

1. 共用体变量的定义

共用体一经定义后，就可以说明共用体类型变量。共用体变量不能在定义时赋初值。共用体变量定义也存在 3 种方式，下面以直接定义方式为例。

```
union [共用体名]
  {
    类型名 共用体成员名;
  } [变量名表];
```

例如：

```
union data
{
  char ch;
  int i;
  double d;
}a,b;
```

在二进制数据处理中，经常使用共用体。例如，有时要求以字（16 位）为单位参加运算，有时要求以字节（8 位）为单位参加运算。

2. 共用体变量的使用

共用体类型数据使用时，共用体变量可以作为函数的参数，也可以使用指向共用体的指针变量作函数参数。共用体成员的使用方式与结构体完全相同，共用体的成员访问用成员运算符“.”表示。

例 9.7　共用体与结构体的嵌套及成员的使用。

具体程序如下：

```
#include <stdio.h>
void main()
{
union EXAMPLE                    /* 定义共用体 */
{
    struct                       /* 其第一个成员为结构体变量 in */
   {
       int x;                       /* 结构体的两个成员分别是 x 和 y */
       int y;
     }in;
   int a;                        /* 共用体第二个成员 a */
   int b;                        /* 共用体第三个成员 b */
   } e;                          /* 直接定义共用体变量 e */
 printf("The e length : %d\n", sizeof(e));          /* 求共用体变量 e 所占内存空间数 */
  e.a=1;
```

```
e.b=2;
e.in.x=e.a*e.b;
e.in.y=e.a+e.b;
printf("%d,%d\n",e.in.x,e.in.y) ;
}
```

运行结果：

```
The e length : 8
4,8
```

说明：

在本例中，各成员项占内存的情况如图 9-3 所示，共用体中有一个成员是结构体，占 8 个字节，所以此共用体 3 个成员共用 8 个字节。其中 e.a、e.b、e.in.x 共同占用 4 个低字节，e.in.x 与 e.in.y 分别为结构体的成员，占这 8 个字节的高低各 4 字节。程序执行中，首先执行 e.a=1，则前 4 个低字节被赋值为 1；然后执行 e.b=2 时，由于它们共用前 4 字节，所以前 4 字节又被赋值为 2，覆盖了原来的值 1；接下来执行 e.in.x=e.a*e.b，还是前 4 字节被赋值为 2* 2=4；再下来执行 e.in.y=e.a+e.b，则后 4 字节被赋值为 4+4=8。因此，对于共用体中的空间和值来说，可归纳两句话来形象地描述它——谁用就是谁，用谁谁就是。一是这个共用体空间，哪个成员用它，它就是哪个成员的；二是对于空间中的值来说，用哪个成员，哪个成员就是这个值。

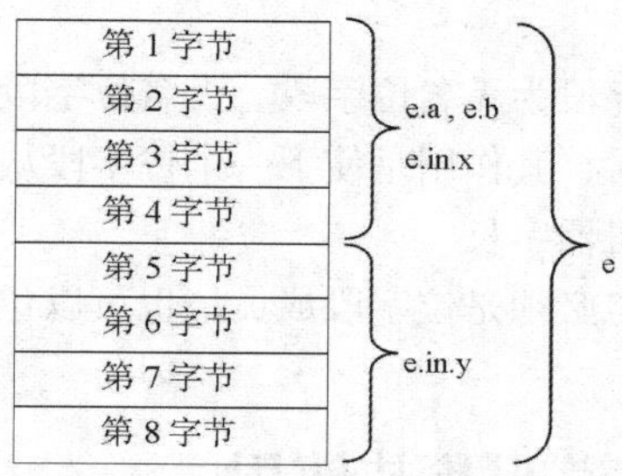

图 9-3　共用体占用内存情况

9.3　位字段类型

计算机中一般以字节为单位来存储数据，但实际工作中，有时有些数据可以用一个字节中的一位或几位表示就可以。例如，电源是否接通，设备是否准备就绪，是否响应中断等，只需要一位中的两个状态就可以表示数据。对于这类问题，可以使用 C 语言提供的位字段类型数据。这也是高级语言的低级形式的一种表现。

9.3.1　位字段类型的定义

定义位字段类型的一般形式：

```
struct  结构体名
{
 unsigned [位字段名]:  常量表达式;
             …
};
```

或

```
struct
{
unsigned [位字段名]:  常量表达式;
        …
};
```

说明：

（1）C 语言中没有专门的位字段类型，而是借助于结构体类型，以二进制位为单位来说明结构体中位字段成员所占空间。

（2）常量表达式用来指定每个位字段的宽度。需要指出的是，位字段结构体在存储时使用的内存空间大小与 int 型数据相同，即使位字段结构体中各成员项的位数总和小于 int 型的位长，它也占用一个 int 型位长的内存空间。不同机型，int 型位长不同。当成员项总位长超过 int 型时，它将占用下一个连续的 int 位长空间，但不允许任何一个成员项跨越两个 int 空间的边界。例如，在 16 位的机器上，下面的定义是错误的：

```
struct  packed_data
{
  unsigned  a: 17;
  unsigned  b: 1;
};
```

（3）省略位字段名时，称该字段为无名位字段。无名位字段起分隔作用。

（4）当无名位字段宽度为 0 时，其作用是使下一个位字段从下一个字节开始存放。

（5）位字段的宽度不得超过机器字长。

（6）在位字段结构中，不一定必须是位字段成员，也可以包含非位字段成员。

（7）不能定义位字段数组。

9.3.2　位字段变量的说明及其使用

1. 位字段变量的定义

位字段一经定义后，就可以说明位字段类型变量。位字段变量的说明与结构体变量和共用体变量定义相似，也存在三种方式。以直接定义方式为例，位字段结构体变量说明的一般形式：

```
struct  结构体名
{ unsigned [位段名]: 常量表达式;
        …
} [变量名表];
```

例如，定义如下的位字段类型：

```
struct  bit
{
 unsigned  a: 2;
 unsigned  b: 2;
 unsigned  c: 1;
 unsigned  d: 1;
 unsigned  e: 2;
}data;
```

说明：

（1）位字段变量的使用形式与结构体相同。与结构体、共用体的成员访问相同，用圆点

“.”运算符表示。位字段可以进行赋值操作，所赋之值可以是任意形式的整数。当其值超过位字段所允许的最大值时，为值溢出，系统不提示错误，取值的低位。

（2）位字段可以按整型格式描述符输出（%d，%u，%o，%x 等），不能对位字段求地址，因此也不能读入位字段值，不能用指针指向位字段。

（3）共用体的类型说明中可以包含位字段。

2. 位字段变量的使用

例 9.8　定义一个位字段类型，统计并整理考试成绩，输出相关考试信息。

分析：假如将学生分别存在数组中的笔试成绩和上机成绩统计并整理出考试是否合格。用位字段来存储计算机等级考试的考号、笔试成绩、上机成绩、笔试合格、上机合格、总评合格等，输出考试成绩以及是否合格信息。根据题目需要，定义如下结构体。

具体程序如下：

```
#include <stdio.h>
struct data
 {
  long num;                     /* 结构体成员，非位字段成员，存考号 */
  unsigned a: 7;          /* 位字段，7 位二进制可以存小于 128 的数，用来存笔试成绩 */
  unsigned b: 7;                /* 位字段，7 位二进制可以存小于 128 的数，用来存上机成绩 */
  unsigned c: 1;                /* 位字段，1 位二进制位，0 代表笔试不合格，1 代表合格 */
  unsigned d: 1;                /* 位字段，1 位二进制位，0 代表上机不合格，1 代表合格 */
  unsigned e: 1;                /* 位字段，1 位二进制位，0 代表总评不合格，1 代表合格 */
};
void main()
{
  int  i;
  long  j=2013000;
  int x[2]={85,50};     /* 假设两个人的笔试成绩 */
  int y[2]={73,65};     /* 假设两个人的上机成绩 */
  struct data  g[2];    /* 定义结构体类型数组，分别存两个人的考试信息 */
  for(i=0;i<2;i++)
  { g[i].num=j+i+1;     /* 往结构体数组 g 中生成学号、笔试成绩、上机成绩 */
    g[i].a=x[i];
    g[i].b=y[i];
  if(g[i].a>=60)        /* 判断笔试成绩，生成笔试合格 */
    g[i].c=1;
  else                  /* 否则不合格 */
    g[i].c=0;
  if(g[i].b>=60)        /* 判断上机成绩，生成上机合格 */
    g[i].d=1;
  else                  /* 否则不合格 */
    g[i].d=0;
  if(g[i].c==1&&g[i].d==1)              /* 判断二者，生成总评合格 */
   g[i].e=1;
  else
   g[i].e=0;
printf("number=%ld,a=%d,b=%d,c=%d,d=%d,
e=%d\ n",g[i].num,g[i].a,g[i].b,g[i].c,g[i].d,g[i].e);    /*输出每个考生的考试信息*/
 }
```

```
}
```

运行结果：

```
number=2013001 ,a=85 ,b=73 ,c=1,d=1, e=1
number=2013002 ,a=50 ,b=65 ,c=0,d=1, e=0
```

本例说明了位字段的赋值、运算及输出，与其他结构体或普通变量是一致的。

在计算机过程控制、参数检测和数据通信等领域中，要求应用程序具有对外部设备的控制和管理功能，而这些控制和管理是通过接口改变方式字或命令字和从接口读取状态字来实现的。这些命令字、方式字和状态字是以二进制位（bit）为单位的信息。所以，这种类型的数据经常需要 1 位或几位二进制位，定义位字段就足以解决问题。同时还节省空间，减少内存占用。

9.4 枚举类型

有时一个变量只有几种可能的取值，可以一一列举出来，变量的取值仅限于列举的值的有限范围内，而不适宜用整型、实型、字符型直接表示，C 语言提供了这种枚举数据类型。例如，一年的四季有春、夏、秋、冬；一个星期有星期日、星期一到星期六等。

9.4.1 枚举类型的定义

定义枚举类型的一般形式为：

```
enum [枚举类型名]
{
枚举元素 1[=整型常量],枚举元素 2[=整型常量],…
};
```

如：`enum weekday {sun,mon,tue,wed,thu,fri,sat};`

9.4.2 枚举类型变量的说明及其使用

1. 枚举变量的定义

与前面的结构体、共用体、位字段一样，它也存在 3 种定义方式（间接、直接、无名定义）。

如：间接定义枚举变量形式：

```
enum  weekday  day;
```

直接定义枚举变量形式：

```
enum weekday {sun,mon,tue,wed,thu,fri,sat} day;
```

无名定义枚举变量形式：

```
enum {sun,mon,tue,wed,thu,fri,sat} day;
```

定义枚举类型变量之后，就可以为它们赋枚举元素的值。如 day=fri;

枚举类型数据使用的几点说明：

（1）enum 是定义枚举类型的保留字，花括号内是列举出来的枚举元素，“整型常量”为枚举元素的序号初值，常常可以省略。

（2）上面我们定义了一个枚举类型 weekday，它包含了 sun，mon，tue，wed，thu，fri，sat 7 个枚举常量。在说明枚举类型的同时，编译程序按顺序给每个枚举元素一个对应的序号，也就是“整型常量”，系统默认序号的值从 0 开始，后续元素顺序加 1。也可以在定义时人为指定枚举元素的序号值，如：

```
enum { sun=7, mon=1, tue, wed, thu, fri, sat} day;
```

没有指定序号值的元素则在前一元素序号值的基础上加 1。

（3）枚举值又称为枚举元素或枚举常量，也是用户定义的标识符，并不一定用 sun 就表示星期日，也可以用其他的标识符来表示，它们只作为枚举类型变量取值的可选项并应该是有限个。同时在程序中不能对枚举元素赋值，如 sun=4，mon=5；是非法的语句。

（4）枚举值可以进行加（减）一个整数 n 的运算，用以得到其后（前）第 n 个元素的值。

（5）枚举值可以按定义时的序号进行关系比较，如：

if(day==mon)… 其实是根据枚举元素的序号值进行判定的。

（6）只能给枚举变量赋枚举值，若赋序号值则必须进行强制类型转换。如：

day=2；是非法的表示。

应该用 day=(enum weekday)2;表示，相当于 day=tue;

（7）枚举变量也可以做函数的参数或函数的返回值。

2. 枚举变量的使用

例 9.9 设某月的第一天是星期一，输入该月的任意一天，输出这天是星期几。

具体程序如下：

```
main()
{
   enum weekday{sun,mon,tue,wed,thu,fri,sat}d[32],n;
             /*注意：此处定义的是枚举类型的 d 数组和枚举类型的 n 变量*/
   int i,j;
   n=mon;            /*注意变量 n 的取值，只能取枚举值*/
   for(i=1;i<32;i++) /*循环内完全是枚举变量的操作，为每一天赋相应星期值*/
   {
    d[i]=n;
    if(n==sat)n=sun;
    else  n++;
   }
    printf("\n input day:\n");
    scanf("%d",&j);
    switch(d[j])
  {
    case  sun:   printf("%3d is Sunday\n",j); break;
    case  mon:   printf("%3d is Monday\n",j); break;
    case  tue:   printf("%3d is Tuesday\n",j); break;
    case  wed:   printf("%3d is Wednesday\n",j); break;
    case  thu:   printf("%3d is Thursday\n",j); break;
    case  fri:   printf("%3d is Friday\n",j); break;
    case  sat:   printf("%3d is Saturday\n",j); break;
    default:     break;
   }
}
```

运行结果：

```
input day:
21
21 is Sunday
```

试想，如果此程序要实现知道某一年的第一天是星期几，要求某月某日是星期几，该如何操作？

9.5 用 typedef 定义类型

C 语言除提供了基本数据类型（整型、实型、字符型）和构造类型（数组、结构体、共用体、枚举类型）之外，还允许使用命令 typedef 声明新的标识符代替已有的类型名。声明后就可以使用新的标识符来定义变量了。简单地说，就是为已有的数据类型定义别名的。使用关键字 typedef 说明一个新的类型标识符，往往可以在程序中简化变量的类型定义。

使用保留字 typedef 说明一个新的数据类型标识符的一般形式：

```
typedef 类型名 标识符;
```

其中，“类型名”为已有定义的类型标识符，“标识符”为用户定义标识符。例如：

```
typedef  float  REAL;
```

则 REAL 和 float 就在语法、语义上完全相同，有了上述说明后，REAL 就是 float 的别名。因此，完全可以用 REAL a,b;来定义 a 和 b 两个浮点型变量了。

使用 typedef 的几点说明：

（1）typedef 仅定义各种类型名，不能直接定义变量名。

（2）typedef 定义不产生新的数据类型，它仅仅是改变表达方式，起别名的作用。

（3）使用 typedef 便于程序的修改和移植。

（4）通常这个新的类型名用大写字母来表示。用 typedef 说明一个新类型名可采用以下步骤：

第 1 步，先按定义变量的方法写出定义体。如：char s[81];

第 2 步，把变量名换成新类型名。　　　　如：char STRING[81];

第 3 步，在最前面加上关键字 typedef。　　如：typedef char STRING[81];

第 4 步，这样就完成了新类型名的说明，然后可以用新类型名去定义变量。如：

STRING s1，s2，s3;　　/*说明 s1,s2,s3 都被定义成了有 81 个元素的字符型数组*/

相当于原来的 char s1[81],s2[81],s3[81];。

本章小结

本章主要讨论结构体、共用体、位字段和枚举类型的概念、定义和使用。

在这一章中我们介绍的构造的数据类型都有共同特点：首先程序中需要处理的这部分数据具有特殊性，需要根据数据特点构造一种适合处理和存储它们的数据类型，如结构体、共用体、枚举类型等；然后才能如处理其他变量一样，定义相应的变量来处理它们的数据。

结构体是将不同数据类型的成员在逻辑上构成一个整体，系统分配给它的内存是各成员所需内存量的总和。结构体数据类型必须先说明，这称做结构体类型的定义。用 struct 保留字来定义结构体类型。结构体类型的定义可以嵌套。使用时，必须先定义结构体类型，再用结构体类型去说明结构体类型变量。

共用体类型的语法与结构体类型语法一致，共用体用保留字 union 来定义共用体类型。共用体中的所有成员使用覆盖的方式共享存储单元，共用体所占空间的大小取决于占存储空间最大的那个成员。它使不同数据类型的数据共用同一个存储空间。

位字段类型是借助于结构体类型，以二进制位为单位来说明结构体中成员所占空间。每个位字段的宽度不得超过机器字长。不能定义位字段结构的数组。

变量的取值在有限范围内的，才可以定义成枚举类型。枚举类型用保留字 enum 来定义。枚举类型变量的取值范围只限于枚举类型定义时所列出的值。它与结构体、共用体、位字段一样，也存在 3 种定义（间接、直接、无名定义）枚举变量的形式。

使用命令 typedef 定义新的标识符代替已有的类型名。typedef 仅定义各种类型名，不能直接定义变量名，它不产生新的数据类型，仅仅是起到别名的作用。

习　题

1. 定义一个通讯录的结构体类型，其中的数据项有如下项目：（各成员的数据类型自定）。
姓名：(name)
年龄：(age)
性别：(sex)
电话号码：(tel)
家庭住址：(address)
2. 定义一个学生信息结构体，任意输入 5 个学生的相关信息，并输出。
学生信息结构体成员有：姓名、年龄、性别。
3. 输入一个人的生日和当前日期，计算该人的年龄。日期用结构体定义。
4. 2014 年 1 月 1 日是星期三，计算这一年的 5 月 18 日是星期几。日期用枚举类型定义。

第10章 指 针

指针是 C 语言中一个十分重要的概念，也是 C 语言的一个重要特色。正确灵活地运用指针，可以编写出更为紧凑和有效的程序代码，可以更有效地表示复杂的数据结构，能动态分配内存空间，能方便地使用字符串和数组，还可以在调用函数时获得多于一个的值，能直接处理内存单元地址等。本章我们将主要讨论指针的使用，指针的概念及指针与数组、指针与函数、指针与结构体等之间的关系。

10.1 指针和地址的概念

在讨论指针之前，我们首先要搞清楚数据在内存中是如何存取的。

在计算机中，所有的数据和程序必须加载到内存后，程序才得以运行。为了方便管理和存放数据，内存通常被划分为一个一个的存储单元，一般以字节为单位，每个存储单元都有一个编号，这就是存储单元的“地址”，相当于旅馆中的房间号。程序中任何一个变量实质上都代表着在地址所标志的内存单元中存放的数据，就相当于住在各自房间中的旅客。也就是说，系统对数据的存取，最终是通过内存单元的地址进行的。计算机自动把变量名和它的地址联系起来，程序中通常只需用变量名来使用它所代表的那个存储单元，而无需涉及地址。

C 语言规定变量必须先定义后使用，如果在程序中定义了一个变量，在对程序进行编译时，编译系统根据程序中定义的变量类型，分配一定长度的内存空间。

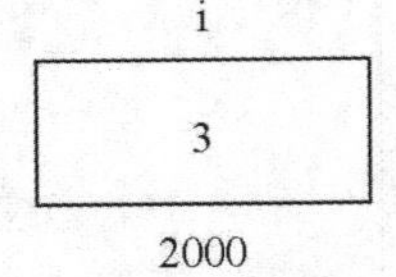

图 10-1　变量的值和地址

例如：`int  i=3;`

如图 10-1 所示，假设程序已定义了一个整型变量 i，编译时系统分配地址为 2000 和 2001 的两个字节给变量 i。注意，内存单元的地址与内存单元的内容这两个概念，此时，2000 是变量 i 的首地址，3 是变量 i 的内容，即变量的值。

在程序中一般是通过变量名来对内存单元进行存取操作的，程序经过编译以后已经将变量名转换为变量的地址，对变量值的存取都是通过地址进行的。

假如有输出语句 printf("%d",i);，它是这样执行的：根据变量名与地址的对应关系（这个对应关系是在编译时确定的)，找到变量 i 的首地址 2000，然后从由 2000 开始的两个字节中取出数据(即变量的值)，将它输出。假如有输入语句 scanf("%d"，&i);，在执行时，如果从键盘输入 3，表示要把 3 送到变量 i 中，实际上是把 3 送到地址为 2000 开始的存储单元中。这种按变量地址存取变量值的方式称为“直接访问”方式。

在 C 语言中，还可以采用另一种称为“间接访问”的数据存取方式，将变量 i 的地址存放在另一个变量中。按 C 语言的规定，可以在程序中定义整型变量、实型变量、字符型变量等，也可以定义这样一种特殊的变量，它可以用来存放变量地址的。假设定义了一个变量 i_pointer，用来存放整型变量的地址。可以通过下面语句将 i 的起始地址 2000 存放到 i_pointer 中。

```
i_pointer=&i;
```

这时，i_pointer 的值就是 2000，即变量 i 的首地址。这样，i_pointer 就“指向”了 i 变量。要存取变量 i 的值，也可以采用间接方式：先找到存放“i 的地址”的变量 i_pointer，从中取出 i 的地址 2000，然后到 2000 和 2001 字节取出 i 的值 3。

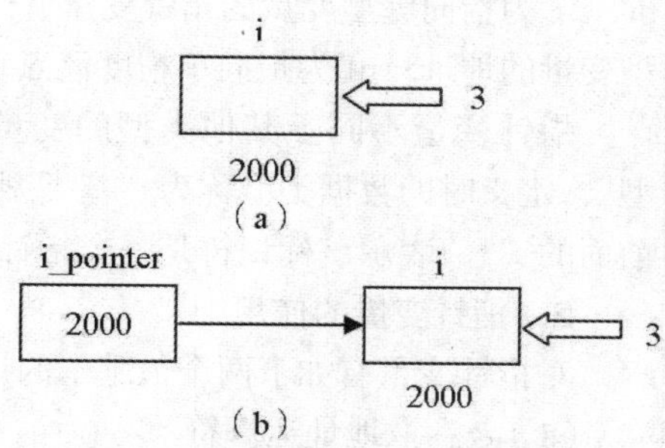

图 10-2　变量的直接访问和间接访问

图 10-2（a）表示直接访问，已经知道变量 i 的地址，根据此地址直接对变量 i 的存储单元进行存取访问（图示把数值 3 存放到 i 中）。图 10-2（b）表示间接访问，先找到存放变量 i 地址的变量 i_pointer，从其中得到变量 i 的地址，再根据 i 的地址找到变量 i 的存储单元，然后对它进行存取访问。

为了表示将数值 3 送到变量中，可以有两种表达方法：

（1）将 3 送到变量 i 所标识的单元中，如图 10-2（a）所示。

（2）将 3 送到变量 i_pointer 所“指向”的单元（即 i 所标识的单元）中，如图 10-2（b）所示。

所谓“指向”就是通过地址来体现的。假设 i_pointer 中的值是变量 i 的地址 2000，这样就在 i_pointer 和变量 i 之间建立起一种联系，即通过 i_pointer 能知道 i 的地址，从而找到变量 i 的内存单元。图 10-2（b）中以单线箭头表示这种“指向”关系。

一个变量的地址称为该变量的“指针”。例如，地址 2000 是变量 i 的指针；如果有一个变量专门用来存放另一个变量的地址（即指针），则它称为“指针变量”，指针变量就是存放地址的变量。上述的 i_pointer 就是一个指针变量。指针变量的值（即指针变量中存放的值）是地址即指针。要区分“指针”和“指针变量”这两个概念。例如，可以说变量 i 的指针是 2000，但不能说 i 的指针变量是 2000。指针是一个地址，而指针变量是存放地址的变量。

10.2　变量的指针与指针变量

从上面叙述可知，指针就是变量的地址。如果有一个变量专门用来存放另一变量的地址（即指针），则称它为指针变量，它和普通变量一样占有一定的存储空间。不同的是，指针变量的存储单元中存放的不是普通数据，而是一个地址值。

10.2.1　指针变量的定义及使用

1. 指针变量的定义

指针变量在使用之前必须进行定义，说明指针变量的类型。

指针变量定义的一般形式为：

数据类型 *标识符;

例如：

```
int i,j;
float f;
int *pi,*pj;
float *pf;
```

上面定义了两个整型变量 i、j，一个单精度浮点型变量 f，3 个指针变量 pi、pj 和 pf。其中 pi、pj 为指向整型变量的指针变量，pi、pj 变量中将要存放整型变量的地址，而不是其他数据类型变量的地址；pf 为指向单精度浮点型变量的指针变量。

指针变量不同于其他类型的变量，它是专门用来存放地址的，必须将它定义为“指针类型”，定义时的数据类型称为“基类型”，它是表示指针变量可以指向的变量的数据类型，标识符前面的“*”表示该标识符是一个指针变量，指针变量名为 pi、pj、pf，而不是*pi、*pj、*pf。

2. 指针变量的使用

对指针变量有如下两个最基本的运算。

（1）&：取地址运算符

单目运算符“&”的功能是取操作对象的地址。

其一般形式为：**&变量名。**

如 int a;，则 &a 表示变量 a 的地址。如果执行 printf("%u",&a);，输出的是 a 变量在内存中的地址编号。

（2）*：指针运算符（间接寻址运算符）

单目运算符“*”的功能是取操作对象所指存储单元的值，即按操作对象的内容（地址值）访问对应的存储单元。它与“&”互为逆运算。

例如：

```
int *pi,i,j;
i=5;
pi=&i;
```

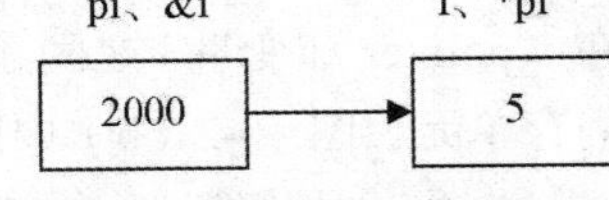

图 10-3　指针与变量的关系

将变量 i 的地址赋给指针变量 pi，即 pi 的内容是变量 i 的地址，习惯上称 pi 指向变量 i。通过这种运算，建立了 i 和 pi 之间的联系，这样变量 i 就又有了一种间接访问的方法——*pi。如图 10-3 所示。

假设 i 的地址为 2000，则&i 的值是 2000，pi 的值为 2000；i 的值是 5，*pi 的值是 5，* pi 就是 i 的又一种间接表示形式。

若又执行　j=*pi;

是将 pi 所指存储单元的内容 5 赋给变量 j，其中*pi 表示 pi 所指存储单元 i 的值。这条语句相当于 j=i。

例 10.1　指针的运用。

具体程序如下：

```
#include "stdio.h"
void main()
{
int a,b;
  int *pa,*pb;                        /*----①----*/
  a=100;b=10;
  pa=&a;                              /*----②----*/
  pb=&b;                              /*----③----*/
  printf("%d,%d\n",a,b);              /*----④----*/
```

```
    printf("%d,%d\n",*pa, *pb);                /*----⑤----*/
}
```

运行结果：

```
        100,10
        100,10
```

说明：

（1）在第①行虽然定义了两个指针变量 pa 和 pb，但它们并未被赋以初值，即它们未指向任何一个整型变量，只是提供两个指针变量，规定它们可以指向整型变量，至于指向哪一个整型变量，要在程序语句中指定。在这里特别需要注意的就是，指针变量必须先定义，后赋值，才能使用。无所指的指针变量是没有任何意义的，也是不可以使用的。程序第②行、第③行的作用就是使 pa 指向 a，pb 指向 b，此时 pa 的值为&a（即 a 的地址），pb 的值为&b。

（2）在第⑤行的*pa 和*pb 就是它们所指向的变量 a 和 b，第④行、第⑤行两个 printf 函数作用是相同的，用*pa 和*pb 的形式间接地输出了它们所指的对象的值。

3. &和*运算符的结合方向

"&"和"*"两个运算符优先级相同，按照从右至左方向结合。

例如：`int a, b, *p1, *p2;  p1=&a; p2=&b;`

第一种形式：`&*p1`

它的含义是什么？运算符右结合相当于&（*p1），因此先进行*p1 的运算，它就是变量 a，再执行&运算。因此，&* p1 与&a 等价。

如果有 p2=&*p1；它的作用是将&a（a 的地址）赋给 p2，此时 p2 也指向了 a 变量。

第二种形式：*&a

它的含义是什么？先进行&a 运算，就是 p1，再进行*运算，*&a 和*p1 的作用是一样的，它们等价于变量 a。即*&a 与 a 等价。

10.2.2　指针变量的初始化

与其他变量一样，指针变量在定义的同时可以对其赋值，即指针变量的初始化。

例如：

```
int a;
int *pa=&a;
```

定义 pa 指针变量时，给其初值赋一个变量 a 的地址，此处的"*"仅指明 pa 为指针变量。除此之外，也可以有以下形式：

```
int x;
int *px=&x;
int *py=px;
int *pc=0;
```

语句 int *py=px;，用已初始化的指针变量给另一个指针变量初始化。语句 int *pc=0;，此处的 0，是把指针变量初始化为一个空指针 NULL，也可以写成：

```
#define NULL (void *) 0
int *pc=NULL;
```

10.2.3　指针运算

指针变量是可以运算的，由于指针变量的内容为地址量，因此，指针运算实质为地址运算，

C 语言有一套适用于地址的运算规则，这套规则使 C 语言具有快速灵活的数据处理能力。指针变量允许以下运算。

1. 取地址——&

单目运算符&的功能，正如前面所说的，取操作对象的地址。例如，&i 为取变量 i 的地址，但是，对于常量、表达式以及寄存器变量不能取地址，即不允许以下书写形式：

```
&3
&(i+4)
register int x之后的&x
```

原因很简单，这些常量、变量、表达式和寄存器变量的值都不是存放在内存某个存储单元中，而是存放在寄存器里，寄存器无地址。

另外，在程序中取一个变量的地址时，必须在定义变量之后才可进行。

2. 取内容——*

单目运算符“*”的功能是按操作对象的内容（地址值）访问对应的存储单元。它与“&”互为逆运算。

例如：*p+=1 中的*p 是指 p 所指向的存储单元（变量）。

3. 赋值运算

指针变量可以被赋给某个变量的地址。

例如：
```
int *px, *py, *pz,x;
    px=&x;                      /*----①----*/
    py=NULL;                    /*----②----*/
```

语句①使得指针 px 指向变量 x；语句②赋空指针给 py。

在对指针变量赋值时需要注意：

（1）指针变量中只能存放地址（指针），不要将一个整数赋给一个指针变量。如：

```
pointer_1=100;     /*pointer_1 是指针变量，100 是整数，不合法*/
```

原意是想将地址 100 赋给指针变量 pointer_1，但是系统无法辨别它是地址，从形式上看 100 是整型常数，而常数不能赋给指针变量，判为非法。

（2）赋给指针变量的变量地址不能是任意的类型，而只能是与指针变量的基类型具有相同类型的变量的地址。例如，整型变量的地址可以赋给指向整型变量的指针变量，但浮点型变量的地址不能赋给指向整型变量的指针变量。分析下面的赋值：

```
float a;            /*定义 a 为 float 型变量*/
int *pointer_1;     /*定义 pointer_1 是基类型为 int 的指针变量*/
pointer_1=&a;       /*将 float 型变量的地址赋给基类型为 int 的指针变量，错误**/
```

4. 指针与整数的加减运算

（1）指针变量自增或自减运算。指针加 1 或减 1 单目运算，是指针向前或向后移动一个存储单元。加 1 向前移动一个存储单元的位置；减 1 向后移动一个存储单元的位置。

（2）指针变量加上或减去一个整数 n，其含义是指针由当前位置向前或向后移动 n 个存储单元位置。

例如：

```
int *p,i;
p=&i;
```

则 p+n 等价于&i+sizeof(i)*n，即从 i 这个地址向前移动 n 个单元地址，该单元的长度由指针类型决定，即由 sizeof(*p)的值决定。指针变量不能与 float、char、double 等类型数据相加减。

（3）指针相减。指针变量相减的充要条件是：两个指针不但要指向同一数据类型的目标，而且要求所指对象是唯一的。一般情况下，指向同一数组的两个指针，其相减的含义为两个地址之间相隔的存储单元个数加 1。而其相加却无意义。

5. 关系运算

同指针相减运算类似，两个指向同一数组的指针进行各种关系运算时才有意义。两指针之间的关系运算表示它们所指向的存储单元的相对位置。

例如：

px<py　　表示 px 所指的存储单元的地址是否小于 py 所指的存储单元的地址。

px==py　　表示 px 和 py 是否指向同一个存储单元。

px==0 与 px!=0　　表示 px 是否为空指针。

例 10.2　求字符串的实际长度。

具体程序如下：

```
#include "stdio.h"
void main()
{
  char a[256];                                     /*---①---*/
  char *p;
  scanf("%s",a);
  p=a;                                             /*---②---*/
  while(*p!= '\0') p++;                            /*---③---*/
  printf("The string length is %d\n",p-a);         /*---④---*/
}
```

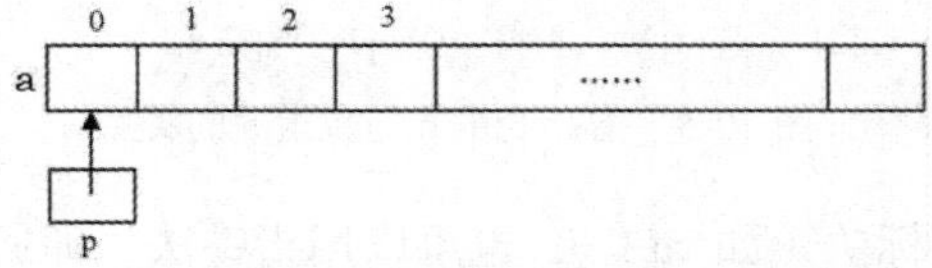

图 10-4　指针变量 p 与数组 a 的关系

运行输入：

　　china

运行结果：

　　5

说明：

（1）语句行①定义了一个至多可存放 255 个字符的字符数组 a（最后一个为字符串结束标志）及指针变量 p。

（2）语句行②中，p=a 的含义是将 a 数组的首地址（即 a[0]的地址）赋给指针变量 p，等价于 p=&a[0]。执行 p=a 之后，p 指向数组的第一个元素，如图 10-4 所示。

（3）语句行③中，p++逐步移动指针指向，则*p 依次判别 a[i]是否为字符串结束标志。

（4）语句行④中，用 p-a 输出被检测字符串的长度。p-a 为指针相减，p 表示字符串结束标志（'\0'）的存储单元位置，a 为字符数组的首地址，两者相减就是两地址之间的存储单元个数——字符个数，即字符串长度。

10.3 指针与数组

我们知道，对数组元素的访问可以通过数组下标来实现。有指针变量之后，又可以利用一个指向数组的指针来实现对数组元素的存取操作或其他运算。在 C 语言中，数组和指针关系密切，功能相似，而使用指针对数组元素的存取操作比用下标更方便、更迅速。

10.3.1 指向数组元素的指针

1. 指向数组元素的指针变量的定义和赋值

一个数组包含若干元素，数组中的所有元素在内存中占用连续的存储单元，每个数组元素都有相应的地址。指针变量既然可以指向变量，当然也可以指向数组元素（把某一元素的地址放到一个指针变量中）。所谓数组元素的指针就是数组元素的地址。可以用一个指针变量指向一个数组元素。例如：

```
int a[10];          /*定义 a 为包含 10 个整型数据的数组*/
int *p;             /*定义为指向整型变量的指针变量*/
p=&a[0];            /*把 a[0]元素的地址赋给指针变量 p*/
```

也就是使 p 指向 a 数组的第 0 个元素，如图 10-5 所示。

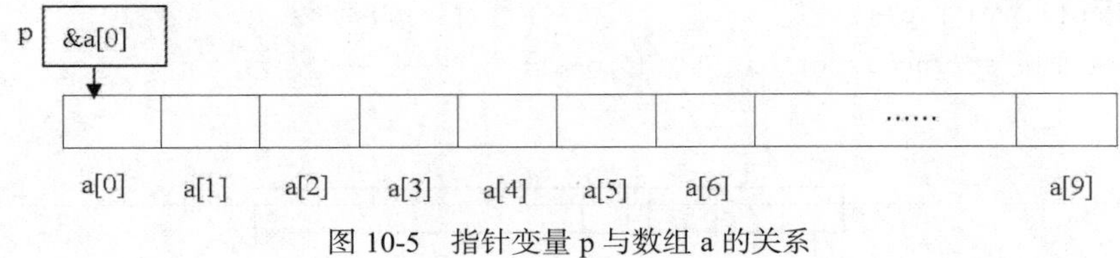

图 10-5　指针变量 p 与数组 a 的关系

引用数组元素可以用下标法（如 a[3]），也可以用指针法，即通过指向数组元素的指针变量找到所需的元素。使用指针法能使目标程序质量高（占内存少，运行速度快）。

在 C 语言中，数组名（不包括形参数组名，形参数组并不占据实际的内存单元）代表数组首元素（即序号为 0 的元素）的地址。因此，下面两个语句等价：

```
p=&a[0];
p=a;
```

注意数组名 a 不代表整个数组，上述“p=a;”的作用是“把 a 数组的首元素的地址赋给指针变量 p”，而不是“把数组 a 各元素的值赋给 p”。

在定义指针变量时可以对它赋初值：

```
int * p=&a[0];
```

它等效于下面两行：

```
int *p;
p=&a[0];
```

当然定义时也可以写成：

```
int *p=a;
```

它的作用是将数组 a 的首地址（即 a[0]的地址）赋给指针变量 p（而不是赋给*p）。

2．通过指针引用数组元素

C 语言规定在指针指向数组元素时，可以对指针进行以下运算：

加一个整数（用+或+=），如 p+1；

减一个整数（用-或-=），如 p-1；

自增运算，如 p++，++p；

自减运算，如 p--，--p；

两个指针相减，如 p1-p2（只有 pl 和 p2 都指向同一个数组中的元素时才有意义）。

分别说明如下：

（1）如果指针变量 p 已指向数组中的一个元素，则 p+1 指向同一数组中的下一个元素，p-1 指向同一数组中的上一个元素。注意：执行 p+1 时并不是将 p 的值（地址）简单地加 1，而是加一个数组元素所占用的字节数。例如，数组元素是 float 型，每个元素占 4 个字节，则 p+1 意味着使 p 的值（是地址）加 4 个字节，以使它指向下一元素。p+1 所代表的地址实际上是 p+1×d，d 是一个数组元素所占的字节数（在 VC 6.0 中，对 int 型，d＝4；对 float 型，d＝4；对 char 型，d＝1）。若 p 的值是 2000，则 p+1 的值不是 2001，而是 2004。

（2）如果 p 原来指向 a[0]，执行++p 后 p 的值改变了，这样 p 就指向数组的下一个元素 a[1]。

（3）如果 p 的初值为&a[0]，则 p+i 和 a+i 就是数组元素 a[i]的地址，或者说，它们指向 a 数组的第 i 个元素，这里需要注意的是 a 代表数组首元素的地址，a+i 也是地址，它的计算方法同 p+i，即它的实际地址为 a+i×d。例如，p+9 和 a+9 的值是&a[9]，它指向 a[9]。

（4）*(p+i)或*(a+i)是 p+i 或 a+i 所指向的数组元素，是 a[i]的指针表达形式。例如，*(p+5)或*(a+5)就是 a[5]。即*(p+5)，*(a+5)和 a[5]三者等价。实际上，在编译时对数组元素 a[i]就是按*(a+i)处理的，即按数组首元素的地址加上相对位移量得到要找的元素的地址，然后找出该单元中的内容。若数组 a 的首元素的地址为 1000，设数组为 float 型，则 a[3]的地址是这样计算的：1000+3×4＝1012，然后从 1012 地址所指向的 float 型单元取出元素的值，即 a[3]的值。可以看出，[ ]实际上是变址运算符，即将 a[i]按 a+i 计算地址，然后找出此地址单元中的值。

（5）如果指针变量 p1 和 p2 都指向同一数组，如执行 p2-p1 的结果是两个地址之差除以数组元素所占的内存长度。假设 p1 指向单精度浮点型数组元素 a[3]，p1 的值为 2012；p2 指向 a[5]，其值为 2020，则 p2-p1 的结果是(2020-2012) / 4=2 。这个结果是有意义的，表示 p2 所指的元素与 p1 所指的元素之间差 2 个元素，这样，人们就不需要具体地知道 p1 和 p2 的值，然后去计算它们的相对位置，而是直接用 p2-p1 就可知道它们所指元素的相对距离。

两个地址不能相加，如 pl+p2 是无实际意义的。

根据以上叙述，引用一个数组元素，可以用下面两种方法：

（1）下标法，如 a[i]或 p[i] 的形式；

（2）指针法，如*(a+i)或*(p+i)。其中 a 是数组名，p 是指向数组元素的指针变量，其初值 p＝a。

例 10.3 使用指针变量对数组元素进行访问。

具体程序如下：

```
#include  "stdio.h"
int a[]={0,1,2,3,4};
void main()
{
```

```
int i,*p;
  for(i=0;i<=4;i++)
printf("%d\t",a[i]);              /*----①----*/
putchar('\n');
for(p=&a[0];p<=&a[4];p++)
printf("%d\t",*p);                /*----②----*/
putchar('\n');
for(p=&a[0],i=1;i<=5;i++)
printf("%d\t",p[i]);              /*----③----*/
putchar('\n');
for(p=a,i=0;p+i<=a+4;p++,i++)
  printf("%d\t",*(p+i));          /*----④----*/
putchar('\n');
}
```

运行结果：

```
0       1       2       3       4
0       1       2       3       4
1       2       3       4       25637
0       2       4
```

说明：

（1）在 for 语句①中访问数组元素是通过 a+i 方式来计算元素地址；而在 for 语句②中，直接用指针变量指向数组元素，通过 p++使指针移动。因此，方法②比方法①时间上要快，但方法①比较直观，能直接知道第几个元素，如 a[3]或*(a+3)是数组中第 4 个元素，而 p++必须仔细分析当前指针之后才能正确判断。

两种输出方法在执行结果上完全相同，但效果并不完全一样。

（2）在 for 语句③中，p 的初值为&a[0]，且 1≤i≤5，因此 p[i]为 p[1]=1，p[2]=2，p[3]=3，p[4]=4，而 p[5]超出数组有效范围，为一随机数。

（3）在 for 语句④中，p、i 的初值分别为&a[0]、0，而循环过程中，p 和 i 的值同步增长。注意观察每次的 p++ 后，p 指针的位置和 p+i 此时指向哪个数组元素。

第 1 次循环：`*(p+i)=*(&a[0]+0)=0`

第 2 次循环：`p=&a[1],i=1`

`*(p+i)=*(&a[1]+1)=a[2]=2`

第 3 次循环：`p=&a[2],i=2`

`*(p+i)=*(&a[2]+2)=a[4]=4`

第 4 次循环：`p=&a[3],i=3`

`p+i=&a[3]+3>a+4`，循环条件不成立，循环结束。

在使用指针变量时，要注意以下三点：

（1）对指针变量的改变可以实现其自身的改变。p++及&p 均合法。但 a++或&a 却是非法的。

因为 a 是数组名，它是数组的首地址。该地址值在编译时确定，在程序运行期间固定不变，是常量。

（2）当 p+i 或 p-i 时，应考虑 p+i 或 p-i 所指向的实际存储单元是否在有效的范围内（数组存储区域），否则越界毫无意义。

（3）指针变量运算时的优先级要注意以下问题：

假设 p 指向数组 a，即 p=a，则

① *p++：由于++和*优先级相同，从右至左结合，因此它等价于*(p++)，而后缀符++为先用后自加，即先取 p 所指向的单元内容(为*p)，然后 p=p+1，指针向后移动；

② (*p)++：p 所指向单元的内容即数值加 1，不是指针值加 1；

③ *(++p)：先使 p 加 1，即指向下一个单元，然后取*p。

p--、(--p)的含义与以上所述类似，除此之外，还允许如 p[-i]，p[-i]即为*(p-i)，也就是说指针既可以向前移动，也可以向后移动，而数组名只能如 a+i，不能 a-i。

以上程序说明，通过指针变量可以用多种形式访问数组中的任意元素。

10.3.2 字符指针与字符数组

在 C 语言中，系统本身没有提供字符串数据类型，但我们可以用两种方法存储一个字符串：字符数组方式和字符指针方式。

1. 字符数组方式

例 10.4 字符数组方式实现字符串。

```
#include "stdio.h"
void main()
{
  static char s1[]="I love China!";
  printf("%s\n%c\t%c\n",s1,s1[0],* (s1+3));
}
```

运行结果：

```
      I love China!
      I     o
```

和前面讨论的数组一样，s1 是数组名，它代表字符数组的首地址，是地址常量（见图 10-6）。访问数组时，利用%s 对数组中存放的字符串进行整体输入/输出处理；对于其中成员，可以用普通下标访问方式或*(s1+3)指针方式。

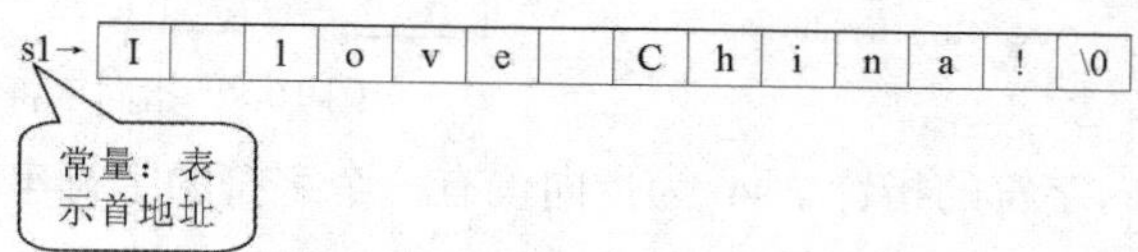

图 10-6 字符数组的存储结构

2. 用字符指针方式

例 10.5 字符指针方式实现字符串。

具体程序如下：

```
#include "stdio.h"
void main()
{
  char *s2="I love China!";
  char *s3,c;
  char *s4="w";
  s3=&c;
  *s3='H';
  s2=s2+2;
  printf("%s\t%c\t%s\n",s2,*s3,s4);
}
```

运行结果：

```
        love China!    H         w
```

说明：

此处没有定义字符数组，而定义了指向字符的指针变量 s2，并加以初始化。实际上，在系统编译时，系统为字符串分配一个内存空间（即存放字符串的字符数组），并将首地址赋给指针变量 s2，如图 10-7 所示。

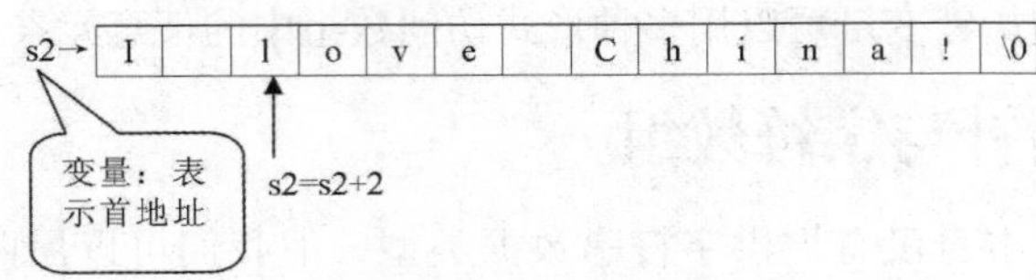

图 10-7　字符指针应用

在内存存放时，字符串的最后被自动加了一个'\0'，作为字符串的结束标志。

本程序中，由于 s2=s2+2， s2 指针移动了，指向了第 3 个字符开始的位置（见图 10-7），因此，在 printf()函数中，输出 love China!。由此可见，例 10.4 中的 s1 与本例中的 s2 两个标识符，它们都能处理字符串，差别在于 s1 是数组名，为地址常量，s2 是指针变量。所以

```
char *s2="I love China!";
```

可以用两语句

```
char *s2;和 s2="I love China!";
```

来代替，而

```
char s1[]="I love China!";
```

不能用

```
char *s1[];和 s1="I love China!";
```

来代替

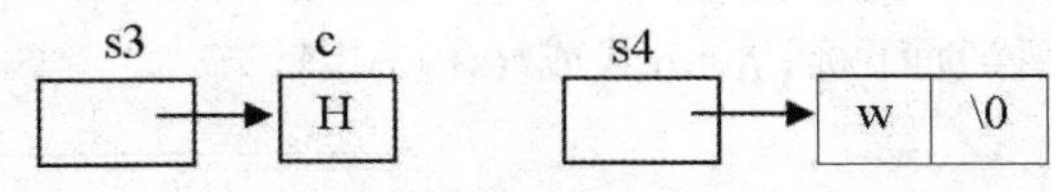

图 10-8　指向字符与指向字符串的区别

除此之外，s3 为指向字符的指针，s4 为指向仅有一个字符的字符串指针。两者的区别如图 10-8 所示。

指向字符的指针必须先指向一个字符变量，然后再间接访问该变量，如下书写是错误的：

```
void  main()
{
  char *s3, *s4;
  *s3='H';          /*  错！ s3 无实际所指空间 */
  s4="w";           /* 正确！系统先对字符串"w"分配空间，然后将串地址赋给 s4 */
  …
}
```

例 10.6　用数组将字符串 a 复制到字符串 b。

具体程序如下：

```
#include "stdio.h"
void main()
{
  char a[]="I am a boy.",b[20];
  int i;
```

```
  for(i=0;a[i]!= '\0';i++)    b[i]=a[i];
  b[i]= '\0';
  printf("String a is : %s\n",a);
  printf("String b ia : %s\n",b);
}
```

运行结果：

```
        String a is :  I am a boy.
        String b is :  I am a boy.
```

说明：

程序中 a 和 b 都定义为字符数组，可以用下标方式访问数组成员。在 for 语句中，先判断 a[i]是否为结束标志'\0'，如不是，则表示字符串尚未处理完，将 a[i]赋给 b[i]；在 for 语句结束后，应将'\0'赋给 b，故有

```
b[i]= '\0';
```

此时 i 的值应为字符串有效字符的个数加 1。

例 10.7　用指针变量实现复制字符串。

具体程序如下：

```
#include "stdio.h"
void main()
{
  char a[]="I am a boy.",b[20],*p1,*p2;
  int i;
  p1=a;p2=b;
  for(;*p1!='\0';p1++,p2++)
 *p2=*p1;
 *p2='\0';
  printf("String a is : %s\n",a);
  printf("String b is : %s\n",b);
}
```

运行结果：

```
        String a is : I am a boy.
        String b is : I am a boy.
```

说明：

本程序的执行结果与例 10.6 程序相同，只不过复制工作由指针变量 p1、p2 来完成，开始时 p1、p2 分别指向字符串 a、b 的首元素，*p2=*p1 之后（即复制之后），p1、p2 分别加 1，指向其下面的元素，直到*p1 的值为'\0'为止。

p1、p2 的值必须同步改变。

另外，上面程序可以写成以下程序，运行的结果相同。

例 10.8　复制字符串。

具体程序如下：

```
#include "stdio.h"
void main()
{
  char a[]="I am a boy.",*b;
  b=a;
  printf("String a is : %s\n",a);
```

```
  printf("String b is : %s\n",b);
}
```

但不能写成：

```
void main()
{
  char a[]="I am a boy.",*b,*p1,*p2;
  int i;
  p1=a;
  p2=b;                          /*  b 的值不定，出错 */
  for( ; *p1!= '\0';p1++,p2++)
    *p2=*p1;                     /*  p2 的值不定，故*p2 出错 */
  printf("String a is : %s\n",a);
  printf("String b is : %s\n",b);
}
```

对字符数组及字符指针要注意以下几点：

（1）字符数组由若干个数组元素组成，每个数组元素中存放一个字符，而字符指针变量中存放的是地址（字符串首地址），不是将字符串存放到字符指针变量中。

（2）对字符数组整体赋值，只能在初始化时进行；而对指针变量赋值，既可以在初始化时进行，又可以在可执行语句部分赋值。

（3）使用字符数组时，编译过程中就分配内存空间，数组有确定的地址（数组名为常量）；而定义一个字符指针变量时，仅给该指针变量分配内存空间，变量的内容不定，即并未指向一个具体的字符数据。所以

```
char str[10];
scanf("%s",str);
```

为正确书写；而

```
char *a;
scanf("%s",a);
```

为错误书写。

（4）数组名为常量，只能使用，不能改变；字符指针为变量，其值可以改变。

10.3.3 多级指针及指针数组

1. 多级指针

在前面的叙述中，一个指针变量指向一个相应数据类型的数据，但当所指的数据本身又是一个指针时，就构成了所谓的多级指针，如图 10-9 所示。

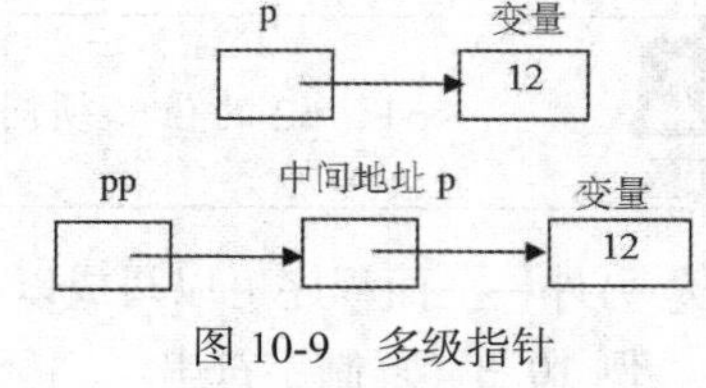

图 10-9　多级指针

其中 p 为一级指针，pp 为二级指针。

二级指针的定义形式如下所示：

数据类型　**标识符;

如图 10-9 所示，可做如下定义：

```
int **pp;
```

pp 为标识符，由于*运算符的结合性是从右到左结合，故**pp 相当于*(*pp)，括号内整体为一个指针变量，括号内的*pp 又表明 pp 为一个指针，由此定义了二级指针。在定义时，标识符前有多少个*，就表示多少级指针变量。

例 10.9　多级指针举例。

具体程序如下：

```
#include "stdio.h"
void main()
{
  int *p,i;
  int **pp;
  i=54;
  p=&i;
  pp=&p;
  printf("%u\t%u\n",&i,i);
  printf("%u\t%u\t%u\n",p, *p,&p);
  printf("%u\t%u\t%u\t%u\n",pp, *pp, * *pp,&pp);
}
```

运行结果：

```
1244992  54
1244992  54      1244996
1244996  1244992  54      1244988
```

说明：

读者自行运行时，可能变量的地址与本例的运行结果不一致。

地址值 1244992 为存储单元 i 的首地址；

地址值 1244996 为存储单元 p 的地址，单元中存放的内容为 i 的地址 1244992；

地址值 1244988 为存储单元 pp 的地址，单元中存放的内容为 p 的地址 1244996。

本程序中，int **pp 语句将 pp 说明为二级指针；pp=&p 语句取指针变量 p 的地址给二级指针 pp，使 i、p、pp 之间建立如图 10-10 所示关系。

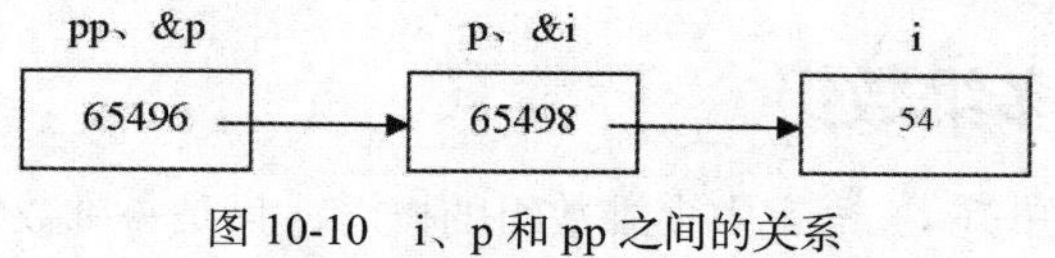

图 10-10　i、p 和 pp 之间的关系

由于 pp 为二级指针，所以 pp 的内容为地址，即 p 变量存储单元的地址。

pp 等价于*(*pp)，即(&p)=*p=i，所以可以通过指针 p 间接访问 i 变量，甚至可以通过指针 pp 间接又间接地访问 i 变量。

2. 指针数组

一系列有序的指针集合构成数组时，就构成了指针数组。指针数组中的每个元素都是一个指针变量，它们具有相同的存储类型和相同的数据类型。与普通数组一样，在使用数组之前必须先对其定义。定义的一般形式为：

存储类型 数据类型 *数组名[数组长度说明]；

例：`int *p[5];`

由于[]比*优先级高，因此 p 先与[]结合，构成有 5 个元素的数组 p[5]；然后再与前面的“*”结合，“*”表示其后的标识符 p[5]为指针变量，即数组的每个成员为指针变量。

指针数组在定义时也可赋值，即初始化。但必须注意：

（1）只有静态型和外部型的指针数组才可以进行初始化。

（2）不能用自动型变量的地址去初始化静态型指针数组。

（3）int(*p)[5]的含义与 int *p[5]不同，后者为指针数组，前者为指向一维数组的指针变量。

例 10.10　指针数组举例。

具体程序如下：

```
#include "stdio.h"
void  main()
{
  int a[5]={2,4,6,8,9};                                          /*---①---*/
  int *num[5]={&a[0],&a[1],&a[2],&a[3],&a[4]};                  /*---②---*/
  int **p,i;                                                    /*---③---*/
  p=num;
  for(i=0;i<5;i++)
  {
     printf("%d\t",**p);
     p++;
  }
}
```

运行结果：

```
        2        4        6        8        9
```

说明：

（1）语句①定义一个数组 a[5]，并对其初始化。

（2）语句②利用语句①的结果，对指针数组 num[5]定义并进行了初始化。

图 10-11　指针数组

（3）语句③定义二级指针 p，由于 num 为数组名，即&num[0]值，运行 p=num 之后，建立如图 10-11 的指向关系。

通过**p，可以逐个输出。

10.3.4　指针与多维数组

在数组讨论中，我们知道 C 语言中多维数组的概念，只是一维数组的每一个成员还是一个一维数组，以此类推，构成多维数组。

指针可以指向一维数组，也可以指向多维数组。但在概念和使用上，多维数组的指针比一维数组的指针要复杂。

1. 多维数组的地址

为了说明多维数组的指针，我们以二维数组为例介绍多维数组的性质，弄清多维数组的地址。

例如：`int a[4][2]={{1,2},{3,4},{5,6},{7,8}};`

我们可以将二维数组 a 看成是由 4 个一维数组构成的一维数组，a 是该一维数组的数组名，代表该一维数组的首地址，a 数组包含 4 个元素：a[0]、a[1]、a[2]、a[3]。a[0]、a[1]、a[2]、a[3]4 个元素分别看成是由 2 个整型元素组成的一维数组，因此，如 a[0]就可看成又由 a[0][0]、a[0][1]组成的一维数组，a[0]就是这个一维数组的数组名，如图 10-12 所示。

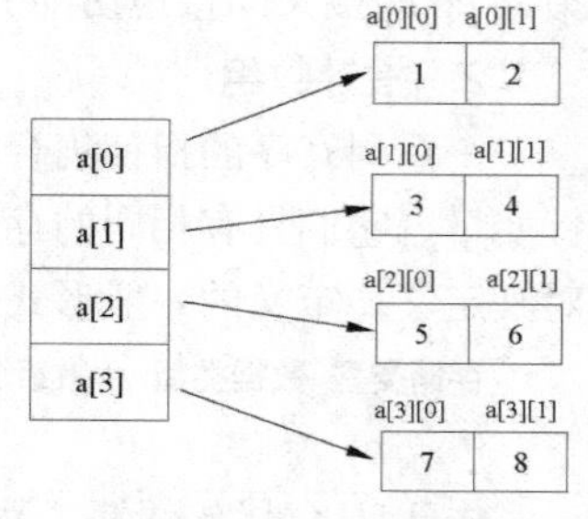

图 10-12　二维数组表示

从数组的概念上讲，a 是数组名，它代表该数组的第一个元素的地址，即 a+0=&a[0]。从而，a+1=&a[1]，a+2=&a[2]，…。

从二维数组的角度来看，a 代表整个二维数组的首地址，即第 0 行的首地址。a+1 代表第一行的首地址，a+2 代表第二行的首地址。a 代表整个二维数组的首地址，即第 0 行第 0 列的元素地址(&a[0][0])。a+1 代表第一行的首地址，即&a[1][0]，从而 a+2=&a[2][0]，…。

由一维数组角度来看，a[0]、a[1]、a[2]、a[3]都是第二层一维数组的名字，而 C 语言规定数组名代表数组的首地址，因此 a[0]=&a[0][0]，a[1]=&a[1][0]，a[2]=&a[2][0]，a[3]=&a[3][0]。

由以上叙述，我们可以得到以下数组元素的地址值及它们之间的关系：

```
a=&a[0]=&a[0][0]                -----①
a[0]=&a[0][0]                   -----②
a+1=&a[1]=&a[1][0]              -----③
a[0]+1=&a[0][1]                 -----④
```

从①、②等式中，可以得到 a=&a[0]=a[0]=&a[0][0]，这几种形式都表示是 a[0][0]的地址，&a[0]和 a[0]都表示同一地址，它们的差别在于表示形式上的不同而已。因此 a[0]+1 和*(a+0)+1 都是&a[0][1]地址表示方式，a[1]+2 和*(a+1)+2 的值都是&a[1][2]。

进一步分析，如何可以得到 a[0][1]的值呢？ 用地址如何表示呢？

很简单，用“*”取内容运算符。

由 a[0]+1=&a[0][1]

得：a[0][1]=*(&a[0][1])=*(a[0]+1)=*(*(a+0)+1)

即*(*(a+i)+j)表示 a[i][j]的值。注意：*(*(a+i)+j)与*(*a+i+j)不同。请注意思考。有必要对 a[i]的性质作进一步说明。a[i]从形式上看是 a 数组中第 i 个元素。如果 a 是一维数组名，则 a[i]代表 a 数组第 i 个元素所占的单元内容，a[i]是有物理地址的，它占有内存空间；若 a 是二维数组，则 a[i]代表一维数组名，a[i]本身并不占实际的内存单元，它也不存放 a 数组中各个元素的值，但它有一定语义，表示一个地址（如同一个一维数组名并不占内存单元而只代表地址一样）。a、a+i、a[i]、*(a+i)、*(a+i)+j、a[i]+j 都表示地址；*(*(a+i))、*(*(a+i)+j)表示数组元素的值。结论如图 10-13 所示。

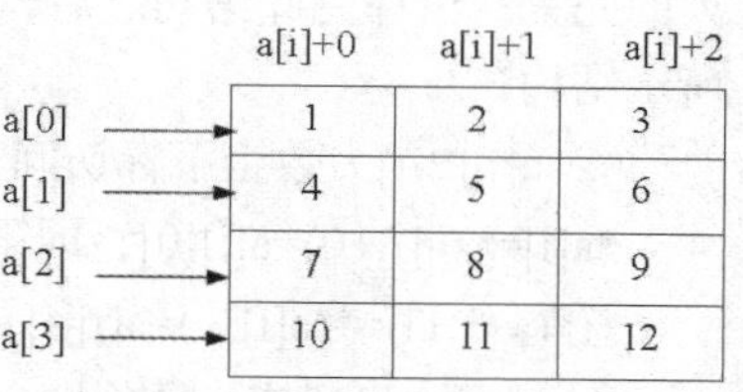

图 10-13　二维数组概念举例

下面列出了各种形式各自所代表的含义。

表示形式	含义	地址
a	数组名，数组首地址	2000
a[0],*(a+0),*a	a[0][0]的地址	2000
a+1,&a[1]	a[1]的地址	2012
a[1],*(a+1)	a[1]的地址	2012
a[1]+2,*(a+1)+2,&a[1][2]	a[1][2]地址	2020
(a[1]+2),(*(a+1)+2),a[1][2]	a[1][2]的值	6

望读者仔细体会其中的含义，分析清楚其中的表示形式到底是表示地址的还是表示值的。

2. 多维数组的指针

有了上面的概念以后，可以用指针变量指向多维数组及其元素。

例 10.11　用指针访问多维数组元素。

具体程序如下：

```
#include "stdio.h"
int a[3][3]={{1,2,3},{4,5,6},{7,8,9}};                /*--①--*/
int *pa[3]={a[0],a[1],a[2]};                          /*--②--*/
int *p=a[0];                                          /*--③--*/
void main()
{
```

```
  int i;
  for(i=0;i<3;i++)                                    /*--④--*/
    printf("%d\t%d\t%d\n",a[i][2-i],*a[i],*(*(a+i)+i));
  for(i=0;i<3;i++)                                    /*--⑤--*/
    printf("%d\t%d\n",*pa[i],p[i]);
}
```

运行结果：

```
        3       1       1
        5       4       5
        7       7       9
        1       1
        4       2
        7       3
```

程序说明：

① 定义一个二维数组 a[3][3]，并对其初始化。

② 定义并初始化一个指针数组 pa[3]，它的初值分别为第 0 行第 0 列，第 1 行第 0 列，第 2 行第 0 列元素的地址。

③ 定义一个指针变量 p，并指向数组 a 的第 0 行第 0 列的元素。编译完此语句之后，p、pa、a 之间有如图 10-14 所示结构。

		p↓		
pa[0]	→a[0]	1	2	3
pa[1]	→a[1]	4	5	6
pa[2]	→a[2]	7	8	9

图 10-14　指针访问二维数组元素举例

④ a[i][2-i]为数组下标访问方式。

a[i]=(a[i]+0)=a[i][0]，即第 i 行的第 0 列元素值；

((a+i)+i)=*(a[i]+i)=a[i][i]，即第 i 行第 i 列的元素值。

⑤ 由于 pa[]为指针数组，pa[i]的值为 a[i]，故*pa[i]=*a[i]，与④相同，即第 i 行第 0 列元素的值。

对于 p[i]，由于 p 为指针变量，因此有 p[i]=*(p+i)=*(a[0]+i)=a[0][i]，即第 0 行第 i 列元素的值。

读者务必记住：a[i][j]与*(*(a+i)+j)两种表达式的等价关系。

10.4　指针与函数

我们已介绍了 C 语言函数间传递数据的传值方式、全局变量和 return 语句等。函数的参数为整型、实型、字符型等，除此之外，函数的参数还可以为指针类型，以实现函数间的传址方式，或者说达到一次调用得到多个值的效果。

10.4.1　函数参数为指针

1. 指针作函数参数

例 10.12　用指针作函数参数交换两个变量的值，按两个数据大小顺序输出。

具体程序如下：

```
#include "stdio.h"
void main()
{
  int x,y;
  int *p1,*p2;
```

```
  void swap();
  scanf("%d,%d",&x,&y);
  p1=&x;p2=&y;
  if(x<y)
  swap(p1,p2);
  printf("\n%d\t%d\n",x,y);
}

swap(int *px,int *py)
{
  int temp;
  temp=*px;
  *px=*py;
  *py=temp;
}
```

运行输入：

    <u>7,10</u>

运行结果：

```
    10      7
```

说明：

swap()为用户定义的函数，它的两个形参 px、py 为指针变量。程序开始执行时，先输入 x、y 的值，然后将 x、y 的地址赋给指针变量 p1 和 p2。执行 if 语句之前，得到如图 10-15 (a)所示关系。

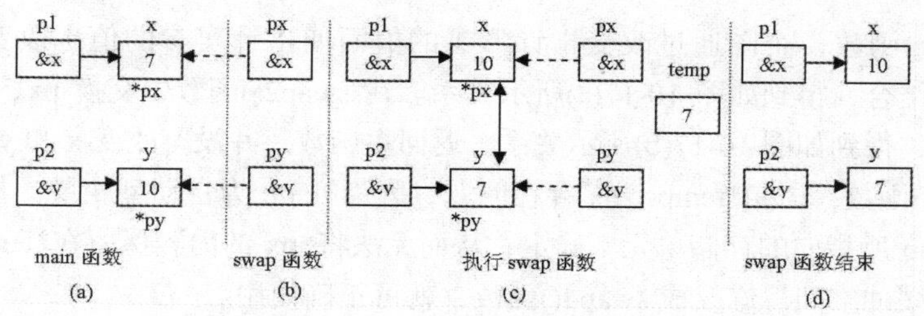

图 10-15 指针作为函数参数的调用过程

执行 if 语句时，如果 x<y，调用函数 swap()。调用开始时，形实结合。将作为实参的指针变量 p1、p2 的值（x、y 的地址）分别传递给形参 px、py（注意：依然用“传值方式”），得到图 10-15(b)所示关系，即作为形参的指针变量 px、py 也指向了 x、y。执行函数 swap()时，使*px、*py 的值互换，也就是 x、y 的值互换。互换后的情况如图 10-15(c)所示。

函数调用结束后，px、py 变量所占存储空间被释放，情况如图 10-15 (d)所示。执行函数 swap()，它的作用是通过函数调用、通过指针变量间接的交换两个变量 x、y 的值。

接下来我们进一步讨论：

当 swap()函数写成以下形式时，情况又如何？

```
swap1(int px,int py)
{
  int temp;
  temp=px;
  px=py;
  py=temp;
}
```

假设主函数中调用语句为 swap1(x,y)，程序执行时，当 if 语句成立，调用交换函数时应写成

swap1()，通过形实传值结合，可以得出如图 10-16(a)所示关系。swap1 函数中执行值互换如图 10-16(b)所示，swap1 函数结束，返回主函数，得出图 10-16(c)所示结果。

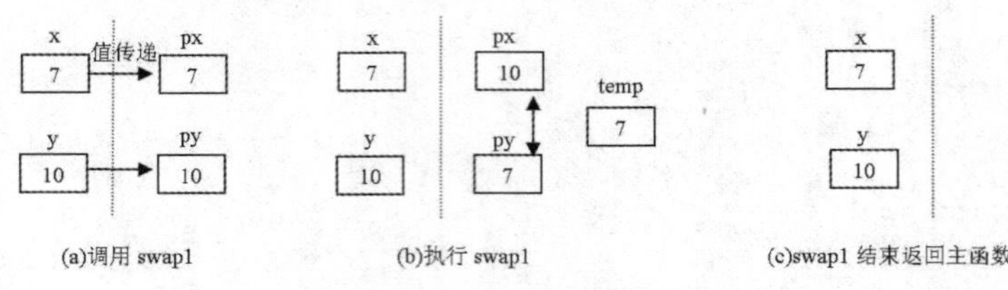

图 10-16　传值方式调用

函数 swap1()结束时，形式参数 px、py 存储单元被释放，交换的结果没有传递到主函数变量 x、y 中，因此，没有实现交换的目的。这就是所谓传值方式无法改变主调函数中的实参数值。另外，将 swap()写成以下函数形式，也存在问题。

```
swap2(int *px,int *py)
{
   int *temp;
   temp=px;
   px=py;
   py=temp;
}
```

```
swap3(int *px,int *py)
{
   int   *temp;
   *temp=*px;
   *px=*py;
   *py=*temp;
}
```

分析：

对于 swap2()函数，企图通过改变指针形参的值而使指针实参的值也改变。执行 swap2()时，由形实传值结合，得到如图 10-17(a)所示关系。在 swap2()函数中交换 px、py 值，实际是交换了它们的指向，得到如图 10-17(b)所示关系。返回主函数，并没有改变 x 和 y 的值。

对于 swap3()函数，语句*temp=*px 存在问题，因为 temp 为自动型变量，其初值不确定，因此*temp，即 temp 所指向的存储单元不确定，从而无法将*px 的内容保留在*temp 中。若使 temp 指向临时使用的缓冲空间，修改成 swap4()函数，就可正确使用。

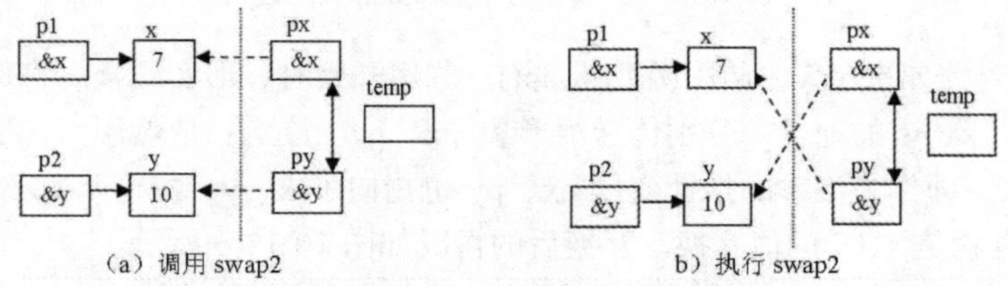

图 10-17　无法改变实参指针变量的值

```
swap4(int *px,int *py)
{
  int *temp;
  int k;
  temp=&k;
  *temp=*px;
  *px=*py;
  *py=*temp;
}
```

2. 数组名作函数参数时使用指针变量

在函数一章中，我们已经介绍了数组名可以作函数的形参和实参，当用数组名作参数时，在调用函数时实际上是把数组的首地址传递给形参，这样实参数组与形参数组共同占用同一段内存，如果形参数组中各元素的值发生变化，实际上也是实参数组元素的值在变化。

既然指针变量可以作为函数参数，数组和指针又有很密切的关系，也就有了以下几种关于数组名作为函数参数与指针变量的关系。

归纳起来，如果有一个实参数组，实参与形参的对应关系有以下4种情况。

（1）形参和实参都用数组名，如：

```
void main()
{
  int a[10];
...
  f(a,10);
  ...
}
f(int x[],int n)
{
...
}
```

程序中实参a和形参x都已定义为数组。如前所述，传递的是a数组的首地址。a和x数组共用一段内存单元，也可以说，在调用函数期间，a和x指的是同一个数组。

（2）实参用数组名，形参用指针变量。如：

```
void main()
{
  int a[10];
...
 f(a,10)
...
}
f(int *x,int n)
{
...
}
```

实参 a 为数组名，形参 x 为指向整型变量的指针变量，函数开始执行时，x 指向 a[0]，即x=&a[0]。通过x值的改变，可以指向a数组的任一元素。

（3）实参、形参都用指针变量。例如：

```
void main()
{
 int a[10],*p;
 p=a;
...
f(p,10);
...
}
f(int *x,int n)
{
...
}
```

实参p和形参x都是指针变量。先使实参指针变量p指向数组a，p的值是&a[0]。然后将p的值传给形参指针变量 x，x 的初始值也是&a[0]，通过 x 值的改变可以使 x 指向数组 a 的任一元素。

（4）实参为指针变量，形参为数组名。如：

```
void main()
{
 int a[10], *p;
 p=a;
...
 f(p,10);
...
}
f(int x[],int n)
{
...
}
```

实参 p 为指针变量，它的值为&a[0]，形参 x 为数组名，先使指针变量 p 指向 a[0]，即 p=a 或 p=&a[0]，然后将 p 的值传给形参数组名 x，也就是形参数组名 x 取得 a 数组的首地址，即：使 x 数组和 a 数组共用同一段内存单元，在函数执行过程中可以使 x[i]值变化，它就是 a[i]。

例 10.13 从 10 个数中找出其中最大值和最小值。

分析：本题不要求改变数组元素的值，只要求得到最大值和最小值，而函数只能得到一个返回值，今用全局变量在函数之间传递数据。

具体程序如下：

```
#include "stdio.h"
int Max,Min;
void max_min_value(int array[],int n)
{
 int *p, *array_end;
 array_end=array+n;
 Max=Min=*array;
 for (p=array+1;p<array_end;p++)
   if (*p>Max)
     Max=*p;
   else
     if (*p<Min) Min=*p;
}

void main()
{
 int i,number[10];
 void max_min_value();
 printf ("enter 10 data\n");
 for (i=0;i<10;i++)
 scanf("%d",&number[i]);
 max_min_value (number,10);
 printf ("\nMax=%d,Min=%d\n",Max,Min);
}
```

运行输入：

```
enter 10 data
-2 4 6 8 0 -3 45 67 89 100
```

运行结果：

```
Max=100,Min=-3
```

说明：

本例中，实参和形参都用到数组名。在函数 max_min_value 中求出的最大值和最小值放在 Max 和 Min 中。由于它们是全局变量，因此在主函数中可以直接使用。

函数 max_min_value 中的语句：

```
Max=Min=*array;
```

array 是形参数组名，它接收从实参数组 number 传来的 number 的首地址。array 是形参数组的首地址，*array 相当于*（array+0），即 array[0]。上述语句与下面语句等价：

```
Max=Min=array[0];
```

在执行 for 循环时，p 的初值 array+1，也就是使 p 指向 array[1]。以后每次执行 p++，使 p 指向下一个元素。每次将*p 和 Max 与 Min 比较，将大者放入 Max，小者放入 Min。

与上例相似，函数 max_min_value 的形参 array 可以改为指针变量类型。即将该函数中的定义部分

```
int array[],n;
```

改为

```
int *array,n;
```

效果相同。

另外实参和形参也可以用指针变量。程序可改为：

```
#include "stdio.h"
int  Max,Min;
void max_min_value(int * array, int n)
{
  int *p, *array_end;
  array_end=array+n;
  Max=Min=*array;
  for(p=array+1;p<array_end;p++)
    if (*p>Max)
      Max=*p;
    else
    if (*p<Min)
        Min=*p;
   return;
}
void main()
{
  int i,number[10],*p;
  void max_min_value();
   p=number;
   printf("enter 10 data\n");
   for (i=0;i<10;i++,p++)
     scanf("%d",p);
   p=number;
   max_min_value(p,10);
   printf("\nMax=%d,Min=%d\n",Max,Min);
}
```

3．函数返回多个值

当使用简单数据类型做函数参数时，可以通过函数的 return 语句，获得一个函数返回值。但指针做函数参数时，由于指针能保留函数执行时的某种结果，因而用指针做函数的参数也可以带

来函数某种返回值。这样，与 return 一起实现多个返回值。

例 10.14　将字符串 t 复制到 s 中，并返回被复制的字符个数。

具体程序如下：

```
#include "stdio.h"
int strcopy(int *s,int *t)
{
  int i;
  i=0;
  while((*s=*t)!='\0')
   {
     s++;
     t++;
     i++;
   }
  return(i);
}
```

说明：

将 s++、t++与*s=*t 结合起来，可以写成：

```
while((*s++=*t++)!='\0') i++;
```

由于 NULL 即为'\0'，它的 ASCII 码值就为 0，而 C 语言中假用 0 表示，因此又可写成：

```
int strcopy(char *s, char *t)
{
  int i=0;
  while(*s++=*t++)
    i++;
  return(i);
}
```

这样，函数 strcopy()通过 return 语句返回从 t 复制到 s 字符串的字符个数。同时由字符指针 s 所对应的实参的值（地址），在主调函数中可得到被复制的结果，请读者自行尝试写出主调函数。

另外，由于数组名为数组第一个元素的地址，即指针，因而数组名也可以作函数的参数。不过，数组名作实参时，应注意数组的实际大小，不能越界。

10.4.2　函数的返回值为指针

函数的数据类型决定了函数返回值的数据类型。一个函数可以返回一个整型值、字符值、实型值等，也可以返回指针型的数据，即地址。当函数的返回值是一个地址时，称这类函数为返回指针的函数。它定义的一般形式为：

```
数据类型 *函数名(参数表)
{
  函数体
}
```

例如：

```
int *f(x,y)
{
   …
}
```

f 是函数名，调用它以后可以得到一个指向整型数据的指针（地址）；x、y 是函数 f 的形式参数。在标识符 f 之前有一个“*”，由于运算符*的优先级低于()运算符，因此，f 先与()结合，指明 f 为函数。这个函数前面有一个*表示此函数的返回值为指针。最前面的 int 表明返回的指针指向整型变量。

在返回值为指针的函数调用时，接收该函数返回值的变量必须是指针，且该指针类型与函数返回值的指针类型相同。

在函数调用之前还需要说明，说明的一般形式为：

数据类型 *函数名()；

例 10.15 在一个字符数组中查找一个给定的字符，如果找到则输出以该字符开始的字符串，否则输出“NO FOUND THIS CHARACTER”。

具体程序如下：

```
#include "stdio.h"
void main()
{
  char s[80],*p,ch,*match();                              /*--①--*/
  gets(s);
  ch=getchar();                                           /*--②--*/
  p=match(ch,s);                                          /*--③--*/
  if(p)
    printf("there is the string: %s\n",p);                /*--④--*/
  else
    printf("NO FOUND THIS CHARACTER\n");
}
char *match(char c,char *s)                               /*--⑤--*/
{
  int count=0;
  while(c!=s[count]&&s[count]!='\0')count++;              /*--⑥--*/
  if(c==s[count])                                         /*--⑦--*/
    return(&s[count]);
  return(0);
}
```

运行输入：

wertypooypi
y

运行结果：

```
there is the string: ypooypi
```

说明：

（1）语句行①定义了字符数组 s，字符变量 ch，字符型指针 p，以及说明了返回指向字符的指针函数 match()。

（2）语句行②用 getchar()函数读取一个字符并赋给 ch，将查找它是否在由 gets(s)输入的字符串中。

（3）语句行③调用 match()函数进行查找，其返回值赋给字符指针变量 p。

（4）语句行④如返回值非零，则输出该字符开始的子字符串，否则输出 NO FOUND THIS CHARACTER。此处 p 的真或假（实质为零或非零）表明指针变量 p 是否为空指针。

（5）语句行⑤定义返回值为字符指针的函数 match()，c、s 分别为字符型和字符指针的形式参数。c 接收的是待查找的字符，采用传值方式传递数据；s 接收的是被查字符串的首地址，采用的是传址方式传递数据。

（6）语句行⑥用 while 循环进行查找，其控制表达式是：

```
c!=s[count]&&s[count]!= '\0';
```

只有在查到或被查找字符串已经结束时才结束循环，否则继续往下查找。

（7）语句行⑦退出循环后检查 c 与 s[count]是否相等，如相等则表明找到了，否则表明没有找到。

10.4.3 指向函数的指针

1. 什么是指向函数的指针

在 C 语言中，函数的定义是不能嵌套的，即不能在一个函数的定义中再对其他函数进行定义，整个函数也不能作为参数在函数之间进行传递。那么，怎样实现整个函数在函数之间的传递呢?

通过前面我们知道，数组名表示该数组在内存区域的首地址，可以把数组名赋予具有相同数据类型的指针变量，使指针指向该数组。函数名也具有数组名的上述特性，也就是说，函数名表示该函数在内存存储区域的首地址，即函数执行的入口地址。在程序中调用函数时，程序控制流程转移的位置就是函数名给定的入口地址。

把一个函数名赋给指针变量时，指针变量的内容就是该函数在内存存储区域的首地址。我们把这种指针称为指向函数的指针，简称为函数指针。

它的一般定义为：

数据类型 (*函数指针名)( );

其存储类型是函数指针本身的存储属性，数据类型则是函数指针所指向的函数所具有的数据类型。

函数指针和其他指针的性质基本相同。在程序中不能使用不确定的函数指针。函数指针被赋予某个函数名时，该函数指针就指向了那个函数，这时的函数指针指向的是这个函数在内存的代码存储区，也就是说这个函数指针获得了函数的调用控制权。

注意以下说明的不同含义：

```
int  p1();          是普通函数的说明；
int  *p2();         表示 p2()函数返回值为指向 int 的指针；
int  (*p3)( );      表示 p3 为指向函数的指针变量，该函数返回一个整型量。
```

2. 用函数指针变量调用函数

如果想调用一个函数，除了可以通过函数名调用以外，还可以通过指向函数的指针变量来调用该函数。

例 10.16 用函数求 a 和 b 中的大者，分别用函数名和指向函数的指针变量调用函数。

（1）通过函数名调用函数。

具体程序如下：

```
#include  "stdio.h"
int max(int x, int y)
{
  int z;
      z=(x>y)?x:y;
      return(z);
    }
void main()
   {
```

```
    int a,b,c;
    int max();
    scanf("%d,%d", &a, &b);
    c=max(a,b);                          /*用函数名调用函数*/
    printf("max=%d\n", c);
  }
```

运行输入：

<u>1,2</u>

运行结果：

max=2

这个程序是很容易理解的。

（2）通过指针变量来访问它指向的函数。

将程序改写为：

```
#include  "stdio.h"
int max(int x, int y)
{
  int z;
  z=(x>y)?x:y;
  return(z);
}
void main()
{
  int max();                         /* ①函数原型说明 */
  int a,b,c;
  int (*p)();                        /* ②定义函数指针 */
  p=max;                             /* ③函数指针指向这个函数 */
  scanf("%d ,%d", &a, &b);
  c=(*p)(a,b);                       /* ④用函数指针调用函数 */
  printf("max=%d\n", c);
}
```

对于指向函数的指针变量，如例 10.16 中注释的顺序和执行步骤应该是缺一不可的，另外，因为函数是语句的集合，它们构成操作的完整含义，每条孤立的语句都是无意义的，所以不能对函数指针进行其他运算，例如p+n、p++、p--等运算都是无意义的。

本例只是为了讲述函数传递使用的简单例子，在需要把几个不同函数传递给同一执行过程时，才显示出指向函数的指针的优越性。

以下程序请读者自行阅读、理解。

```
# include  " math.h"
# include  "stdio.h"
double  tra(double  (*f1)() , double  (*f2)() , double  y)
{  return ((*f1)(y) / (*f2)(y)) ; }
void  main ()
{
 double yt,yc;
 yt= tra( sin, cos, 60*3.14/180.0 );
 yc=tra(cos , sin, 60*3.14/180.0);
 printf(" yt=%lf\n yc=%lf\n", yt, yc);
}
```

10.4.4 命令行参数

在 C 语言中，每一个程序由若干个函数所组成，而每个函数都可以带参数，且实参由主调函数提供，那么主函数能否带参数？如果能，那它的形参是如何表示，实参又是谁提供的？

我们知道，在操作系统状态下，为了实现某种工作而键入一行字符称为命令行。命令行一般以回车键<CR>作为结束符。命令行中必须有可执行文件名，此外还经常有若干参数，如在 DOS 中，比较两个文件是否相同的操作如下：

```
C:\>comp file1 file2 <CR>
```

其中，comp 为可执行文件名，file1、file2 是命令行参数。在命令行中可执行文件名与各个参数及各参数之间用空格分隔，而可执行文件名和各个参数中不准带有空格符。

在 ANSI C 编译系统中，将 C 语言程序，即 main()看做是由操作系统调用的函数。从而在操作系统看来，main()函数也是被调用函数，可以带参数，且它的实参在程序执行时由命令行提供给它。事实上，在程序中处理命令行参数是多级指针的工作方式。带有参数的 main()函数，一般写成下列形式：

```
void  main(int argc, char *argv[])
{
   …
}
```

main()函数带有两个形式参数 argc 和 argv，这两个参数的名字可以由用户任意命名，但习惯上都使用上述名字。从参数说明中可以看出，形式参数 argc 是整型的，argv 则是字符型指针数组，它指向多个字符串。这些参数在程序运行时由操作系统对它们进行初始化。初始化的结果是：argc 的值是命令行中可执行文件名和所有参数串的个数之和。argv[]指针数组的各个指针分别指向命令行中可执行文件名和所有参数的字符串，其中指针数组 argv[0]总是指向可执行文件名字符串。从 argv[1]开始依次指向命令行参数的各个字符串。

例如，键入命令行为：

```
comp file1 file2
```

则程序接收的参数如图 10-18 所示。

图 10-18　命令行参数

例 10.17　在程序中输出命令行参数的内容。

具体程序如下：

```
#include "stdio.h"
void main(int argc, char *argv[])
{
  int i;
  printf("argc=%d\n",argc);                           /*--①--*/
  printf("command name:%s\n",argv[0]);                /*--②--*/
  for(i=1;i<argc;i++)                                 /*--③--*/
  printf("Argument %d:%s\n",i,argv[i]);
}
```

假若本程序的文件名为 text.c，经编译连接后得到的可执行文件名为 text.exe，则在操作命令工作方式下，可以输入以下命令行：

```
C:\>text ddd hope
```

运行结果：

```
argc=3
```

```
command name: C: \TC\text.EXE
Argument1: ddd
Argument2: hope
```

说明：

（1）语句行①输出命令行参数个数。

（2）语句行②输出可执行文件名（可执行文件在 C 盘的 TC 目录下，文件名为 text.exe）。

（3）语句行③输出各个参数值。

（4）由于指针和字符串数组的等价性，形式参数 argv 也可以使用二级指针形式，可将例 10.17 程序中语句行③中的 for 循环改为 while 循环，将*argv[]改为**argv，将 argv[i]改为*argv++即可。

其程序如下：

```
#include "stdio.h"
void main(int argc, char **argv)
{
  int i=1;
  printf("argc= %d\n",argc);
  printf("command name : %s\n",*argv++);
  while(--argc>0)
    printf("Argument %d: %s\n",i++,*argv++);
}
```

10.5　指针与结构体

在 C 语言中，对于结构体变量也可用一个指针变量来指向，这称为指向结构体的指针，简称结构体指针。

10.5.1　结构体指针与指向结构体数组的指针

1. 结构体指针的定义及使用

一个结构体指针变量保存的是结构体的存储空间的首地址。结构体指针定义的一般形式：

struct　结构体类型名　*结构体指针变量名;

例如：

```
struct student
{
  long int num;
  char name[20];
  char sex;
}st;
struct student *p;
p=&st;
```

student 为结构体类型名，p 为指向结构体类型 student 的指针变量，st 为结构体类型 student 的变量，经过 p=&st 之后，p 指向结构体变量 st 的首地址。

对于结构体指针变量的操作，与前面介绍的其他类型指针变量相同，例如，指针变量可以加 1 或减 1，只不过跳过的字节数取决于所指结构体类型的长度；结构体指针变量也可以作函数的参数或函数的返回值；指向相同结构体类型的指针变量可以组成一个数组，即结构体指针数组。

在程序中，结构体指针变量通过运算符“*”可以访问它的目标结构体。

采用*或->方式，可以访问结构体成员，表示方式如下：

(*结构体指针变量名).成员名

或

结构体指针变量名->成员名

前面的圆括号是必需的，它表示先访问结构体指针变量名所指向的目标结构体，再访问该结构体成员；后者是使用结构体指针访问成员的一种简明表示方法。两者完全等价。

“->”是由减号和大于号组成的一个运算符，在所有的运算符中其优先级最高。

因此，访问成员的方法有三种：

（1）结构体变量.成员名

（2）(*结构体指针).成员名

（3）结构体指针->成员名

它们是等效的。如果结构体指针被赋予某结构体的首地址，则下述操作的含义是：

p->n;　　得到指针 p 所指向的结构体变量中的成员 n 的值。

p->n++;　得到指针 p 所指向的结构体变量中的成员 n 的值，然后该值再加 1，相当于(p->n)++ 。

++p->n;　将指针 p 所指向的结构体变量的成员 n 的值加 1，相当于++(p->n)。

例 10.18　使用结构体指针访问结构体的成员。

具体程序如下：

```
#include "stdio.h"
struct student
{
  int num;
  char name[20];
  char sex;
}st[]={ 2001,"LiMing", 'M',
      2002,"Wangfang", 'F',
      2003,"ZhangRong", 'M'};                              /*--①--*/
void main()
{
  int i;
  struct student *p;                                      /*--②--*/
  p=&st[0];                                               /*--③--*/
  for(i=0;i<3;i++,p++)
    printf("%d,%s,%c\n",p->num,(*p).name,st[i].sex);      /*--④--*/
}
```

运行结果：

```
2001,LiMing,M
2002,Wangfang,F
2003,ZhangRong,M
```

说明：

（1）语句行①定义了一个结构体数组 st[]，并对其进行了初始化。

（2）语句行②定义了一个指向结构体的指针变量 p。

（3）语句行③对结构体指针变量 p 赋值，使其指向数组 st[]的第一个成员的地址。

（4）语句行④用 3 种方法访问结构体成员：用结构体指针 p++，使结构体指针 p 分别指向结构体数组的元素 st[0]、st[1]、st[2]。此处指针加 1 操作使 p 指向下个结构体数组元素，本例中是跳过 25 个字节的存储空间。

2. **结构体的自使用与链表**

一个结构体中的成员可以是整型、字符型，也可以是数组或其他的结构体类型变量，但不能是其本身。这是因为，结构体的长度必须在编译时确定，包含自身结构体变量的结构它的长度无法计算。有了结构体指针以后，我们可以用一个指向其自身的结构体类型指针变量来实现包含自身的情况，这就是所谓的结构体自使用。

它定义的一般形式为：

```
struct node
{
  int data;
  struct node * next;
};
```

其中，next 是成员名，它是指向其自身的指针变量。这种方法一般用在数据结构的链表中。

上面只定义了一个 struct node 的结构类型。next 只是一个指向结构体的指针，它的长度可以确定，即一个普通指针变量的长度，但它并没有指向实际的结构体变量地址。利用结构体的自使用，我们来建立一条数据结构中的链表，如图 10-19 所示。

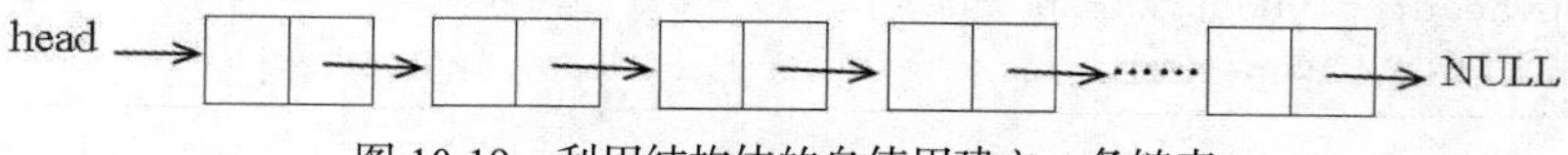

图 10-19 利用结构体的自使用建立一条链表

其中，每一方块为一节点，它包括一个数据区和一个指针区。数据区用于存放各种数据（用户根据需要自己定义），指针区用于连接各个节点。head 表示该链的开始，必须保存，如果丢失，则无法访问到此链。

有关链表的更详细的概念可参阅有关数据结构书籍。

例 10.19 建立一条链，数据从键盘读取，链的首节点由 head 返回。

具体程序如下：

```
#include "stdlib.h"
#include "stdio.h"
#define NULL 0
struct node
{
 int data;
 struct node * next;
};                                                   /*---①----*/
struct node *creat()                                 /*---②----*/
{
  struct node *p, *head;
  int i;
  head=NULL;
  for(i=0;i<5;i++)                                   /*----③----*/
  {
   p=(struct node * )malloc(sizeof(*p));             /*----④----*/
   if(p==NULL)
```

```
        {
         printf("Memory is too small!\n");
         exit(0);
        }
       scanf("%d",&p->data);                                    /*----⑤----*/
       p->next=NULL;
       if(head==NULL)                                           /*----⑥----*/
         head=p;
       else                                                     /*----⑦----*/
        {
          p->next=head;
          head=p;
         }
      }
    return(head);                                               /*----⑧----*/
  }
  void main()
  {
    struct node *head, *np;
    head=creat();
    if(head==NULL)
      printf("Creat link error!\n");
    else
      for(np=head;np!=NULL;np=np->next)                         /*----⑨----*/
        printf("%d\t",np->data);
  }
```

运行输入：

1 2 3 4 5

运行输出：

```
5       4       3       2       1
```

程序说明：

（1）语句行①定义一个结构体类型 node。

（2）语句行②定义链表建立函数 creat()，其返回值为结构体指针。

（3）语句行③建立只有 5 个节点的链表。

（4）语句行④申请结构体类型 struct node 大小的一个存储空间，用于存放数据及指针。函数 malloc(unsigned size)申请 size 大小空间并返回该存储空间首字节地址。

（5）语句行⑤读取一个整型数并赋给每一个节点的数据区。

（6）语句行⑥第一个链节点的处理。

（7）语句行⑦中间节点的处理。

（8）语句行⑧返回结构体指针变量，即链表的首节点指针。

（9）语句行⑨打印链表中每个节点数据值。

（10）exit(0)函数终止程序执行。

在添加链表的节点过程中，后面加入的节点是插在链的最前面，因此输出数据的次序与输入数据的次序相反。同理，可以对链表进行插入或删除操作，或者进行数据结构的其他操作。

10.5.2 结构体指针与函数

前面我们已讲过，调用函数可以采用传值方式，因此把整个结构体作为参数传递给函数，包括结构体中的每个成员；函数的返回值也可以是一个结构体变量。事实上，也可以采用传递地址方式，把结构体的存储首地址作为参数传递给函数。在被调用函数中用指向相同结构体类型的指针接收该地址值，然后通过结构体指针来处理结构体各成员项的数据。同理，函数返回值也可以是一个指向结构体的指针。

1. 结构体指针作函数的参数

例 10.20 结构体指针作参数。

具体程序如下：

```
#include "stdio.h"
struct s
{
  int i;
  char c;
}st={125,'A'};                                  /*----①----*/
void main()
{
  printf("The old data:\n");
  printf("\ti=%d\tc=%c\n",st.i,st.c);           /*----②----*/
  sub(&st);                                     /*----③----*/
  printf("The new data:\n");
  printf("\ti=%d\tc=%c\n",st.i,st.c);           /*----④----*/
}
sub(struct s *sa)
{
  (*sa).i=2;                                    /*----⑤----*/
  (*sa).c=( *sa).c+1;                           /*-----⑥----*/
}
```

运行结果：

```
        The old data:
                i=125   c=A
        The new data:
                i=2     c=B
```

说明：

（1）语句行①定义一个结构体类型 s 及结构体变量 st，并对结构体变量 st 进行初始化。

（2）语句行②通过“.”访问方式，打印结构体变量中的每个成员。

（3）语句行③将结构体变量地址&st 作为实参传递给函数 sub()，在 sub()函数中对结构体指针所指的结构体成员进行修改。

（4）语句行④通过“.”访问方式，打印修改后的结构体变量中的每个成员。

（5）语句行⑤、⑥对主调函数传递过来的实参所指的结构体变量进行修改。此处(*sa).i=2 可以写成 sa->i=2，两者完全等价。

将整个结构体变量做参数同用指向结构体变量的指针做参数，在功能上是完全等价的。但前者要将全部成员值一个一个地传递，费时间又费空间，开销大。如果结构体类型中的成员比较多，则程序运行的效率会大大降低，而用指针做函数比较好，能提高运行效率。

2. 函数返回值作结构体指针

前面已叙述，函数的返回值可以是指针，自然也可以是指向结构体变量的指针。在程序中使用返回值作为结构体指针的函数，需在使用之前在分程序的数据说明部分对其进行说明。用于接收函数返回值的变量必须是具有相同结构体类型的结构体指针变量。返回值为结构体指针的函数的定义形式为：

```
struct 结构体类型名  * 函数名(形式参数表)
 形式参数表说明
 {
   ...
 }
```

返回值为结构体指针的函数的说明形式为：

```
struct  结构体类型名  * 函数名()
```

例 10.21　函数返回指向结构体的指针。

具体程序如下：

```
#include "stdio.h"
#include "stdlib.h"
struct s
{
  int i;
  char c;
}*sp;                                            /*----①----*/
void main()
{
  struct s  *sub();                              /*----②----*/
  sp=sub();                                      /*----③----*/
  printf("The data: \n");
  printf("i=%d\tc=%c\n",sp->i,(*sp).c);          /*----④----*/
}
struct s *sub()                                  /*----⑤----*/
{
  char *malloc();                                /*----⑥----*/
  struct s *sv;
  sv=(struct s  *)malloc(sizeof(struct s)); /*----⑦----*/
  sv->i=5;                                       /*----⑧----*/
  sv->c='B';
  return(sv);                                    /*----⑨----*/
}
```

运行结果：

```
          The data:
          i=5     c=B
```

说明：

（1）语句行①定义一个结构体类型 s 及结构体指针 sp；

（2）语句行②说明将要调用的函数 sub()，其返回值为指针；

（3）语句行③调用 sub()函数，并将返回值赋给结构体指针变量 sp；

（4）语句行④通过“.”及“->”访问方式，打印函数返回值所指结构体变量中的每个成员；

（5）语句行⑤定义了一个返回值为结构体指针的函数 sub()；

（6）语句行⑥库函数 malloc(size)，功能为申请 size 字节的存储空间，返回值为字符指针；

（7）语句行⑦申请结构体类型 struct s 大小的一个存储空间，并将该存储空间的首地址返回给结构体指针变量 sv。此处必须进行指针类型强制转换，以保证指针类型相同；

（8）语句行⑧对结构体指针变量 sv 所指的结构体变量的成员赋值；

（9）语句行⑨返回结构体指针变量 sv。

本章小结

本章主要讨论指针概念及基本操作，指针与数组的关系，指针与函数的关系，指针与结构体的关系。

指针为变量的地址。如果有一个变量专门用来存放另一变量的地址，则称它为指针变量。它与普通变量不同的是，指针变量的存储单元中存放的不是普通数据，而是一个地址值。 对指针变量有两个最基本的运算：&（取变量的地址）和*（间接存取）。“&”和“*”两个运算符优先级相同，按从右至左的方向结合。

指针变量在定义时可以初始化。指针变量可以运算，但指针变量的内容为地址量，因此，指针运算实质为地址运算，指针变量运算有：取地址（ &）、取内容（*）、赋值运算（=）、指针与整数的加减运算、关系运算。

对数组可以通过一个指向数组的指针来实现数组元素的存取操作或其他运算。在 C 语言中，使用指针对数组元素的存取操作比用下标更方便、更迅速。数组名为常量，只能使用，不能改变；指针为变量，其值可以改变。

在 C 语言中，系统本身没有提供字符串数据类型，但可以用字符数组方式或指针方式实现对字符串的操作。在内存存放时，字符串的最后被自动加上一个'\0'，作为字符串的结束标记。在初始化时对字符数组能整体赋值。

一个指针变量所指的数据本身又是一个指针时，就构成了多级指针。在定义时，标识符前有多少个*，即表示多少级指针变量。

一系列有序的指针集合构成数组时，就是指针数组，指针数组中的每个元素都是一个指针变量，它们具有相同的存储类型和相同的数据类型。只有静态型和外部的指针数组才可以进行初始化。

指针可以指向一维数组，也可以指向多维数组。

函数的参数可以为指针类型，以实现一次调用得到多个值的效果，函数名代表内存中该函数的入口（起始）地址，因此，可以把函数名赋给一个类型相同的指针变量。

结构体指针是一个指针变量来指向结构体变量。一个结构体指针变量，它保存的是结构体的存储空间的首地址。

访问结构体的成员有 3 种等效的方法：

结构体变量.成员名

（*结构体指针）.成员名

结构体指针->成员名

一个结构体中的成员不能是其本身。有了结构体指针，可以用一个指向其自身的结构体类型指针变量来实现包含自身的情况，这就是所谓的结构体自使用。利用结构体的自使用可以建立一条数据结构中的链表。

习　题

注：本章编程习题均要求用指针方法处理。

1．输入 10 个整数，将其中最小的数与第一个数对换，把最大的数与最后一个数对换。编写 3 个函数：（1）输入 10 个数；（2）进行处理；（3）输出 10 个数。

2．编写一函数，求一个字符串的长度。在 main 函数中输入字符串，并输出其长度。

3．有一字符串，包含 n 个字符。编写一函数，将此字符串中从第 m 个字符开始的全部字符复制成为另一个字符串。

4．编写一函数，输入一行文字，找出其中的大写字母、小写字母、空格、数字以及其他字符各有多少。

5．编写一函数，将一个 3×3 的整型二维数组转置，即行列互换。

6．将一个 5×5 的矩阵中最大的元素放在中心，4 个角分别放 4 个最小的元素（顺序为从左到右，从上到下顺序依次从小到大存放），编写一函数实现之。用 main 函数调用。

7．在主函数中输入 10 个等长的字符串。用另一函数对它们排序。然后在主函数输出这 10 个已排好序的字符串。

8．用指针数组处理上一题目。字符串不等长。

9．有一个班有 4 个学生上 5 门课程。（1）求第一课程的平均分；（2）找出有 2 门以上课程不及格的学生，输出他们的学号和全部课程成绩及平均成绩；（3）找出平均成绩在 90 分以上或全部课程成绩在 85 分以上的学生。分别编写 3 个函数实现以上 3 个要求。

10．编写一程序，输入月份号，输出该月的英文月份名称。例如，输入“3”，则输出“March”，要求用指针数组处理。

11．用指向指针的指针方法对 5 个字符串排序并输出。

12．执行下列语句后，*(p+2)的值是__________。

```
char a[3]= "ab",*p;p=s;
```

13．执行下列语句后，p+6 是__________，*(p+6)是__________。

```
int a[10],*p;p=a;
```

14．若有以下定义和语句，则下面各个表达式的正确含义是：

```
int a[3][4],(*p)[4];
p=a;
```

（1）p+1

（2）*(p+2)

（3）*(p+1)+2

（4）*(*p+2)

15．以下程序段的输出结果是__________。

```
int *a[]={"abc","def","ghi"};
puts(a[1]);
```

16．若有以下语句，则值为 101 的表达式是＿＿＿＿＿＿。

```
struct wc
{
   int a;
   int *b;
}*p;
int x0[]={11,12},x1[]={31,32};
static struct wc x[2]={100,x0,300,x1};
p=x;
```

A．p->b　　　B．p->a　　　C．++p->a　　　D．(p++)->a

17．与以下定义等价的是＿＿＿＿＿＿。

int p[4];

A．int p[4];　　　B．int *p;　　　C．int *(p[4]);　　　D．int (*p)[4];

18．以下程序执行的结果为＿＿＿＿＿＿。

```
#include "stdio.h"
void main()
{
 int i;
 int a[5]={1,3,5,7,9};
 int *num[5];
 int **p;
 for(i=0;i<5;i++)
   num[i]=a+i;
 p=num+0;
 for(i=0;i<5;i++)
   {
    printf("%d   ",**p);
    p++;
   }
}
```

19．下列定义不正确的是＿＿＿＿＿＿。

A．int *p,**q;　　B．int p[n];　　C．int *p(int n);　　D．int (*p)();

20．具有相同类型的指针类型变量 p 与数组 a 不能进行的操作是＿＿＿＿＿＿。

A．p=a;　　　B．*p=a[0];　　C．p=&a[0];　　　D．p=&a;

第 11 章 文件

许多程序在实现过程中都会有数据输入与输出，通常把数据保存到变量中，而变量是通过内存单元存储数据的，当一个程序运行完成或终止运行，所有变量的值不再保存。如果输入和输出数据量不大，通过键盘和显示器即可方便解决。当输入和输出数据量大时，就会很不方便。文件就可以解决上述的问题，它通过把数据存储在磁盘文件中，当有大量数据输入时，可通过编辑工具先建立输入数据的文件，程序运行时将不再从键盘输入，而从指定的文件中读入，从而实现数据一次输入多次使用。当有大量数据输出时，可以将其输出到指定文件，任何时候都可以查看结果文件。

本章主要介绍有关文件的基本知识和基本操作，主要包括文件的概述、文件的读写操作，以及文件的位置指针与文件的定位、文件状态的检测等。

11.1　文件概述

11.1.1　文件的概念

1. 文件的概念

文件是指存储在外部介质上的有序的数据集合。

例如，C 语言的源程序就是一个文件，把它存储在磁盘上就是一个磁盘文件。对于前面章节中，我们使用的源文件、目标文件、可执行程序可以称为程序文件，对输入/输出数据可称为数据文件。文件通常是驻留在外部介质（如磁盘等）上的，在使用时才调入内存。C 编译程序是以文件为单位对数据进行管理的，也就是说，如果想查找存放在外部介质上的数据，必须先按文件名找到所指定的文件，然后再从该文件中读取数据。要向外部介质上存储数据，也必须先建立一个文件，然后才能向它输出数据。

2. 文件的分类

在 C 语言中，根据文件编码的方式，可以把文件分为 ASCII 文件和二进制文件。

ASCII 文件又称文本文件，它的每一个字节存放一个 ASCII 字符代码，表示一个字符。例如一个整数 1234，在 ASCII 文件中保存时占 4 个字节，依次存储每个字符的 ASCII 码，如图 11-1 所示。

ASCII 形式：

00110001	00110010	00110011	00110100
1	2	3	4

图 11-1 数据的 ASCII 码存储形式

1234 在内存中存储形式：

00000100	11010010

1234 的二进制形式：

00000100	11010010

图 11-2 数据的二进制存储形式

二进制文件是把内存中的数据按在内存中的存储形式原样输出到磁盘中保存。

例如，内存中一个整数 1234，在文件中只占一个整数的空间，即 2 个字节，如图 11-2 所示。

其中，整数 1234 的二进制值为 10011010010，字符'1"2"3"4'的 ASCII 码值分别为 0110001、0110010、0110011、0110100。

ASCII 码形式输出数据与字符一一对应，一个字节代表一个字符，因而便于对字符进行逐个处理，也便于输出其字符形式。但占用存储空间较多，而且要花费转换时间（二进制形式与 ASCII 码间的转换）。

二进制形式只占两个字节，是以数据的二进制形式进行存储的。用二进制形式存储数据，可以节省存储空间，但一个字节并不对应一个字符，不能直接输出其字符形式。

一个 C 语言文件可以视为一个字节数据流或二进制数据流，它把数据看作字符（字节）序列串，而不考虑记录的界限。

C 语言对文件的处理采用缓冲文件系统。既用缓冲文件系统来处理文本文件，也用它来处理二进制文件，也就是将缓冲文件系统扩充为可以处理的二进制文件。

“缓冲文件系统”是指系统为这类文件的处理自动在内存中开辟一个大小确定的缓冲区，使输入/输出都先通过缓冲区过渡，以提高效率。“非缓冲文件系统”是指不自动开辟确定大小的缓冲区，而是由程序为每个文件设定一个缓冲区，目前的 ANSI C 不提倡使用此种系统。本书只介绍缓冲文件系统。

11.1.2 文件类型结构及文件指针

在缓冲文件系统中，对文件的读写是通过文件指针来实现的，文件指针是指向文件有关信息的指针。每个被使用的文件都在内存中开辟一个缓冲区，用来存放与文件有关的信息，包括缓冲区的位置、当前字符在缓冲区的位置、文件名、状态等对文件操作所必需的信息。这些文件信息是保存在一个结构体类型的变量中的，该结构体类型是由系统定义的，取名为 FILE。FILE 类型定义包含在 stdio.h 头文件中。在 C 语言中，对一般用户文件的打开、关闭及输入/输出操作，都是通过文件指针来进行的。因此，用户必须先在程序中定义文件指针，其定义的一般形式为：

```
FILE *文件结构指针名;
```

例如，定义一个文件型指针变量 fp，则定义如下：

```
FILE *fp;
```

fp 是一个指向 FILE 类型结构体的指针变量。通过定义可以使 fp 指向某一个文件的结构体变量，从而通过该结构体变量中的文件信息访问该文件。如果有 n 个文件，应设 n 个文件指针变量。例如，定义两个文件指针变量 fp1 和 fp2，则定义如下：

```
FILE *fp1,*fp2;
```

fp1、fp2 是两个指向 FILE 类型结构体的文件指针变量。

11.2 文件的打开与关闭

对磁盘文件的操作遵循的原则是“先打开，再读写，最后关闭”。

C 语言对文件进行操作是首先创建一个和文件关联的文件指针变量，然后通过该文件指针变量对文件进行操作。“打开文件”是指建立文件的各种有关信息，并使文件指针指向该文件，以便进行其他操作。“关闭文件”是指断开指针与文件之间的联系，即禁止再对该文件进行操作。

11.2.1 文件的打开

C 语言文件的打开是通过 stdio.h 函数库的 fopen()函数实现的。

它的调用方式一般为：

文件指针变量=fopen("文件名", "文件使用方式");

功能：按指定的方式打开指定的文件。

说明：

（1）fopen()函数中，“文件名”是指打开文件的名字，该名字要求全名，包含扩展名，必要时还应加路径。“文件使用方式”说明使用文件的方式，使用方式是指对打开文件的访问形式是读还是写。使用方式见表 11-1。

（2）若 fopen()函数成功打开了指定文件，则返回该文件的“文件信息区”的首地址。若没有成功打开所指定的文件，则返回 NULL。

例如，要打开 d 盘根目录下的名为 file1.c 的文件，进行只读操作，则先定义文件指针，再用 fopen()函数打开。

```
FILE *fp;
fp=fopen("d:\file1.c","rt");
```

fp 为指向 file1 文件的指针变量，"rt"表示允许对该文件进行只读的操作，其中"t"表示对文本文件操作，可省略不写。

表 11-1 文件操作模式

使用方式	含　义
"rt"	为输入打开一个文本文件（只读）
"wt"	为输出打开一个文本文件（只写）
"at"	向文本文件尾部添加数据（追加）
"rb"	为输入打开一个二进制文件（只读）
"wb"	为输出打开一个二进制文件（只写）
"ab"	向二进制文件尾部添加数据（追加）
"rt+"	为读写打开一个文本文件（读写）
"wt+"	为读写产生一个文本文件（读写）

续表

使用方式	含 义
"at+"	为读写打开一个文本文件（读写）
"rb+"	为读写打开一个二进制文件（读写）
"wb+"	为读写产生一个二进制文件（读写）
"ab+"	为读写打开一个二进制文件（读写）

说明：

（1）文件使用方式由 r、w、a、t、b 和+ 6 个字符拼成，各字符的含义是：

r(read)	读
w(write)	写
a(append)	追加
t(text)	文本文件，可省略不写
b(binary)	二进制文件
+	读和写

（2）以"r"方式打开的文件只能用于从该文件中读取数据。为读而打开的文件必须存在，否则出错。

（3）以"w"方式打开的文件只能用于向该文件写入数据。如果这个文件不存在，就创建一个以指定名字命名的新文件；如果文件已经存在，那么将使原来文件的内容全部丢失。

（4）以"a"方式打开的文件只能用于向该文件添加数据。如果这个文件不存在，就创建一个已指定文件名的新文件；如果文件已经存在，文件指针指向文件末尾添加数据。不能直接在文件的中间插入数据。

（5）以"r+"、"w+"、"a+"方式打开的文件可以用于输入/输出数据。以"r+"方式打开一个已存在的文件，可从中读取数据；以"w+"方式打开一个文件时，则创建一个新文件，可先向此文件中写数据，然后可以读此文件中的数据；以"a+"方式打开一个文件时，原来的文件不被删除，位置指针移到文件末尾，可以添加也可以读。

（6）进行打开文件操作时，要用以下方式进行检查是否正确打开。

```
if((fp=fopen("d:\\file1.c","r"))==NULL)
{
  printf("cannot open this file\n");
  exit(0);
 }
```

如果 fopen()函数返回一个 NULL 指针，表示文件打开失败，终端上显示“cannot open this file”，这里 exit 函数的功能是关闭所有打开的文件并强迫程序结束。一般 exit 带参数值 0 表示正常结束，带非 0 值表示出错后结束，操作系统中可以接收返回的参数值。

（7）用以上方式可以打开文本文件或二进制文件，ANSI C 规定用同一种缓冲文件系统来处理文本文件和二进制文件。

（8）在用文本文件向内存输入时，将回车换行符转换为一个换行符，在输出时把换行符转换成为回车和换行两个字符。在用二进制文件时，不进行这种转换，在内存中的数据形式与输出到外部文件中的数据形式完全一致，一一对应。

（9）对一个允许读/写操作的文件，通过不同的文件指针变量可以对文件同时进行读/写操作。

11.2.2 文件的关闭

当对文件的读或写操作完成之后，必须将文件关闭，把留在磁盘缓冲区中的内容都传给文件，避免数据丢失、文件损坏及其他一些错误。关闭文件是使文件指针不再指向该文件，此后不能再对该文件进行读或写操作。

C 语言用 fclose()函数关闭一个文件，其调用的一般形式为：

```
fclose(文件指针);
```

说明：

（1）函数中“文件指针”指向待关闭文件，它是文件打开时通过函数 fopen()获得的文件指针。执行 fclose()函数将当前指针指向的文件关闭，即释放该文件的文件缓冲区和文件信息区。例如：

```
FILE *fp;
…
fclose(fp);
```

（2）当正常完成关闭文件操作时，fclose()函数返回值为 0；否则返回一个非零值，表示有错误发生。

（3）由于同时打开的文件数量有限制，因此应该关闭当前不用的文件，这样只有必需的文件处于打开状态，提高了系统运行效率。

11.3 文件的读写操作

当调用 fopen()函数成功打开文件后，就可以对文件进行读写操作。常用的文件读写函数有以下几种：字符的读写函数、字符串的读写函数、数据块的读写函数和格式读写函数。

11.3.1 字符的读写

字符读写函数是以字符(字节)为单位的读写函数。每次可从文件读出或向文件写入一个字符。

1. 写字符函数 fputc()

fputc()函数的功能是将一个指定的字符写入指定的文件中，该文件必须是以写或读写方式打开的。函数调用的形式为：

```
fputc(字符,文件指针);
```

说明：

fputc()函数有两个参数，其中，待写入的“字符”可是字符常量或变量；“文件指针”是已经用 FILE 定义的文件指针。该函数用来将字符写到指针所指的文件中。若写字符成功，返回所写字符的代码值；若写字符失败，返回 EOF。

例 11.1　将一个字符串写入文本文件 file1.txt 中。

分析：在前面章节的学习中，可以把字符串输出到屏幕上，本题要求把字符串“Hello World”写入文件 file1.txt 中，这样可以把文件输出到磁盘中保存。运行下面的程序后，打开文件“file1.txt”，查看文件，显示内容为“Hello World”。

具体程序如下：

```
#include<stdio.h>
```

```
#include<stdlib.h>
#include<conio.h>
void main()
{
 FILE *fp;                                    /* 定义文件指针变量 fp */
 int i;
 char string[]="Hello World";                 /* 定义字符串 string */
 if((fp=fopen("file1.txt","w"))==NULL) /* 以写的形式打开文件，指针 fp 指向文件 file1.txt */
  {
   printf("Can't create the file!\n"); /*  如果文件不存在，显示不能打开  */
   getch();
   exit(1);                                   /*  出错结束文件操作 */
  }
 for(i=0;string[i];i++)                      /* 如果文件正确打开，则循环输出每个字符 */
{
 fputc(string[i],fp);                     /* 用 fputc()函数把文件中的字符写入 fp 所指的文件中 */
 putchar(string[i]);                         /* 同时把字符输出到屏幕上 */
}
 fclose(fp);                                  /* 操作结束，关闭文件 */
}
```

运行结果：

```
    Hello World
```

2. 读字符函数 fgetc()

fgetc()函数的功能是从指定的文件中读取一个字符，该文件必须是以读或读写方式打开的。函数调用的形式为：

字符变量=fgetc(文件指针)；

说明：

打开一个文件后，fgetc()函数中的“文件指针”就在该文件第一个字节位置，读出一个字符后，文件指针后移一个字节，将读出的字符存到字符变量中；“字符变量”用来存放指定文件中读取的字符。若读入正确（文件未结束），返回所得到的字符；若读入出错或文件结束，返回 EOF。EOF 是文件结束符，它在头文件 stdio.h 中定义为-1。

例 11.2 将例 11.1 文本文件 file1.txt 中的字符输出，显示到屏幕。

分析：使用 fgetc()函数从文件 file1.txt 中读取字符，再用 putchar()函数输出到屏幕。运行下面的程序后，文件 file1.txt 的内容就可以在屏幕上显示，内容为“Hello World”。

具体程序如下：

```
#include<stdio.h>
#include<stdlib.h>
#include<conio.h>
void main()
{
 FILE *fp;                                    /* 定义文件指针变量 fp */
 char ch;
if((fp=fopen("file1.txt","r"))==NULL)        /* 以读的形式打开文件，指针 fp 指向文件
                                                 file1.txt */
  {
printf("\nCan't open the file!\n");
   getch();
```

```
        exit(1);
      }
    ch=fgetc(fp);
    while(ch!=EOF)
     {
      putchar(ch);                          /* 将从文件中读取的字符输出到屏幕*/
      ch=fgetc(fp);                         /* 用 fgetc()函数读取文件中的字符 */
     }
      fclose(fp);                           /* 操作结束，关闭文件 */
  }
```

运行结果：

```
        Hello World
```

例 11.3　从键盘输入一些字符，逐个把它们存到磁盘文件中，直到输入一个‘#’结束。

分析：本程序是从键盘输入磁盘文件名“file1.txt”，然后输入要写入该磁盘文件的字符串“computer and c#”，“#”表示输入结束，本程序将字符串“computer and c”写到以“file1.txt”命名的磁盘文件中，同时在屏幕上显示这些字符。

具体程序如下：

```
#include <stdio.h>
#include<stdlib.h>
 void main()
{
 char ch, filename[20];
 FILE *fp;
 scanf("%s",filename);                  /* 从键盘输入文件名 file1.txt */
 if((fp=fopen(filename,"w"))==NULL)     /* 以写的形式打开文件 file1.txt */
 {
  printf("cannot open this file\n");    /* 如果文件打开失败，则结束程序 */
  exit(0);
 }
 while((ch=getchar())!='#')             /* 如果文件正确打开，则循环读入字符串，直到“#”结束*/
 {
  fputc(ch,fp);                         /* 把字符写入 fp 指针指向的文件 */
  putchar(ch);                          /* 把字符输出到屏幕 */
 }
 fclose(fp);                            /* 关闭 fp 指针指向的文件 */
}
```

运行输入：

```
        file1.txt                       /* 输入磁盘文件名 */
        computer and c#                 /* 输入一个字符串 */
```

运行结果：

```
        computer and c
```

打开文件 file1.txt 可以看到所建立的文件内容，也可以用 MS-DOS 中的 type 命令显示 file1.txt 文件的内容：

```
C> type file1.txt
computer and c
```

例 11.4　编写程序 test1.c，实现将一个磁盘文件 file1.c 中的信息（如字符串 computer and c）复制到另一个磁盘文件 file2.c 中，两个文件名由命令行参数给出。

分析：本程序是把 file1.c 文件的内容复制到 file2.c 文件中，类似于 DOS 命令中的 copy 命令。在输入命令行后，argv[0]的内容为 test1.c，argv[1]的内容为 file1.c，argv[2]的内容为 file2.c，argc 的值为 3（因为命令行共 3 个参数）。文件间的复制工作是由程序中的 while 语句完成，用 fgetc()函数从源文件 file1.c 中读取字符，用 fputc()函数将字符复制到目标文件 file2.c 中。

具体程序如下：

```
#include <stdio.h>
#include<stdlib.h>
void main (int argc,char *argv[])
{
  int ch;
  FILE *fpr, *fpw;
  if (argc!=3)
   {
     printf("you forgot to enter a filename\n");
     exit(0);
   }
  if((fpr=fopen(argv[1],"r"))==NULL)      /* 以只读的形式打开 file1.c 文件 */
   {
     printf("File %s cannot open\n",argv[1]);
     exit(0);
   }
  if((fpw=fopen(argv[2],"w"))==NULL)     /* 以只写的形式打开 file2.c 文件 */
   {
     printf("FILE %s cannot open\n",argv[2]);
     exit(0);
   }
  while((ch=fgetc(fpr))!=EOF)            /* 从 file1.c 文件中读取字符 */
    fputc(ch,fpw);                       /* 把 file1.c 文件的信息写入 file2.c 文件中 */
  fclose(fpr);                           /* 关闭 file1.c 文件 */
  fclose(fpw);                           /* 关闭 file2.c 文件 */
}
```

运行本程序的方法如下：

编译连接 test1.c 后得到可执行文件名为 test1.exe，则在 DOS 工作方式下，输入以下命令行：

```
C>test1  file1.c  file2.c
```

然后打开 file2.c 文件，可以看到与 file1.c 文件的内容相同，即实现将 file1.c 文件的内容复制到 file2.c 文件中。

为了能同时适用文本文件和二进制文件，则采用二进制文件打开模式。检查文件的结束采用 feof()函数完成。

```
#include <stdio.h>
#include<stdlib.h>
void main(int argc, char *argv[])
{
  int ch;
  FILE *fpr, *fpw;
  if(argc!=3)
   {
     printf("you forgot to enter a filename\n");
     exit(0);
   }
```

```
    if((fpr=fopen(argv[1],"rb"))==NULL)
     {
       printf("File %s cannot open\n",argv[1]);
       exit(0);
     }
    if((fpw=fopen(argv[2],"wb"))==NULL)
     {
       printf("File %s cannot open\n",argv[2]);
       exit(0);
     }
    while(!feof(fpr))
      fputc(fgetc(fpr),fpw);
    fclose(fpr);
    fclose(fpw);
}
```

11.3.2 字符串的读写

fputs()函数和 fgets()函数是字符串读写函数。

1. 写字符串函数 fputs()

fputs()函数的功能是将一个字符串写入指定的文件中。函数调用的形式为：

fputs(字符串,文件指针);

说明：

fputs()函数有 2 个参数，“字符串”用来存放待写入文件中的字符串，它可以是字符串常量，也可以是字符数组名或指针变量；“文件指针”由它指向待写入字符串的文件。调用该函数把参数的值（不包括字符串结束符'\0'）输出到文件指针所指向的文件中。fputs()函数输出成功时，返回 0；否则返回非 0。

2. 读字符串函数 fgets()

fgets 函数的功能是从指定的文件中读取一个字符串放到指定的字符数组中。函数调用的形式为：

fgets(字符数组名,n,文件指针);

说明：

fgets 函数有 3 个参数，“字符数组名”用来存放字符串的起始地址，可以是字符数组名或指向足够存储空间的字符指针；n 用来指定读取字符的个数，其中包含字符串的结束符在内，实际上从文件中读取的有效字符只有 n-1 个；“文件指针”用来指向被读取的字符串。

fgets()函数的正常返回值是字符串的起始地址，即字符数组名，出错时返回 NULL。

例 11.5 已知文件 file1.txt 的内容为：第 1 行为字符串“hello world”，第 2 行为字符串“computer and c”，编写程序 test2.c，实现读取文本文件 file1.c 的内容，并加上行号显示。

分析：本程序的功能是用 fgets()函数每次从 fp 所指的文件中读取至多 SIZE-1 个字符送到 ch[]中，然后用 printf()函数将行号和 ch[]中的内容一同输出。

具体程序如下：

```
#include <stdio.h>
#include<stdlib.h>
#define SIZE 256
void main(int argc, char *argv[])
{
  char ch[SIZE];
```

```
    int c,line;
    FILE *fp;
    if(argc!=2)
     {
       printf("you forgot to enter a filename\n");
       exit(0);
     }
    if((fp=fopen(argv[1],"r"))==NULL)        /* 以只读的形式打开文件 file1.c */
     {
       printf("File %s cannot open\n",argv[1]);
       exit(0);
     }
    line=1;
    while(fgets(ch,SIZE,fp)!=NULL)           /* 从文件 file1.c 中读取字符串 */
      printf("%4d\t%s\n",line++,ch);         /* 输出行号和字符串 */
    fclose(fp);                              /* 关闭 file1.c 文件 */
}
```

运行本程序的方法如下：首先编译连接 test2.c 程序，得到可执行文件名为 test2.exe，然后在 DOS 工作方式下，输入以下命令行：

```
C>test2 file1.txt
```

运行结果：

```
        1  hello world
        2  computer and c
```

11.3.3 数据块的读写

fread()函数与 fwrite()函数是数据块读写函数，可用来读/写一组数据，如一个数组、一个结构变量等，fwrite 函数与 fread 函数一般用于二进制文件的输入和输出。

1. 读数据块函数 fread()

fread 函数用来从指定文件读一个数据块，如读一个数组各元素的值，该函数的一般格式为：

fread(buffer, size, count, 文件指针变量)

其中：buffer 是读入数据在内存中存放的首地址；size 是要读入的每个数据项的字节数；count 是要读多少个 size 字节的数据项。

fread 函数的作用是从文件指针变量指向的文件中读 count 个长度为 size 的数据项到 buffer 所指的地址中。该函数如果调用成功返回实际读入数据项的个数，如果读入数据项的个数小于要求的字节数，说明读到了文件尾或出错。

2. 写数据块函数 fwrite()

fwrite 函数用来将一个数据块写入文件，该函数的一般格式为：

fwrite(buffer, size, count, 文件指针变量)

fwrite 函数的作用是从 buffer 所指的内存区写 count 个长度为 size 的数据项到文件指针变量指向的文件中。该函数如果调用成功返回实际写入文件中数据项的个数，如果写入数据项的个数小于指定的字节数，说明函数调用失败。

例 11.6 从键盘输入 4 个学生的有关数据，然后把它们转存到磁盘文件中去。

分析：本程序的功能是在 main()函数中从终端键盘输入 4 个学生的数据（学生的姓名、学号、年龄和地址），然后调用 save()函数将这些数据写入以“stu_list”命名的磁盘文件中。

具体程序如下：

```
#include <stdio.h>
#include<stdlib.h>
#define SIZE 4
struct student_type
{
  char name [10];
  int  num;
  int  age;
  char  addr[15];
} stud[SIZE];
void save()
{
  FILE *fp;
  int i;
  if((fp=fopen("stu_list","wb"))==NULL)
   {
     printf("cannot open this file\n");
     exit(0);
   }
  for(i=0;i<SIZE;i++)
   if(fwrite(&stud[i],sizeof(struct student_type),1,fp)!=1)
     printf("file write error\n");
}
void main()
{
  int i;
  for(i=0;i<SIZE;i++)
    scanf("%s%d%d%s",stud[i].name,&stud[i].num,&stud[i].age,stud[i].addr);
  save();
}
```

运行输入：

```
zhang      1001    19        room-101
fun        1002    20        room-102
tan        1003    21        room-103
ling       1004    21        room-104
```

fwrite()函数的作用是将一个长度为 33 个字节的数据块送到 stu_list 文件中。一个 student_type 类型结构体变量的长度为它的成员长度之和，即：(10+4+4+15=33)。

本程序运行时，屏幕上无任何信息显示，只是将从键盘输入的数据送到磁盘文件中去。如果想验证一下磁盘文件 stu_list 中是否已存在这些数据，可用以下方法在屏幕上显示 stu_list 文件中的数据。

```
#include <stdio.h>
#include<stdlib.h>
#define SIZE 4
struct student_type
{
  char name[10];
  int num;
  int age;
  char  addr[15];
} stud[SIZE];
void main()
```

```
{
  int i;
  FILE *fp;
  if((fp=fopen("stu_list","rb"))==NULL)
   {
     printf("cannot open this file\n");
     exit(0);
   }
  for(i=0;i<SIZE;i++)
   {
     fread(&stud[i],sizeof(struct student_type),1,fp);
     printf("%-10s%4d%4d%-15s\n",stud[i].name,stud[i].num,stud[i].age,stud[i].addr);
   }
}
```

运行结果：

```
zhang        1001        19          room-101
fun          1002        20          room-102
tan          1003        21          room-103
ling         1004        21          room-104
```

说明：

（1）从键盘输入 4 个学生的数据是 ASCII 码，也就是文本文件，在送到内存时，回车和换行符转换成一个换行符。再从内存以“wb”方式（二进制写）输出到 stu_list 文件中，此时不发生字符转换，按内存中存储形式原样输出到磁盘文件中去，后又用 fread()函数以“rb”方式从 stu_list 文件中向内存读入数据，不发生字符转换，这时内存中的数据恢复到最开始时的情况，然后用 printf()函数输出到显示屏上，printf()函数是格式输出函数，输出 ASCII 码，在屏幕上显示字符。换行符又转换为回车加换行符。如果从 stu_list 文件中以“r”方式读入数据就会出错。

（2）fread()、fwrite()函数一般用于二进制文件的输入/输出。因为它们是按数据块的长度来处理输入/输出的，在字符发生转换的情况下，很可能出现与原设想不同的情况。

例如，fread(&stud[i],sizeof(struct student_type),1,stdin);想从终端键盘输入数据，这在语法上并不存在错误，编译能通过。如用以下形式输入数据：

zhang 1001 19 room-101

…

由于 stud 数组的长度为 33 字节，fread()函数要求一次输入 33 个字节（而不问这些字节的内容），因此，输入数据中的空格也作为输入数据而不作为数据间的分隔符了。连空格也存储到 stud[i]中去了，显然是错误的。

由于 ANSI C 标准不采用非缓冲输入/输出系统，因而在缓冲系统中增加了 fread()和 fwrite()两个函数，用来读写一个数据块。

11.3.4　格式读写

fprintf()函数和 fscanf()函数与前面的 printf()函数和 scanf()函数功能类似，都是格式化输出和输入函数。两者的区别在于，前者的输出/输入对象不是键盘和显示器，而是磁盘文件。

fprintf()函数的调用形式为：

fprintf(文件指针,格式字符串,输出表列);

功能：将输出表列（变量表列）中的数据存入“文件指针”所指的文本文件中。

fscanf()函数的调用形式为：

fscanf(文件指针,格式字符串,输入表列);

功能：从“文件指针”所指的文本文件中读取相应的数据到输入列表（变量表列）中。

例 11.7 已知 student.txt 中保存 3 名学生信息，编写程序 test3.c，实现用格式输入/输出函数完成学生信息的输入，并从文件 student.txt 中读出。文件内容如下：

```
1    liming     80
2    wangli     90
3    zhaowei    100
```

分析：将文本文件 student.txt 中的字符读出到一个数组中，然后再从数组中将该字符输出到显示器上。

具体程序如下：

```
#include<stdio.h>
struct stu
{
 int num;
 char name[8];
 int score;
}s[3],*p
void main()
{
  FILE *fp;
  int i;
  p=s;
  if((fp=fopen("student.txt","rb"))==NULL)
   { printf("Cannot open file!\n");
    getch();
    exit(1);
   }
 printf("number\tname\tscore\n");
 for(i=0;!feof(fp);i++,p++)
   fscanf(fp,"%d%s%d\n",&p->num,p->name,&p->score);
 fclose(fp);
   for(p=s;p<s+i;p++)
     printf("%d\t%s\t%d\n",p->num,p->name,p->score);
}
```

运行结果：

```
Number      name        score
1           liming      80
2           wangli      90
3           zhaowei     100
```

11.4 位置指针与文件的定位

文件中有一个位置指针，指向当前读写的位置。在顺序读写一个文件时，每次读写之后，位置指针自动向下移动一个位置。有时我们希望在文件的任意指定位置读写文件，这就必须使用定位函数。

1. rewind()函数

其调用形式如下：

```
rewind(文件指针) ;
```

功能：使“文件指针”所指文件的位置指针重新返回到文件的开头。

2. fseek()函数和随机读写

对流式文件可以进行顺序读写，也可以进行随机读写，关键在于控制文件的位置指针。如果位置指针是按字节位置顺序移动的，就是顺序读写。如果可以将位置指针按需要移动到任意位置，就实现了随机读写。所谓随机读写，即读写完上一个字节后，并不一定要读写其后继的字节，而是可以读写文件中用户指定的任意字节。用 fseek()函数可以实现文件的位置指针的改变。

其调用形式如下：

```
fseek(文件指针，位移量，起始点);
```

功能：按“位移量”和“起始点”的值，设置“文件指针”所指文件的当前读写位置。

其中：“文件指针”指向被移动的文件。“位移量”表示移动的字节数，要求位移量是 long 型数据，以便在文件长度大于 64KB 时不会出错，当用常量表示位移量时，要求加后缀“L”。当被操作的文件是结构类集合时，可用 sizeof()函数确定位移量，当位移量为正整数时，表示从当前位置向前移动偏移量字节；当位移量为负数时，表示从当前位置向后退偏移量字节。“起始点”表示从何处开始计算位移量，规定的起始点有三种：文件首、当前位置和文件尾。其表示方法见表 11-2。

表 11-2　　ANSIC　标准对文件起始位置的定义

起始位置（origin）	宏定义	数字代表
文件开始	SEEK_SET	0
文件当前位置	SEEK_CUR	1
文件末尾	SEEK_END	2

例如：

```
fseek(fp,100L,0);              /* 将位置指针移到离文件头 100 个字节处 */
fseek(fp,-20L,SEEK_END);     /* 将位置指针从文件末尾后退 20 个字节 */
fseek(fp,50L,1);               /* 将位置指针移到离当前位置 50 个字节处 */
```

还要说明的是，fseek()函数一般用于二进制文件。因为文本文件要发生字符转换，计算位置时会发生错误。

例 11.8　在例 11.6 的文件 stu_list 中读出第二个学生的数据。

```
#include <stdio.h>
#include<stdlib.h>
#define SIZE 4
struct student_type
{
  char name[10];
  int num;
  int age;
  char  addr[15];
} stud[SIZE];
void main()
{
  int i;
  FILE *fp;
```

```
    if((fp=fopen("stu_list","rb"))==NULL)          /*以读二进制文件方式打开文件*/
     {
       printf("cannot open this file\n");
       exit(0);
     }
    i=1;
    fseek(fp,i*sizeof(struct student_type),0);   /* i 值为 1，表示从文件头开始，移动 student_type 类型的长度，然后再读出的数据即为第二个学生的数据*/
    fread(&stud[i],sizeof(struct student_type),1,fp);
    printf("%s %d %d %s\n",stud[i].name,stud[i].num,stud[i].age,stud[i].addr);
    fclose(fp);
  }
```

11.5 文件状态的检测

1. ferror()函数

在调用各种输入/输出函数（如 fputc、fgetc、fread、fwrite 等）时，如果出现错误，除了函数返回值有所反映外，还可用 ferror()函数检查。

其调用形式如下：

ferror(文件指针);

功能：检查文件在用各种输入/输出函数进行读写时是否出错。例如，ferror 返回值为 0 表示未出错，否则表示有错。

前面我们介绍文件的有关操作，当出错时返回 EOF，但对于二进制的流文件，EOF 是一个合法值。因此，判断出错的方法就需利用此函数。

应该注意，对同一个文件，每一次调用输入/输出函数，均产生一个新的 ferror()函数值，因此，应当在调用一个输入/输出函数后立即检查 ferror()函数的值，否则信息会丢失。在执行 fopen()函数时，ferror()函数的初始值自动置为 0。

2. clearerr()函数

其调用形式如下：

clearerr(文件指针);

功能：使“文件指针”所指文件错误标志和文件结束标志置为 0。

假设在调用一个输入/输出函数时，出现错误。ferror()函数值为一个非零值，在调用 clearerr(fp)后，ferror(fp)的值变成 0。只要出现错误标志，就一直保留，直到对同一文件调用 clearerr()函数或 rewind()函数，或任何其他一个输入/输出函数。

11.6 文件程序设计举例

例 11.9 在下表所示的课程表中，记录了星期一至星期五每天的课程。编一程序，要求该程序具有以下功能：

1. 课程表设置，将一星期的课程数据写入文件中。
2. 查阅某天课程，随机读出文件中的相关数据。

3．查阅整个课程表，读出全部数据。

4．退出系统，提示用户系统已经退出。

星期	1~2 节	3~4 节	5~6 节
星期一			
星期二			
星期三			
星期四			
星期五			

```
#include <stdio.h>
#include <stdlib.h>
struct clsset                  /*定义结构体*/
{
  char class12[6];             /*1~2 节课*/
  char class34[6];             /*3~4 节课*/
  char class56[6];             /*5~6 节课*/
}cls[5],cls2;

void save()                    /*定义函数，将课程数据写入文件*/
{
  FILE *fp;
  int i;
  fp=fopen("class","wb");      /*打开文件*/
  if(fp==NULL)
{
    printf("cannot open the file.");
    exit(0);
}
  printf("请输入所编排的课程表：\n");
  for(i=0;i<5;i++)
{
   scanf("%s%s%s",&cls[i].class12,&cls[i].class34,&cls[i].class56); /*输入当天的 3 门课*/
   fwrite(&cls[i],sizeof(struct clsset),1,fp);                     /*把课程数据写入文件*/
 }
 fclose(fp);
}

void somedaycls()                        /*定义函数，随机读取某天的课程数据*/
{
  FILE *fp;
  int no;
  fp=fopen("class","rb");
  if(fp==NULL)
{
  printf("cannot open the file.");
  exit(0);
}
printf("请输入星期代号(用 1,2,3,4,5 表示):");
```

```
scanf("%d",&no);
if(no>=1 && no<=5)
{
  fseek(fp,(no-1)*sizeof(clsset),0);          /*在文件中定位要查找的课程*/
  fread(&cls2,sizeof(clsset),1,fp);           /*从文件中读出课程内容*/
  printf("\n%s,%s,%s\n",cls2.class12,cls2.class34,cls2.class56);/*同时将课程内容输出*/
  fclose(fp);
 }
else
printf("请输入 1~5 的数!\n");
}

void clsheet()                                          /*读取文件中的全部数据*/
{
  FILE *fp;
  int i;
  fp=fopen("class","rb");
  if(fp==NULL)
  {
   printf("cannot open the file.");
   exit(0);
  }
for(i=0;i<5;i++)
  {
    fread(&cls[i],sizeof(clsset),1,fp);
    printf("%s %s %s\n",cls[i].class12,cls[i].class34,cls[i].class56);
   }
fclose(fp);
}

void main()
{
  int op;
  while(1)
{
   printf("1.课程表设置\n");
   printf("2.查阅某天课程\n");
   printf("3.查阅整个课程表\n");
   printf("4.退出系统\n");
   printf("请选择要操作的命令(1--4):");
   scanf("%d",&op);
   switch(op)
   {
     case 1:save();break;
     case 2:somedaycls();break;
     case 3:clssheet();break;
     case 4:printf("系统已经退出!");exit(0);break;
     default:printf("输入错误!");
   }
}
}
```

本章小结

本章介绍了 C 语言文件的基本操作，在访问文件时都要先打开文件，再对文件进行读/写操作，对文件操作结束后，关闭文件。

本章主要内容有文件、文件系统、文件指针的概念，文件的打开和关闭，文件的读写操作、位置指针及文件的定位，出错检测等内容。特别是文件的字符、字符串、数据块的输入/输出函数，在文件操作中非常重要。

C 语言中对文件的操作由库函数实现，文件基本操作函数包括 fopen()、fclose()、fputc()、fgetc()、fputs()、fgets()、fprintf()、fscanf()、fwrite()、fread()、fseek()、rewind()、ferror()和 clearerr()。

习　题

1．打开和关闭文件应使用哪些函数?

2．从键盘输入一个字符串（例如，Happy New Year!），把它输出到磁盘文件 test1.dat 中。

3．从磁盘文件 test1.dat 中读入一行字符到内存，将其中的大写字母全部转换为小写字母，并输出到磁盘文件 test2.dat 中。

4．把 100～200 的所有素数存入文件 test3.dat 中，然后读取文本文件 test3.dat 中的所有数据，显示在屏幕上，并统计素数的个数。

5．从键盘读入 10 个学生数据（包括学号、姓名、班级、三门课的分数），并求出每人的三门课的平均分，输出学号、学生姓名和平均分（输出到磁盘文件 stud.txt 中），再用 fscanf()函数从 stud.txt 中读出以上数据并在屏幕上显示出来。

6．从键盘输入一个字符串，输入的字符串以“!”结束，将其中的小写字母全部转换成大写字母，然后输出到一个磁盘文件“uchar.txt”中。

第 12 章 综合应用

本章从结构化程序设计方法的角度出发，列举 2 个实例，由浅入深地介绍程序设计中的一些技术和方法，以及程序设计的过程，希望不仅能够提高读者学习 C 语言的兴趣，更为今后软件开发打下坚实的基础。

12.1 应用系统的设计方法

对于一个软件系统来说，设计方法有很多，如结构化程序设计方法、面向对象程序设计方法等，C 语言主要是采用结构化程序设计方法进行程序开发。

通过前面各章节的学习，相信读者已经对结构化程序设计有了一定的理解。在这里，我们将以实例对结构化程序设计方法进行更为详细的介绍。

12.1.1 结构化程序设计方法概述

结构化程序设计方法不仅拥有完整的理论基础，同时也具有很强的实践指导意义。那么，怎么样编写程序才算符合结构化程序设计方法呢？按照 1974 年 D.Gries 教授的分析，结构化程序设计可以归纳为以下 7 个方面。

（1）结构化程序设计是指导我们编写程序的一般方法。

（2）结构化程序设计是一种避免使用 goto 语句的程序设计。

（3）结构化程序设计是自顶向下逐步求精的程序设计。

（4）结构化程序设计把任意大而复杂的流程图转变为标准形式，以便用迭代表示，并嵌套少数基本而标准的控制逻辑结构（顺序、选择、循环）。

（5）结构化程序设计是一种组织和编织程序的方法，利用它编写的程序容易理解和修改。

（6）结构化程序设计是控制复杂性的整个理论和训练方法。

（7）结构化程序的一个主要功能是使得正确性的证明容易实现。

更简单地说，结构化程序设计有以下特征。

（1）模块化

① 把一个较大的程序划分为若干子程序，每一个子程序总是独立成为一个模块。

② 每一个模块又可继续划分为更小的子模块。

③ 程序具有一种层次结构。

运用这种编程方法时，考虑问题必须先进行整体分析，避免边写边想。

（2）自顶向下

① 先设计第一层（即顶层），然后步步深入，逐层细分，逐步求精，直到整个问题可用程序设计语言明确地描述出来为止。

② 步骤：首先对问题进行仔细分析，确定输入、输出数据，写出程序运行的主要过程和任务；然后从大的功能方面把一个问题的解决过程分为几个问题，每个子问题形成一个模块。

③ 特点：先整体后局部，先抽象后具体。

（3）自底向上

① 即先设计底层，最后设计顶层。

② 优点：由表及里、由浅入深地解决问题。

③ 不足：在逐步细化的过程中可能发现原来的分解细化不够完善。

④ 注意：该方法主要用于修改、优化或扩充一个程序。

12.1.2　结构化程序设计方法举例

下面将用 C 语言来描述下面这个题目的实现过程，我们的目的不在于说明用 C 语言如何去编程，而是向大家介绍一种思考解决问题的方法、一种思维方式。依据这个思路，采用任何程序设计语言实现都显得轻而易举。

例 12.1　求 1~*n* 的素数。

分析：

要求 1~*n* 的素数，程序要做的事就是从 1 开始依次查找，判断是否是素数，是则输出，否则继续向下查找，直到 *n* 为止。

第 1 步初步设想成：

```
scanf("%d",&n);
number = 2;
while(number<n)
{
  if number是一个素数 then 输出number;
  number取下一个值;
}
```

第 2 步：细化"number 是一个素数"和"number 取下一个值"。

（1）细化"number 是一个素数"；

"number 是一个素数"这是一个布尔值，当 number 是一个素数时为 1(true)，否则为 0(false)。细化如下：

```
k = 2;
flag = 1;
lim = number -1;
while(flag == 1 && k未达到lim)
{
  if number能被k整除
     then flag = 0;
  else
    k=k+1;
}
```

（2）细化"number 取下一个值"；

```
number++;
```

第 3 步：细化"number 能被 k 整除"和"k 未达到 lim"。

（1）细化"number 能被 k 整除"；

```
number%k==0;
```

（2）细化"k 未达到 lim"；

```
k<=lim;
```

第 4 步：补充完整程序。

```
#include<stdio.h>
void main()
{
int number = 2;
int n,k,flag,lim;
scanf("%d",&n);
while(number<n)
{
  k=2;
  flag=1;
  lim=number-1;
  while(flag==1&&k<=lim)
  {
    if(number%k==0)
      flag =0;
    else
      k++;
  }
  if(flag==1)
    printf("%d\n",number);
  number++;
}
}
```

第 5 步：从所有的素数除了 2 之外都是奇数的角度出发优化程序。

程序设计步骤总结如下。

（1）分析问题。对要解决的问题，首先必须分析清楚，明确题目的要求，列出所有已知量，找出题目的求解范围、解的精度等。

（2）建立数学模型。对实际问题进行分析之后，找出它的内在规律，就可以建立数学模型。只有建立了模型的问题，才有可能利用计算机来解决。

（3）选择算法。建立数学模型后，还不能着手编程，必须根据数据结构选择解决问题的算法。一般选择算法要注意：

① 算法的逻辑结构尽可能简单；

② 算法所要求的存储量应尽可能少；

③ 避免不必要的循环，减少算法的执行时间；

④ 在满足题目条件要求下，使所需的计算量最小。

（4）编写程序。把整个程序看作是一个整体，先全局后局部，自顶向下、一层一层分解处理，如果某些子问题的算法相同而仅参数不同，可以用子程序来表示。

（5）调试运行。

（6）分析结果。

（7）写出程序文档。主要是对程序中的变量、函数或过程作必要的说明，解释编程思路，画出框图，讨论运行结果等。

12.2　应用系统的设计举例

我们将列举两个开发实例，第一个是小学算术运算模拟测试，第二个是学生成绩管理系统。

12.2.1　小学算术运算模拟测试系统

1. 需求分析

本系统是一个简单的算术加、减、乘运算测试，每次测试 10 题，每题随机产生两个数以及一个运算符（加、减、乘），并向用户提示，用户输入结果，系统检测结果的正确，并对结果进行统计，最后显示分数。系统将测试难度分为两个级别：一级难度运算的数是一位数；二级难度运算的数是两位数。系统应提供简单明了的提示界面供使用者选择和输入数据，10 道题结束后显示分数。系统主要功能如下。

（1）系统初始界面，为测试级别或退出系统提供选择，也可再次选择测试。

（2）随机数及运算符生成，根据级别可随机生成两个随机数及一个运算符，并计算结果。

（3）运算输入界面，为测试者提供结果输入的界面。

（4）测试分数累计，根据测试的正确率累计分数。

（5）显示测试者的测试结果，给出每题的测试者输入的答案及正确的答案。

2. 系统设计

（1）数据结构定义。为方便程序设计，定义结构体类型，结构体类型的各个成员项见表 12-1。

表 12-1　结构体的成员项

名　称	类　型	作　用
iNumSour	int	第一运算数
iNumDest	int	第二运算数
chOper	char	运算符代号对应的运算符
iOperator	Int	运算符代号
iResuSys	Int	计算结果
iResuUse	Int	用户输入结果

数据结构定义的结构体类型如下：

```
struct TestData
{
  int  iNumSour;
  int  iNumDest;
  char chOper;
  int  iOperator;
  int  iResuSys;
  int  iResuUse;
};
```

其中，iOperator 是运算符代号，随机产生 0、1、2 三个数，分别表示加、减、乘，并根据 iOperator 的值确定 chOper 的符号（+、-、*）。

（2）程序基本流程。根据系统描述，可以画出如图 12-1 所示的系统流程图。

系统定义一个 struct TestData 类型的由 10 个元素组成的数组。首先调用功能选择模块，提示选择测试的难度级别或结束测试退出系统。如果用户选择测试的难度级别，系统循环 10 次调用试题生成模块及答题模块，10 次测试完成后调用输出模块显示测试的结果以及所得分数。然后，再次进入功能选择模块可以重新测试或结束测试退出系统。

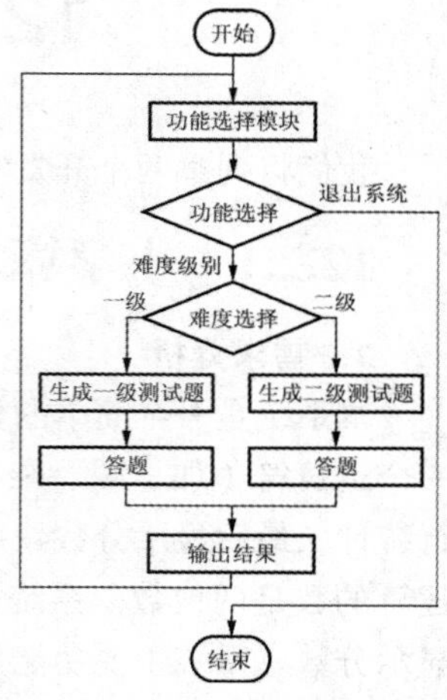

图 12-1　系统流程图

（3）功能模块。根据系统流程将系统的功能模块划分如下：

① 主控模块，实现系统的逻辑控制；

② 功能选择模块，实现用户选择界面，返回选择结果；

③ 试题生成模块，生成一道测试题，并将生成结果存入对应的结构体数组元素的各个成员项；

④ 答题模块，提供一道测试题，并提供答题提示，将用户答题结果保存到对应的结构体数组元素的答题结果成员项；

⑤ 输出结果模块，输出 10 道题的测试结果及总得分。

3. 详细设计

详细设计的目的是根据概要设计划分的模块及控制的流程设计确定各个模块的详细实现算法，并最终编码实现。

（1）数据结构。每道测试题及其运算结果都保存在 struct TestData 类型的结构体变量中，因此 10 道测试题的数据定义为结构体数组，定义如下：

```
struct TestData exam[10];
```

10 道测试题的数据将依次保存在各元素的成员项中。

（2）模块设计。根据概要设计，系统由 5 个模块组成，各个模块的功能及接口描述如下。

① 主控模块。

名称：main。

功能：定义数据，实现系统逻辑。

参数：无。

返回值：无。

② 功能选择模块。

名称：UserSel。

功能：提供用户选择界面，选择输入为 1、2、3。

参数：无。

返回值：整型数据用户的选择编号，1 表示 1 级难度测试，2 表示 2 级难度测试，3 表示退出系统。

③ 试题生成模块。

名称：GetData。

功能：根据难度级别，随机生成测试数据及运算符，并计算出结果，以上各项数据都通过指针类型的函数参数存储于对应的结构体数组元素中。

参数：第一个参数是指向结构体类型 struct TestData 的指针，通过指针将测试题的数据保存到结构体数组元素中。第二个参数是整型，用于传递难度级别，1 表示一级难度，产生一位数的测试数据；2 表示二级难度，产生两位数的测试数据。

返回值：无。

④ 答题模块。

名称：GetTest。

功能：产生提示界面，包括数据及其运算并提示用户输入结果，将用户输入的结果通过指针类型的函数参数存储于对应的结构体数组元素中。

参数：第一个参数是指向结构体类型 struct TestData 的指针，通过指针将测试题结构体数组的数据传递到函数。第二个参数是整型，用于传递题号，用于提示。

返回值：无。

⑤ 输出结果模块。

名称：PrintScore。

功能：显示每题的测试结果，并计算输出得分。

参数：参数是指向结构体类型 struct TestData 的指针，通过指针传递测试题结构体数组的首地址，作为测试的判断和输出。

返回值：无。

（3）程序代码。为了体现通过工程实现多模块特点，本系统包括如下 3 个文件：

① 文件 my.h。第一个文件 my.h 是头文件，文件中包括系统库使用的文件包含、结构体类型的定义、函数的原型声明，文件 my.h 的内容如下：

```
#include <stdio.h>
#include <stdlib.h>
#include <time.h>
struct TestData
{
int  iNumSour;                          /*第一个运算数*/
int  iNumDest;                          /*第二个运算数*/
char chOper;                            /*运算符*/
int  iOperator;                         /*运算符代号*/
int  iResuSys;                          /*正确运算结果*/
int  iResuUse;                          /*用户输入结果*/
};

/*函数原型声明*/
int  UserSel(void);
void GetData(struct TestData *,int);
void GetTest(struct TestData *,int);
void PrintScore(struct TestData *);
```

② 文件 comp_1.c。第二个文件的文件名是 comp_1.c，其中包含主函数模块，用于实现整个系统的逻辑控制。代码如下：

```
#include "my.h"
#include "comp_2.c"

void main(void)
{
  int iIndSel,i;
  struct TestData exam[10];                  /*测试数据，结构数组*/
  for(;;)
```

```
{
   iIndSel = UserSel();                              /*调用用户选择函数确定级别*/
   switch(iIndSel)
   {
    case 1:
      for(i=0; i<10; i++)
       {
         GetData(exam+i,1);                  /*难度级别 1*/
         GetTest(exam+i,i);
       }                                    /*循环调用测试生成模块及答题模块*/
      break;
    case 2:
      for(i=0; i<10; i++)
       {
         GetData(exam+i ,2);               /*难度级别 2*/
         GetTest(exam+i,i);
       }
      break;
    case 3:
      exit(0);                            /*退出系统*/
   }
PrintScore(exam);
}
}
```

③ comp_2.c 文件。第 3 个文件的文件名是 comp_2.c，文件中包含功能选择、试题生成、答题、输出结果模块对应的 4 个函数代码，文件内容如下：

```
#include "my.h"

/*-----------------------------------------------------
/       函数名：UserSel
/       作    用：用户主选择界面
/       参    数：无
/       返回值：用户选择功能，类型为整型，范围 1~3
/               1 表示选择一级难度
/               2 表示选择二级难度
/               3 表示选择退出系统
/-----------------------------------------------------*/
int UserSel(void)
{
    char  szBuff[3];
do
{
system("cls");                                         /*清屏*/
    printf("-------------欢迎使用本系统--------------\n");
    printf("\t 请选择功能\n");
    printf("\t1:选择一级测试\n");
    printf("\t2:选择二级测试\n");
    printf("\t3:退出系统\n" );
    printf("\n 请选择(1~3):");
```

```
        gets(szBuff);
        if(szBuff[0] > '3' || szBuff[0] < '1')
            printf("\007");
        else
            break;
    } while(szBuff[0] > '3' || szBuff[0] < '1');
        return szBuff[0]-'0';
}
/*----------------------------------------------------
/函数名: GetData
/功  能: 随机产生两个数及一个运算符，并计算运算结果
/参  数: 1.指向 struct TestData 的指针传递数据
/        2.整型难度级别: 1、2
/返回值: 无
/----------------------------------------------------*/
void GetData(struct TestData *p,int iLevel)
{
srand( (unsigned)time(NULL));
p -> iNumSour = rand()%(iLevel==1?10:100);
p -> iNumDest = rand()%(iLevel==1?10:100);
p -> iOperator = rand()%3;
switch(p -> iOperator)
{
    case 0:
            p -> iResuSys = p -> iNumSour + p -> iNumDest;
            p -> chOper = '+';
            break;
    case 1:
            if(p -> iNumSour < p -> iNumDest)
            {
                int iTemp;
                iTemp = p -> iNumSour;
                p -> iNumSour = p -> iNumDest;
                p -> iNumDest = iTemp;
            }
            p -> iResuSys = p -> iNumSour - p -> iNumDest;
            p -> chOper = '-';
            break;
    case 2:
            p -> iResuSys = p -> iNumSour * p -> iNumDest;
            p -> chOper = '*';
            break;
}
}
/*----------------------------------------------------
/函数名: GetTest
/功  能: 提示测试输入结果
/参  数: 1.指向 struct TestData 的指针，传递数据，回传结果
/        2.整型传递 10 道题的题号
/返回值: 无
/----------------------------------------------------*/
void GetTest(struct TestData *p,int iNum)
```

```
{
char szBuff[20];
system("cls");
printf("输入结果后回车\n");
printf("现在测试第 %d 题\n",iNum+1);
printf("%d %c %d = ",p -> iNumSour,p -> chOper,p -> iNumDest);
gets(szBuff);
p -> iResuUse = atoi(szBuff);
}
/*-----------------------------------------------
/函数名 : PrintScore
/功   能: 输出结果
/参   数: 指向 struct TestData 的指针，传递数据
/返回值 : 无
/-----------------------------------------------*/
void PrintScore(struct TestData *p)
{
int iScore,i;
iScore = 0;
printf("--------------你的测试结果---------------\n");
       for(i=0; i<10; i++)
{
    if(p -> iResuUse == p ->iResuSys)
    {
        iScore += 10;
        printf("第 %d 题:  %d %c %d = %d  \t 正确\n",
                    i,p->iNumSour,p->chOper,p->iNumDest, p->iResuSys);
    }
    else
    {
        printf("第 %d 题:  %d %c %d = %d  \t 错误\n",
                    i,p->iNumSour,p->chOper,p->iNumDest,p->iResuUse);
        printf("第 %d 题:  正确的结果是: %d\n", i,p->iResuSys);
    }
    p++;
}
printf("本次测试你的得分是:    %d\n",iScore);
printf("按任意键返回! ");
getchar();
}
```

（4）调试运行。对以上 3 个文件分别进行调试、编译，运行 comp_1.c 文件，运行结果如图 12-2 所示。

图 12-2　程序执行结果图

12.2.2　学生成绩管理系统

1. 程序功能

本程序利用单链表存储结构完成对学生成绩的动态管理，其基本功能包括如下模块。

（1）初始化

（2）输入

（3）显示

（4）删除

（5）查找

（6）插入

（7）追加

（8）保存

（9）读入

（10）计算

（11）复制

（12）排序

（13）索引

（14）分类合计

（15）退出

2. 设计思路

程序设计一般由两部分组成：算法和数据结构，合理地选择和实现一个数据结构与处理这些数据结构具有同样的重要性。在这里，我们使用单链表结构管理学生成绩，不用事先估计学生人数，方便随时插入和删除学生记录，且不必移动数据，实现动态管理。

（1）数据结构

将一个学生当作一个节点，这个节点的类型为结构体，结构体中的域表示学生的属性，每个节点除了存放属性外，还存放节点之间的关系，即存放指向后继节点的指针。所以，定义表节点的结构如下：

```
#define N 3                  /*定义课程门数，可以根据情况设定*/
typedef struct z1            /*定义结构体类型*/
{
   char no[11];              /*学号由 10 个字符组成*/
   char name[15];            /*学生姓名*/
   int score[N];             /*各门课成绩*/
   float sum;                /*总分*/
   float average;            /*平均分*/
   int order;                /*名次*/
   struct z1 *next;          /*指向后继节点的指针*/
}STUDENT;
```

（2）main()主函数

主函数是程序的入口，采用模块化设计，主函数不宜复杂，功能尽量在各模块中实现。

首先声明一些必要的变量，然后作一无限循环程序，循环体为一个开关语句，该语句的条件值是通过调用主菜单函数得到的返回值，根据该值，调用相应的各功能函数，同时设置一个断点，即当返回值为一定条件时运行 exit()函数结束程序，以免造成死循环。

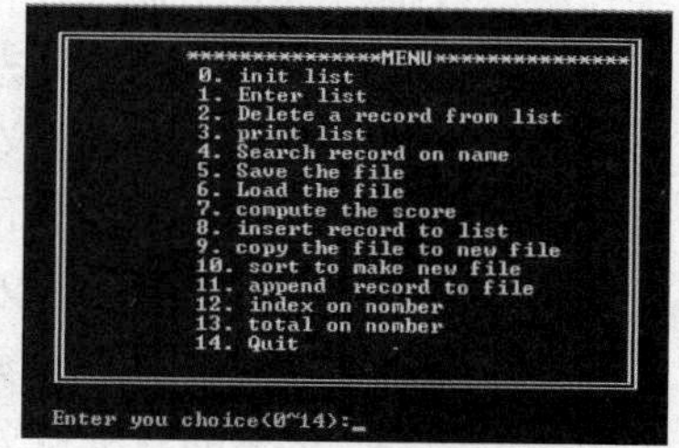

图 12-3　主菜单界面

（3）menu_select()主菜单

为更好地调用功能选项，突出菜单效果，突出窗口制作了一个双边框的窗口，在窗口中显示主菜单，界面如图 12-3

所示。

首先定义一个指向字符的指针数组*menu[]，它是用来指向若干个字符串，未输入长度则由实际赋值的多少确定，本例为 16 行。按一般方法字符串本身就是一个字符数组，因此要存放多行字符串就需要设计一个二维数组，但在定义二维数组时，需要指定列数，也就是每一行包含的元素个数相等。而实际上各字符串（菜单内容）的长度一般是不相等的。如果按照最长的字符串来定义列数，则会浪费许多内存单元。所以选择指针数组比较适合用来指向若干个字符串，使字符串处理更加方便灵活。

制作边框是为了美化界面。本例通过输出函数 putch()输出图形符号的 ASCII 码值（十六进制）达到显示图形的目的。界面可以根据个人喜好进行设置。

（4）init()初始化

单链表需要一个头指针指向表的第一个节点，对单链表的访问是从头指针开始的。初始化单链表为空（即设头指针为空）。这里空用 NULL 表示，该值在头文件 stdio.h 中定义为常数 0。

（5）create()创建单链表

当在主菜单中输入了字符 1 时，进入创建链表函数，即输入学生信息，按照提示信息输入学号（字符串不超过 10 位）、姓名（字符串不超过 14 位）、三门课程的成绩（整数 0-100），每输入一个数就按一下回车键，当在输入学号首字符为@时结束输入，返回主函数，单链表创建完毕。

（6）print()显示单链表

学生成绩表建立好后，更多的操作是显示和查找记录，本函数实现显示链表数据功能。

（7）delete()删除节点

删除指定学号的记录。首先输入要删除节点的学号，输入后根据学号顺序查找节点，如果没找到，则输出没找到信息；否则，显示找到的节点信息，按任意键后显示已删除信息。

（8）search()查找节点

按照姓名查找节点，从头节点开始顺序查找，成功显示记录信息，失败，显示没找到。姓名是字符串，比较功能利用字符串比较函数 strcmp()实现。

（9）insert()插入节点

插入节点需要输入插入位置和新节点信息。输入某个节点的学号，新节点将插入在这个指定节点之前。申请空间得到指针 info，输入新节点信息，存放到新申请的空间 info 中。

（10）save()保存记录到文件

将学生信息保存到指定文件中。按照文件读写要求，先定义一个指向文件的指针，输入要保存的磁盘文件名，如果输入的是绝对路径，则文件保存到指定位置；如果只给文件名，则文件保存在 Turbo C 默认的路径下。然后确定文件的打开方式，打开文件。如果文件打不开，则退出程序，否则选择一种写文件方式，从链表的头指针开始，顺序将记录写入文件，直到所有记录写完，标志就是移动指针为空。

（11）load()从文件中读取记录

按照文件读写要求，先定义一个指向文件的指针，输入要读入数据的磁盘文件名，然后确定文件的打开方式。如果文件打不开，则退出函数，否则选择一种读文件方式，从文件头开始，将记录读入内存，直到文件尾。文件打开方式和读入方式的确定要依据输出文件的打开方式和写入方式，以免数据读入错误。每读入一条记录，都要做好指针链接关系，本函数将新节点链接到当前链表的尾部，链表的顺序和文件保存的顺序一致。

（12）append()追加记录到文件尾

如果我们只想插入一条记录，而无所谓插入位置。这时，我们可以选择在所有记录的最后追加一条记录，这时并不需要知道最后一条记录的学号，也不需要先从文件中读入数据，直接进行文件追加操作即可。

追加记录首先是输入新节点信息，然后输入保存学生信息的文件名，按追加方式打开文件，将新信息写入文件。应注意文件类型和打开方式。

（13）copy()复制文件

为了保存数据，防止意外发生，为数据做备份是很有必要的。

本函数是将文件读写功能结合到一起的应用。先输入源文件名，再输入目录文件名，然后利用文件读写函数将源文件的信息写到目标文件中，本函数的主要目的是掌握文件操作。

（14）sort()排序

对于学生成绩管理，一个很重要的运算是将学生按照分数由高到低排名，本函数实现按照总分排序功能。

（15）computer()计算求出所有学生的总分和所有课程平均分

从头指针开始，每读一条记录，将该生的总分累加，并统计记录条数，当所有数据处理完毕，求出平均分，最后输出结果为所有学生的总分和平均分。

（16）index()索引

索引是为了分类求合计的，实际上也是排序，按照分类字段排序，本函数是按照学号进行排序的。

（17）total()分类合计

在实际成绩管理中，经常会遇到班级与班级之间分数的比较，这时就用到了分类合计，将学生成绩按班级计总分和平均分。那么如何区分班级呢？靠学号字段，所以我们在设计学号字段时要考虑到学号各位的含义表示，本程序设计学号字段长度为 11，对于该字段的处理，通常是按照字符串处理，而并不按字符数组处理，而字符串结束符号为'\0'，所以实际学号字段长度不得超过 10 位。例如 2008010101，前 4 位表示入学年份，5~6 位表示学院，7~8 表示班级号，9~10 位表示学生序号。

可以看出，要做分类合计应先按学号排序（即先执行索引函数），所有班级相同的记录连接排列，这样便于处理。所有学号字段前 8 位相同的为同一班级的学生，所以先将第一条记录的学号前 8 位（即班级号）取出保存，顺序将后续节点班级号相同的学生成绩总分和平均分累计，遇到不相同的班级号，本次处理完毕，输出分类总分和平均分，然后从本次循环结束点开始，也就是代表新的班级记录开始重复上述的处理，直到所有记录处理完毕。所以程序中用到两重循环，外循环处理不同的班级，内循环处理班级内学生的总分和平均分。

3. 程序代码

```
/******头文件（.h）***********/
#include "stdio.h"                /*I/O 函数*/
#include "stdlib.h"               /*其他说明*/
#include "string.h"               /*字符串函数*/
#include "conio.h"                /*屏幕操作函数*/
#include "memory.h"               /*内存操作函数*/
#include "ctype.h"                /*字符操作函数*/
#include "malloc.h"               /*动态地址分配函数*/
```

```
#define N 3                              /*定义常数*/
typedef struct z1                        /*定义数据结构*/
{
   char no[11];
   char name[15];
   int score[N];
   float sum;
   float average;
   int order;
   struct z1 *next;
 }STUDENT;
/*以下是函数原型*/
STUDENT  *init();                        /*初始化函数*/
STUDENT *create();                       /*创建链表*/
STUDENT *delete(STUDENT *h);             /*删除记录*/
void print(STUDENT *h);                  /* 显示所有记录*/
void search(STUDENT *h);                 /*查找*/
void save(STUDENT *h);                   /*保存*/
STUDENT *load();                         /*读入记录*/
void computer(STUDENT *h);               /*计算总分和均分*/
STUDENT *insert(STUDENT *h);             /*插入记录*/
void append();                           /*追加记录*/
void copy();                             /*复制文件*/
STUDENT *sort(STUDENT *h);               /*排序*/
STUDENT *index(STUDENT *h);              /*索引*/
void total(STUDENT *h);                  /*分类合计*/
int menu_select();                       /*菜单函数*/
/******主函数开始*******/
void main()
{
   int i;
   STUDENT *head;                        /*链表定义头指针*/
   head=init();                          /*初始化链表*/
   clrscr();                             /*清屏*/
   for(;;)                               /*无限循环*/
   {
      switch(menu_select())              /*调用主菜单函数，返回值整数作开关语句的条件*/
      {                                  /*值不同，执行的函数不同，break 不能省略*/
  case 0:head=init();break;              /*执行初始化*/
  case 1:head=create();break;            /*创建链表*/
  case 2:head=delete(head);break;        /*删除记录*/
  case 3:print(head);break;              /*显示全部记录*/
  case 4:search(head);break;             /*查找记录*/
  case 5:save(head);break;               /*保存文件*/
  case 6:head=load(); break;             /*读文件*/
  case 7:computer(head);break;           /*计算总分和平均分*/
```

```
 case 8:head=insert(head);break;          /*插入记录*/
 case 9:copy();break;                     /*复制文件*/
 case 10:head=sort(head);break;           /*排序*/
 case 11:append();break;                  /*追加记录*/
 case 12:head=index(head);break;          /*索引*/
 case 13:total(head);break;               /*分类合计*/
 case 14:exit(0);                         /*如菜单返回值为 14 程序结束*/
    }
  }
}
/*菜单函数，返回值为整数*/
menu_select()
{
  *定义菜单字符串数组*/
   char *menu[]={"**************MENU***************",/
  " 0. init list",                                  /*初始化*/
  " 1. Enter list",                                 /*输入记录*/
  " 2. Delete a record from list",                  /*从表中删除记录*/
  " 3. print list ",                                /*显示单链表中所有记录*/
  " 4. Search record on name",                      /*按照姓名查找记录*/
  " 5. Save the file",                              /*将单链表中记录保存到文件中*/
  " 6. Load the file",                              /*从文件中读入记录*/
  " 7. compute the score",                          /*计算所有学生的总分和平均分*/
  " 8. insert record to list ",                     /*插入记录到表中*/
  " 9. copy the file to new file",                  /*复制文件*/
  " 10. sort to make new file",                     /*排序*/
  " 11. append  record to file",                    /*追加记录到文件中*/
  " 12. index on nomber",                           /*索引*/
  " 13. total on nomber",                           /*分类合计*/
  " 14. Quit"};                                     /*退出*/
  char s[3];                                        /*以字符形式保存选择号*/
  int c,i;                                          /*定义整形变量*/
  gotoxy(1,25);                                     /*移动光标*/
  printf("press any key enter menu......\n");       /*按任一键进入主菜单*/
  getch();                                          /*输入任一键*/
  clrscr();                                         /*清屏幕*/
  gotoxy(1,1);                                      /*移动光标*/
  textcolor(YELLOW);                                /*设置文本显示颜色为黄色*/
  textbackground(BLUE);                             /*设置背景颜色为蓝色*/
  gotoxy(10,2);                                     /*移动光标*/
  putch(0xc9);                                      /*输出左上角边框┌*/
  for(i=1;i<44;i++)
     putch(0xcd);                                   /*输出上边框水平线*/
  putch(0xbb);                                      /*输出右上角边框 ┐*/
  for(i=3;i<20;i++)
  {
```

```
      gotoxy(10,i);putch(0xba);                        /*输出左垂直线*/
      gotoxy(54,i);putch(0xba);                        /*输出右垂直线*/
   }
   gotoxy(10,20);putch(0xc8);                          /*输出左下角边框└*/
   for(i=1;i<44;i++)
      putch(0xcd);                                     /*输出下边框水平线*/
   putch(0xbc);                                        /*输出右下角边框┘*/
   window(11,3,53,19);                                 /*制作显示菜单的窗口，大小根据菜单条数设计*/
   clrscr();                                           /*清屏*/
   for(i=0;i<16;i++)                                   /*输出主菜单数组*/
   {
      gotoxy(10,i+1);
      cprintf("%s",menu[i]);
   }
   textbackground(BLACK);                              /*设置背景颜色为黑色*/
   window(1,1,80,25);                                  /*恢复原窗口大小*/
   gotoxy(10,21);                                      /*移动光标*/
   do
{
      printf("\n   Enter you choice(0~14):");          /*在菜单窗口外显示提示信息*/
      scanf("%s",s);                                   /*输入选择项*/
      c=atoi(s);                                       /*将输入的字符串转化为整型数*/
   }while(c<0||c>14);                                  /*选择项不在 0~14 时重输*/
   return c;                                           /*返回选择项，主程序根据该数调用相应的函数*/
}
STUDENT *init()
{
   return NULL;
}
/*创建链表*/
STUDENT *create()
{
   int i; int s;
   STUDENT *h=NULL, *info;                             /* STUDENT 指向结构体的指针*/
   for(;;)
   {
      info=(STUDENT *)malloc(sizeof(STUDENT));         /*申请空间*/
      if(!info)                                        /*如果指针 info 为空*/
      {
  printf("\nout of memory");                           /*输出内存溢出*/
  return NULL;                                         /*返回空指针*/
      }
      inputs("enter no:",info->no,11);                 /*输入学号并校验*/
      if(info->no[0]=='@') break;                      /*如果学号首字符为@则结束输入*/
      inputs("enter name:",info->name,15);             /*输入姓名，并进行校验*/
      printf("please input %d score \n",N);            /*提示开始输入成绩*/
      s=0;                                             /*计算每个学生的总分，初值为 0*/
      for(i=0;i<N;i++)                                 /*N 门课程循环 N 次*/
```

```
    {
  do{
    printf("score%d:",i+1);                            /*提示输入第几门课程*/
    scanf("%d",&info->score[i]);                       /*输入成绩*/
    if(info->score[i]>100||info->score[i]<0)           /*确保成绩在 0~100*/
    printf("bad data,repeat input\n");                 /*出错提示信息*/
  }while(info->score[i]>100||info->score[i]<0);
  s=s+info->score[i];                                  /*累加各门课程成绩*/
    }
    info->sum=s;                                       /*将总分保存*/
    info->average=(float)s/N;                          /*求出平均值*/
    info->order=0;                                     /*未排序前此值为 0*/
    info->next=h;                                      /*将头节点作为新输入节点的后继节点*/
    h=info;                                            /*新输入节点为新的头节点*/
  }
  return(h);                                           /*返回头指针*/
}
/*输入字符串，并进行长度验证*/
inputs(char *prompt, char *s, int count)
{
  char p[255];
  do{
    printf(prompt);                                    /*显示提示信息*/
    scanf("%s",p);                                     /*输入字符串*/
    if(strlen(p)>count)printf("\n too long! \n"); /*进行长度校验，超过 count 值重输入*/
  }while(strlen(p)>count);
  strcpy(s,p);                                         /*将输入的字符串复制到字符串 s 中*/
}
/*输出链表中节点信息*/
void print(STUDENT *h)
{
  int i=0;                                             /* 统计记录条数*/
  STUDENT *p;                                          /*移动指针*/
  clrscr();                                            /*清屏*/
  p=h;                                                 /*初值为头指针*/
  printf("\n\n\n****************************STUDENT**********************************\n");
  printf("|rec|no        |      name     | sc1| sc2| sc3|   sum  |  ave  |order|\n");
  printf("|----|---------------|-----------------------|-----|----|-----|---------
----|----------|------|\n");
  while(p!=NULL)
  {
    i++;
    printf("|%3d|%-10s|%-15s|%4d|%4d|%4d|%4.2f|%4.2f|%3d|\n",i,p->no,p->name,p-
>score[0],p->score[1],p->score[2],p->sum,p->average,p->order);
    p=p->next;
  }
  printf("*************************************end**************************************\n");
}
/*删除记录*/
STUDENT *delete(STUDENT *h)
```

```
{
  STUDENT *p, *q;                              /*p 为查找到要删除的节点指针，q 为其前驱指针*/
  char s[11];                                  /*存放学号*/
  clrscr();                                    /*清屏*/
  printf("please deleted no\n");               /*显示提示信息*/
  scanf("%s",s);                               /*输入要删除记录的学号*/
  q=p=h;                                       /*给 q 和 p 赋初值头指针*/
  while(strcmp(p->no,s)&&p!=NULL)              /*当记录的学号不是要找的，或指针不为空时*/
  {
    q=p;                                       /*将 p 指针值赋给 q 作为 p 的前驱指针*/
    p=p->next;                                 /*将 p 指针指向下一条记录*/
  }
  if(p==NULL)                                  /*如果 p 为空，说明链表中没有该节点*/
    printf("\nlist no %s student\n",s);
  else                                         /*p 不为空，显示找到的记录信息*/
  {
    printf("************************************have
found*******************************************\n");
    printf("|no|name|sc1|sc2|sc3|sum|ave|order|\n");
    printf("|---------------|----------------------|-----|-----|----|-----------
--|----------|------|\n");
    printf("|%-10s|%-15s|%4d|%4d|%4d| %4.2f | %4.2f | %3d |\n", p->no,                p-
>name,p->score[0],p->score[1],p->score[2],p->sum,p->average,p->order);
    printf("*************************************end**********************************
***\n");
    getch();                                   /*按任一键后，开始删除*/
    if(p==h)                                   /*如果 p==h，说明被删节点是头节点*/
    h=p->next;                                 /*修改头指针指向下一条记录*/
    else
   q->next=p->next;                            /*若不是头指针，将 p 的后继节点作为 q 的后继节点*/
    free(p);                                   /*释放 p 所指节点空间*/
    printf("\n have deleted No %s student\n",s);
    printf("Don't forget save\n");             /*提示删除后不要忘记保存文件*/
  }
  return(h);                                   /*返回头指针*/
}
/*查找记录*/
void search(STUDENT *h)
{
  STUDENT *p;                                  /*移动指针*/
  char s[15];                                  /*存放姓名的字符数组*/
  clrscr();                                    /*清屏幕*/
  printf("please enter name for search\n");
  scanf("%s",s);                               /*输入姓名*/
  p=h;                                         /*将头指针赋给 p*/
  while(strcmp(p->name,s)&&p!=NULL)            /*当记录的姓名不是要找的，或指针不为空时*/
  p=p->next;                                   /*移动指针，指向下一节点*/
  if(p==NULL)                                  /*如果指针为空*/
```

```
        printf("\nlist no %s student\n",s);     /*显示没有该学生*/
      else                                      /*显示找到的记录信息*/
      {
        printf("\n\n********************************havefound*****************************\n");
        printf("|no          |        name       | sc1| sc2| sc3|   sum  |  ave  |order|\n");
        printf("|------------|-------------------|----|----|----|----------
--|----------|------|\n");
        printf("|%-10s|%-15s|%4d|%4d|%4d| %4.2f | %4.2f | %3d |\n", p->no,p->name,p-
>score[0],p->score[1],p->score[2],p->sum,p->average,p->order);
    printf("**************************************end*****************************************\n");
      }
    }
    /*插入记录*/
    STUDENT  *insert(STUDENT *h)
    {
      STUDENT *p, *q, *info;              /*p 指向插入位置，q 是其前驱，info 指新插入记录*/
      char s[11];                               /*保存插入点位置的学号*/
      int s1,i;
      printf("please enter location before the no\n");
      scanf("%s",s);                            /*输入插入点学号*/
      printf("\nplease new record\n");          /*提示输入记录信息*/
      info=(STUDENT *)malloc(sizeof(STUDENT)); /*申请空间*/
      if(!info)
      {
        printf("\nout of memory");              /*如没有申请到，内存溢出*/
        return NULL;                            /*返回空指针*/
      }
      inputs("enter no:",info->no,11);          /*输入学号*/
      inputs("enter name:",info->name,15);      /*输入姓名*/
      printf("please input %d score \n",N);     /*提示输入分数*/
      s1=0;                                     /*保存新记录的总分，初值为 0*/
      for(i=0;i<N;i++)                          /*N 门课程循环 N 次输入成绩*/
      {
        do
   {                                            /*对数据进行验证，保证在 0~100 之间*/
    printf("score%d:",i+1);
    scanf("%d",&info->score[i]);
    if(info->score[i]>100||info->score[i]<0)
       printf("bad data,repeat input\n");
         }while(info->score[i]>100||info->score[i]<0);
         s1=s1+info->score[i];                  /*计算总分*/
      }
      info->sum=s1;                             /*将总分存入新记录中*/
      info->average=(float)s1/N;                /*计算平均分*/
      info->order=0;                            /*名次赋值 0*/
      info->next=NULL;                          /*设后继指针为空*/
      p=h;                                      /*将指针赋值给 p*/
      q=h;                                      /*将指针赋值给 q*/
      while(strcmp(p->no,s)&&p!=NULL)           /*查找插入位置*/
```

```
        {
           q=p;                                        /*保存指针 p，作为下一个 p 的前驱*/
           p=p->next;                                  /*将指针 p 后移*/
        }
       if(p==NULL)                                     /*如果 p 指针为空，说明没有指定节点*/
           if(p==h)                                    /*同时 p 等于 h，说明链表为空*/
     h=info;                                           /*新记录则为头节点*/
           else
     q->next=info;                                     /*p 为空，但 p 不等于 h，将新节点插在表尾*/
       else
           if(p==h)                                    /*p 不为空，则找到了指定节点*/
           {
     info->next=p;                                     /*如果 p 等于 h，则新节点插入在第一个节点之前*/
     h=info;                                           /*新节点为新的头节点*/
           }
           else
           {
     info->next=p;                                     /*不是头节点，则是中间某个位置，新节点的后继为 p*/
     q->next=info;                                     /*新节点作为 q 的后继节点*/
           }
       printf("\n ----have inserted %s student----\n",info->name);      printf("---Don't
forget save---\n");                                    /*提示存盘*/
       return(h);                                      /*返回头指针*/
    }
    /*保存数据到文件*/
    void save(STUDENT *h)
    {
       FILE *fp;                                       /*定义指向文件的指针*/
       STUDENT *p;                                     /*定义移动指针*/
       char outfile[10];                               /*保存输出文件名*/
       printf("Enter outfile name,for example c:\\f1\\te.txt:\n"); /*提示文件名格式信息*/
       scanf("%s",outfile);
       if((fp=fopen(outfile,"wb"))==NULL)              /*为输出打开一个二进制文件，如没有则建立*/
       {
          printf("can not open file\n");
          exit(1);
       }
       printf("\nSaving file......\n");                /*打开文件，提示正在保存*/
       p=h;                                            /*移动指针从头指针开始*/
       while(p!=NULL)                                  /*如 p 不为空*/
       {
          fwrite(p,sizeof(STUDENT),1,fp);              /*写入一条记录*/
          p=p->next;                                   /*指针后移*/
       }
       fclose(fp);                                     /*关闭文件*/
       printf("-----save success!!-----\n");           /*显示保存成功*/
    }
    /* 从文件读数据*/
```

```
STUDENT *load()
{
   STUDENT *p, *q, *h=NULL;                      /*定义记录指针变量*/
   FILE *fp;                                     /*定义指向文件的指针*/
   char infile[10];                              /*保存文件名*/
   printf("Enter infile name,for example c:\\f1\\te.txt:\n");
   scanf("%s",infile);                           /*输入文件名*/
   if((fp=fopen(infile,"rb"))==NULL)             /*打开一个二进制文件为读方式*/
   {
      printf("can not open file\n");             /*如不能打开，则结束程序*/
      exit(1);
   }
   printf("\n -----Loading file!-----\n");
   p=(STUDENT *)malloc(sizeof(STUDENT));         /*申请空间*/
   if(!p)
   {
      printf("out of memory!\n");                /*如没有申请到，则内存溢出*/
      return h;                                  /*返回空头指针*/
   }
   h=p;                                          /*申请到空间，将其作为头指针*/
   while(!feof(fp))                              /*循环读数据直到文件尾结束*/
   {
      if(1!=fread(p,sizeof(STUDENT),1,fp))
    break;                                       /*如果没读到数据，跳出循环*/
      p->next=(STUDENT *)malloc(sizeof(STUDENT));  /*为下一个节点申请空间*/
      if(!p->next)
      {
          printf("out of memory!\n");            /*如没有申请到，则内存溢出*/
          return h;
      }
      q=p;                                       /*保存当前节点的指针，作为下一节点的前驱*/
      p=p->next;                                 /*指针后移，新读入数据链到当前表尾*/
   }
   q->next=NULL;                                 /*最后一个节点的后继指针为空*/
   fclose(fp);                                   /*关闭文件*/
   printf("---You have success read data from file!!!---\n");
   return h;                                     /*返回头指针*/
}
/*追加记录到文件*/
void append()
{
   FILE *fp;                                     /*定义指向文件的指针*/
   STUDENT *info;                                /*新记录指针*/
   int s1,i;
   char infile[10];                              /*保存文件名*/
   printf("\nplease new record\n");
   info=(STUDENT *)malloc(sizeof(STUDENT));  /*申请空间*/
   if(!info)
   {
```

```
        printf("\nout of memory");                    /*没有申请到，内存溢出本函数结束*/
        return ;
    }
    inputs("enter no:",info->no,11);                  /*调用 inputs 输入学号*/
    inputs("enter name:",info->name,15);              /*调用 inputs 输入姓名*/
    printf("please input %d score \n",N);             /*提示输入成绩*/
    s1=0;
    for(i=0;i<N;i++)
    {
        do
        {
            printf("score%d:",i+1);
            scanf("%d",&info->score[i]);              /*输入成绩*/
            if(info->score[i]>100||info->score[i]<0)printf("bad data,repeat input\n");
        }while(info->score[i]>100||info->score[i]<0); /*成绩数据验证*/
        s1=s1+info->score[i];                         /*求总分*/
    }
    info->sum=s1;                                     /*保存总分*/
    info->average=(float)s1/N;                        /*求均分*/
    info->order=0;                                    /*名次初始值为 0*/
    info->next=NULL;                                  /*将新记录后继指针赋值为空*/
    printf("Enter infile name,for example c:\\f1\\te.txt:\n");
    scanf("%s",infile);                               /*输入文件名*/
    if((fp=fopen(infile,"ab"))==NULL)                 /*向二进制文件尾增加数据方式打开文件*/
    {
        printf("can not open file\n");                /*显示不能打开*/
        exit(1);                                      /*退出程序*/
    }
    printf("\n -----Appending record!-----\n");
    if(1!=fwrite(info,sizeof(STUDENT),1,fp))          /*写文件操作*/
    {
        printf("-----file write error!-----\n");
        return;                                       /*返回*/
    }
    printf("-----append  sucess!!----\n");
    fclose(fp);                                       /*关闭文件*/
}
/*文件复制*/
void copy()
{
    char outfile[10],infile[10];
    FILE *sfp, *tfp;                                  /*源和目标文件指针*/
    STUDENT *p=NULL;                                  /*移动指针*/
    clrscr();    /*清屏*/
    printf("Enter infile name,for example c:\\f1\\te.txt:\n");
    scanf("%s",infile);                               /*输入源文件名*/
    if((sfp=fopen(infile,"rb"))==NULL)                /*二进制读方式打开源文件*/
    {
        printf("can not open input file\n");
```

```
        exit(0);
    }
    printf("Enter outfile name,for example c:\\f1\\te.txt:\n");   /*提示输入目标文件名*/
    scanf("%s",outfile);                                /*输入目标文件名*/
    if((tfp=fopen(outfile,"wb"))==NULL)                 /*二进制写方式打开目标文件*/
    {
        printf("can not open output file \n");
        exit(0);
    }
    while(!feof(sfp))                                   /*读文件直到文件尾*/
    {
        if(1!=fread(p,sizeof(STUDENT),1,sfp))
            break;                                      /*块读*/
        fwrite(p,sizeof(STUDENT),1,tfp);                /*块写*/
    }
    fclose(sfp);                                        /*关闭源文件*/
    fclose(tfp);                                        /*关闭目标文件*/
    printf("you have success copy  file!!!\n");         /*显示成功复制*/
}
/*排序*/
STUDENT *sort(STUDENT *h)
{
    int i=0;                            /*保存名次*/
    STUDENT *p,*q,*t,*h1;               /*定义临时指针*/
    h1=h->next;                         /*将原表的头指针所指的下一个节点作为头指针*/
    h->next=NULL;                       /*第一个节点为新表的头节点*/
    while(h1!=NULL)                     /*当原表不为空时，进行排序*/
    {
        t=h1;                           /*取原表的头节点*/
        h1=h1->next;                    /*原表头节点指针后移*/
        p=h;                            /*设定移动指针 p，从头指针开始*/
        q=h;                            /*设定移动指针 q 作为 p 的前驱，初值为头指针*/
        while(t->sum<p->sum&&p!=NULL) /*作总分比较*/
        {
            q=p;                        /*待排序点值小，则新表指针后移*/
            p=p->next;
        }
        if(p==q)                        /*p==q，说明待排序点值大，应排在首位*/
        {
  t->next=p;                            /*待排序点的后继为 p*/
  h=t;                                  /*新头节点为待排序点*/
        }
        else    /*待排序点应插入在中间某个位置 q 和 p 之间，如 p 为空则是尾部*/
        {
  t->next=p;                            /*t 的后继是 p*/
  q->next=t;                            /*q 的后继是 t*/
        }
    }
```

```
    p=h;                              /*已排好序的头指针赋给 p，准备填写名次*/
    while(p!=NULL)                    /*当 p 不为空时，进行下列操作*/
    {
       i++;                           /*节点序号*/
       p->order=i;                    /*将名次赋值*/
       p=p->next;                     /*指针后移*/
    }
    printf("sort sucess!!!\n");       /*排序成功*/
    return h;                         /*返回头指针*/
 }
 /*计算总分和均值*/
 void computer(STUDENT *h)
 {
    STUDENT *p;                       /*定义移动指针*/
    int i=0;                          /*保存记录条数初值为 0*/
    long s=0;                         /*总分初值为 0*/
    float average=0;                  /*均分初值为 0*/
    p=h;                              /*从头指针开始*/
    while(p!=NULL)                    /*当 p 不为空时处理*/
    {
       s+=p->sum;                     /*累加总分*/
       i++;                           /*统计记录条数*/
       p=p->next;                     /*指针后移*/
    }
    average=(float)s/i; /* 求均分，均分为浮点数，总分为整数，所以做类型转换*/
    printf("\n--All students sum score is:%ld  average is %5.2f\n",s,average);
 }
 /*索引*/
 STUDENT *index(STUDENT *h)
 {
    STUDENT *p, *q, *t, *h1;          /*定义临时指针*/
    h1=h->next;                       /*将原表的头指针所指的下一个节点作头指针*/
    h->next=NULL;                     /*第一个节点为新表的头节点*/
    while(h1!=NULL)                   /*当原表不为空时，进行排序*/
    {
       t=h1;                          /*取原表的头节点*/
       h1=h1->next;                   /*原表头节点指针后移*/
       p=h;                           /*设定移动指针 p，从头指针开始*/
       q=h;                           /*设定移动指针 q 作为 p 的前驱，初值为头指针*/
       while(strcmp(t->no,p->no)>0&&p!=NULL)  /*作学号比较*/
       {
          q=p;                        /*待排序点值大，应往后插，所以新表指针后移*/
          p=p->next;
       }
       if(p==q)                       /*p==q，说明待排序点值小，应排在首位*/
       {
          t->next=p;                  /*待排序点的后继为 p*/
```

```
        h=t;                                /*新头节点为待排序点*/
      }
      else      /*待排序点应插入在中间某个位置 q 和 p 之间，如 p 为空则是尾部*/
      {
        t->next=p;                          /*t 的后继是 p*/
        q->next=t;                          /*q 的后继是 t*/
      }
    }
    printf("index sucess!!!\n");            /*索引排序成功*/
    return h;                               /*返回头指针*/
}
/*分类合计*/
void total(STUDENT *h)
{
    STUDENT *p, *q;                         /*定义临时指针变量*/
    char sno[9],qno[9],*ptr;                /*保存班级号*/
    float s1,ave;                           /*保存总分和平均分*/
    int i;                                  /*保存班级人数*/
    clrscr();                               /*清屏*/
    printf("\n\n  *********************Total*********************\n");
    printf("---class---------sum--------------average----\n");
    p=h;                                    /*从头指针开始*/
    while(p!=NULL)                          /*当 p 不为空时做下面的处理*/
    {
      memcpy(sno,p->no,8);                  /*从学号中取出班级号*/
      sno[8]='\0';                          /*做字符串结束标记*/
      q=p->next;                            /*将指针指向待比较的记录*/
      s1=p->sum;                            /*当前班级的总分初值为该班级的第一条记录总分*/
      ave=p->average;                       /*当前班级的均分初值为该班级的第一条记录均分*/
      i=1;                                  /*统计当前班级人数*/
      while(q!=NULL)                        /*内循环开始*/
      {
        memcpy(qno,q->no,8);                /*读取班级号*/
        qno[8]='\0';                        /*做字符串结束标记*/
        if(strcmp(qno,sno)==0)              /*比较班级号*/
        {
    s1+=q->sum;                             /*累加总分*/
    ave+=q->average;                        /*累加均分*/
    i++;                                    /*累加班级人数*/
    q=q->next;                              /*指针指向下一条记录*/
    }
    else
    break;                                  /*不是一个班级的结束本次内循环*/
}
     printf("%s     %10.2f            %5.2f\n",sno,s1,ave/i);
     if(q==NULL)
       break;                               /*如果当前指针为空，外循环结束，程序结束*/
```

```
    else
    p=q;                    /*否则，将当前记录作为新的班级的第一条记录开始新的比较*/
  }
  printf("-------------------------------------------\n");
}
```

本章小结

通过本章的学习，读者可以对 C 语言解决实际问题的步骤有一个较为全面的理解。读者可以在本章列举的两个示例程序的基础上进行功能扩充。

习　题

1. 计算 24 点。

要求：任意输入 4 位数字（整数），利用+、-、*、/ 四则运算使之得到结果 24。输出所有不同算法的计算表达式，可为运算优先级而使用括号。注意不要多次输出相同的计算表达式。

2. 统计 10 个学生一年的生活费用支出。

要求：

（1）从文件中读入数据，数据按每个月的支出以规定格式编写好文本文件；

（2）计算每个学生的平均月支出；

（3）找出月支出最大的金额以及对应的学生；

（4）对平均月支出排序，输出结果。

以上 2 道题目的技术要求：以软件工程的视角完成从需求到编码的全过程。

附录 I ASCII 码表

字符	码值	字符	码值	字符	码值	字符	码值	字符	码值
NUL	00	SUB	26	4	52	N	78	h	104
SOH	01	ESC	27	5	53	O	79	i	105
STX	02	FS	28	6	54	P	80	j	106
ETX	03	GS	29	7	55	Q	81	k	107
EOT	04	RS	30	8	56	R	82	l	108
END	05	US	31	9	57	S	83	m	109
ACK	06	空格	32	:	58	T	84	n	110
BEL	07	!	33	;	59	U	85	o	111
BS	08	”	34	<	60	V	86	p	112
HT	09	#	35	=	61	W	87	q	113
LF	10	$	36	>	62	X	88	r	114
VT	11	%	37	?	63	Y	89	s	115
FF	12	&	38	@	64	Z	90	t	116
CR	13	’	39	A	65	[	91	u	117
SO	14	(	40	B	66	\	92	v	118
SI	15	)	41	C	67	]	93	w	119
DLE	16	*	42	D	68	^	94	x	120
DC1	17	+	43	E	69	-	95	y	121
DC2	18	,	44	F	70	`	96	z	122
DC3	19	-	45	G	71	a	97	{	123
DC4	20	.	46	H	72	b	98	|	124
NAK	21	/	47	I	73	c	99	}	125
SYN	22	0	48	J	74	d	100	~	126
ETB	23	1	49	K	75	e	101		
CAN	24	2	50	L	76	f	102		
EM	25	3	51	M	77	g	103		

注：表中码值为 01 ~ 31 的字符主要用于信息处理交换，其余为可显示部分。

附录 II　C 语言常用库函数

C 语言系统提供了丰富的标准库函数。本附录列出一些 C 语言常用的库函数，并对每个函数的功能做简单的介绍，如果想了解更详细的资料，请查阅 C 语言函数使用手册。

1. 数学函数

使用数学函数，应包含头文件 math.h。

函数名	函数类型与形参类型	功　能	返回值
acos	double acos(x) double x;	计算 arccos(x)值 要求：$-1 \leqslant x \leqslant 1$	arccos(x)值
asin	double asin(x) double x;	计算 arcsin(x)值 要求：$-1 \leqslant x \leqslant 1$	arcsin(x)值
atan	double atan(x) double x;	计算 arctan(x)值	arctan(x)值
atan2	double atan2(x,y) double x，y;	计算 arctan(x/y)值	arctan(x/y)值
cos	double cos(x) double x;	计算 cos(x)值 要求：x 的单位为弧度	cos(x)值
cosh	double cosh(x) double x;	计算双曲余弦 cosh(x)值	双曲余弦 cosh(x)值
exp	double exp(x) double x;	计算 e^x 值	e^x 值
fabs	double fabs(x) double x;	计算 x 的绝对值	x 的绝对值
floor	double floor(x) double x;	求不大于 x 的最大整数部分，并以双精度实型返回该整数部分	返回整数部分
frexp	double frexp(val,eptr) double val; int *eptr;	将双精度数 val 表示成以 2 为底的指数形式，即 $val=p\times2^n$。其中 $0.5\leqslant p<1$，n 存放在 eptr 指向的整型变量中	返回数字部分 p $0.5\leqslant p<1$
fmod	double fmod(x,y) double x，y;	求整除 x/y 的余数，并以双精度实型返回该余数	返回 x/y 的余数
log	double log(x) double x;	计算自然对数 ln(x)值 要求：x>0	ln(x)值

续表

函数名	函数类型与形参类型	功　能	返回值
log10	double log10(x) double x；	计算常用对数值 $\log_{10}(x)$ 要求：x>0	$\log_{10}(x)$值
modf	dooble modf(val,iptr) double val； double *iptr；	将双精度数分解为整数部分和小数部分。小数部分作为函数返回值；整数部分存放在 iptr 指向的双精度型变量中	val 的小数部分
pow	double pow(x,y) double x，y；	计算 x^y 值	返回 x^y 值
sin	double sin(x) double x；	计算 sin(x)值 要求：x 的单位为弧度	sin(x)值
sinh	double sinh(x) double x；	计算双曲正弦 sinh(x)值	双曲正弦 sinh(x)值
sqrt	double sqrt(x) double x；	计算 x 的平方根	x 的平方根值
tan	double tan(x) double x；	计算正切值 tan(x) x 的单位为弧度	tan(x)的值
tanh	double tanh(x) double x;	计算 x 的双曲正切值 tanh(x)	双曲正切值 tanh(x)

2. 输入／输出函数

使用输入／输出函数，应包含头文件 stdio.h。

函数名	函数类型与形参类型	功　能	返回值
clearerr	void clearerr(fp) FILE *fp；	清除文件指针错误	无
close	int close(fp) FIIE *fp；	关闭 fp 指向的文件	若关闭成功，则返回 0，否则返回–1
creat	int creat(filename,mode) char *filename； int mode：	以 mode 指定的方式建立名为 filename 的文件	若成功则返回正数，否则返回–1
eof	int eof(fd) int fd;	判断是否处于文件结束	遇到文件结束返回 1，否则返回 0
fclose	int fclose(fp) FILE *fp；	关闭 fp 指向的文件，释放文件缓冲区	关闭成功则返回 0，否则返回非零值
feof	int feof(fp) FILE *fp；	检查 fp 所指的文件是否结束	遇文件结束符返回非零值，否则返回 0

续表

函数名	函数类型与形参类型	功　能	返回值
fgetc	int fgetc(fp) FILE *fp;	从 fp 所指的文件中取得下一个字符	返回所得到的字符，若读入出错返回 EOF
fgets	int *fgets(buf,n,fp) char *buf; int n; FILE *fp;	从 fp 所指的文件读取一个长度为(n–1)的字符串，存入起始地址 buf 的空间	若成功，返回地址 buf，若遇到文件结束或出错返回 NULL
fopen	FILE *fopen (filename,mode) char *filename,mode;	以 mode 指定的方式打开名为 filename 的文件	若成功则返回一个文件指针（即文件信息区的起始地址）；否则返回 0
fprintf	int fprintf(fp,format,args,…) FILE *fp; char *format; args 为表达式	把 args 的值以 format 指定的格式输出到 fp 所指定的文件中	返回实际输出的字符数
fputc	int fputc(ch,fp) char ch；FILE *fp;	将字符 ch 输出到 fp 所指向的文件中	若成功，则返回该字符，否则返回 EOF
fputs	int fputs(str,fp) char *str; FILE *fp;	将 str 所指向的字符串输出到 fp 所指向的文件中	若成功，则返回 0，否则返回非 0
fread	int fread(ptr,size,n,fp) char *ptr; unsigned size,n; FILE *fp;	从 fp 指定的文件中读取长度为 size 的 n 个数据项，存到 ptr 指向的内存区	返回所读的数据项个数，如遇文件结束或出错返回 0
fscanf	int fscanf(fp,format,args,⋯) FILE *fp; char *format; args 为指针	从 fp 指定的文件中按 format 给定的格式将输入数据送到 args 所指向的内存单元	返回已输入的数据个数
fseek	int fseek(fp,offset,base) FILE *fp; long offset; int base;	将 fp 指向的文件的位置指针移到以 base 所指出的位置为基准、以 offset 为位移量的位置	若成功返回当前位置，否则返回–1
ftell	long ftell(fp) FILE *fp;	返回 fp 所指向的文件中的读写位置	返回 fp 所指向的文件中的读写位置
fwrite	int fwrite(ptr，size，n，fp) char *ptr; unsigned size，n; FILE *fp;	从 ptr 所指向的 n*size 个字节输出到 fp 所指向的文件中	返回写到文件中的数据项个数

续表

函数名	函数类型与形参类型	功　能	返回值
getc	int getc(fp) FILE *fp;	从 fp 所指向的文件中读取一个字符	若成功则返回所读取的字符，若文件结束或出错则返回 EOF
getchar	int getchar()	从标准输入设备读取一个字符	若成功则返回所读取的字符，若文件结束或出错则返回–1
gets	char *gets(str) char *str;	从标准输入设备读取字符串，存入由 str 指向的字符数组中	成功则返回 str，否则返回 NULL
getw	int getw(fp) FILE *fp;	从 fp 所指向的文件中读取一个字	若成功则返回所读取的字（整数），若文件结束或出错则返回–1
open	int open(filename,mode) char *filename; int mode:	以 mode 指定的方式打开已存在的名为 filename 的文件	若成功则返回文件号；否则返回–1
printf	int printf(format,args,…) char *format; args 为表达式	将输出列表 args 的值输出到标准输出设备	若出错则返回负数；成功则返回输出字符串的个数
putc	int putc(ch,fp) char ch; FILE *fp;	把一个字符 ch 输出到 fp 所指向的文件中	返回输出的字符 ch，若出错则返回 EOF
putchar	int putchar(ch) char ch;	把字符 ch 输出到标准输出设备	返回输出的字符 ch，若出错则返回 EOF
puts	int puts(str) char *str;	把 str 指向的字符串输出到标准输出设备，将'\0'转换为回车换行	返回换行符。若失败则返回 EOF
putw	int putw(w,fp) int w; FILE *fp;	将一个整数 w（即一个字）写到 fp 所指向的文件中	返回输出的整数，若出错则返回 EOF
read	int read(fd,buf,count) int fd; char *buf; unsigned count;	从文件号 fd 所指示的文件中读取 count 个字节到由 buf 指示的缓冲区中	返回真正读取的字节数；若遇文件结束返回 0，若出错返回–1
rename	int rename(oldname,newname) char *oldname; char *newname;	把由 oldname 所指的文件名改为由 newname 所指的文件名	若成功则返回 0，否则返回–1

续表

函数名	函数类型与形参类型	功　能	返回值
remove	int remove(fname) char * fname；	删除以 fname 为文件名的文件	若成功则返回 0，否则返回–1
rewind	void rewind(fp) FILE *fp；	将 fp 指示的文件中的位置指针置于文件开头位置，并清除文件结束标志和错误标志	无
scanf	int scanf(format，args，…) char * format； args 为指针	从标准输入设备按 format 指向的格式字符串规定的格式，输入数据给 args 所指向的内存单元	返回读入并赋给 args 的数据个数。若遇文件结束则返回 EOF，若出错则返回 0
sscanf	int sscanf(buf,format,args,…) char *format； char *buf； args 为指针	按 format 规定的格式，从 buf 指向的数组中读入数据给 args 所指向的单元（args 为指针）	返回值为实际赋值的个数；若返回 0，则无任何字段被赋值；若返回 EOF，则要从字符串尾读
write	int write(fd,buf,size) int fd；　char *buf； unsigned int size；	把 buf 指向的缓冲区中 size 个字节写到 fd 文件中	返回实际写出的字节数。若出错返回–1

3. 字符函数与字符串函数

使用以下函数，应包含头文件 string.h。

函数名	函数类型与形参类型	功　能	返回值
isalnum	int isalnum(ch) int ch；	检查 ch 是否是字母或数字	若是则返回 1；否则返回 0
isalpha	int isalpha(ch) int ch；	检查 ch 是否是字母	若是则返回 1；否则返回 0
iscntrl	int iscntrl(ch) int ch；	检查 ch 是否是控制字符（其 ASCII 码在 0 和 0x1F 之间）	若是则返回 1；否则返回 0
isdigit	int isdigit(ch) int ch；	检查 ch 是否是数字	若是则返回 1；否则返回 0
isgraph	int isgraph(ch) int ch；	检查 ch 是否是可打印字符（其 ASCII 码在 0x21 和 0x7E 之间）	若是则返回 1；否则返回 0
islower	int islower(ch) int ch；	检查 ch 是否是小写字母（a ~ z）	若是则返回 1；否则返回 0
isprint	int isprint(ch) int ch；	检查 ch 是否是可打印字符（包括空格。即 ASCII 码在 0x20 和 0x7E 之间）	若是则返回 1；否则返回 0

续表

函数名	函数类型与形参类型	功　能	返回值
ispunct	int ispunct(ch) int ch;	检查 ch 是否是标点字符（不包括空格）	若是则返回 1；否则返回 0
isspace	int isspace(ch) int ch;	检查 ch 是否是空格、跳格符（即制表符）或换行符	若是则返回 1；否则返回 0
isupper	int isupper(ch) int ch;	检查 ch 是否是大写字母（A ~ Z）	若是则返回 1：否则返回 0
isxdigit	int isxdigit(ch) int ch;	检查 ch 是否是一个 16 进制数字字符（即 0 ~ 9 或 A ~ F 或 a ~ f）	若是则返回 1：否则返回 0
memchr	void memchr(buf,ch,count) void *buf; int ch; unsigned int count;	在 buf 的头 count 个字符里搜索 ch 的第一次出现的位置	返回指向 buf 中 ch 第一次出现的位置的指针；如果没有发现 ch，返回 NULL
memcmp	int memcmp(buf1,buf2,count) void *buf1; void *buf2; unsigned int count;	按字典顺序比较由 buf1 和 buf2 指向的数组的头 count 个字符	buf1 小于 buf2，返回小于 0 的整数；buf1 等于 buf2，返回 0；buf1 大于 buf2，返回大于零的整数
memcpy	void * memcpy(to,from,count) void *to; void *from; unsigned int count;	把 from 指向的数组中的 count 个字符复制到 to 指向的数组中	返回指向 to 的指针
strcat	char *strcat(str1, str2) char *str1, *str2;	把字符串 str2 接到 str1 的后面，原 str1 最后的'\0'被取消	返回指向 str1 的指针
strchr	char *strchr(str,ch) char *str; int ch;	在 str 指向的字符串中找出第一次出现字符 ch 的位置	返回指向该位置的指针；若找不到则返回空指针
strcmp	int strcmp(str1,str2) char *str1,*str2;	比较两个字符串	若 str1<str2 则返回负数；若 str1=str2 则返回 0；若 str1>str2 则返回正数
strcpy	char *strcpy(str1,str2) char *str1,*str2;	把 str2 指向的字符串复制到 str1 中	返回 str1 的指针
strlen	unsigned int strlen(str) char *str;	统计字符串 str 中字符的个数（不包括终止符'\0'）	返回字符个数
strstr	char *strstr(str1,str2) char *str1,*str2;	找出字符串 str2 在字符串 str1 中第一次出现的位置（不包括 str2 的终止符）	返回该位置的指针；若找不到则返回空指针
tolower	int tolower(ch) int ch;	将字符 ch 转换为小写字母	返回 ch 所代表的小写字母
toupper	int toupper(ch) int ch;	将字符 ch 转换为大写字母	返回 ch 所代表的大写字母

4. 动态分配存储空间函数

使用以下函数，应包含头文件 stdlib.h。

函数名	函数类型与形参类型	功　能	返回值
calloc	void(或 char) * calloc(n,size) unsigned n，size；	分配 n 个数据项的内存连续空间，每个数据项的大小为 size	返回分配内存空间的起始地址；若分配失败，则返回 0
free	void free(p) char * p；	释放 p 所指的内存区	无
malloc	void(或 char) * malloc(size) unsigned size；	分配 size 字节的存储区	返回分配内存空间的起始地址；若分配失败，则返回 0
realloc	void(或 char)*realloc(p，size) void(或 char) * p； unsigned size；	将 p 所指出的已分配内存区的大小改为 size。size 可以比原来分配的空间大或小	返回指向该内存区的指针

5. 接口库函数

使用接口函数，应包含头文件 dos.h。

函数名	函数类型与形参类型	功　能	返回值
bdos	int bdos(dosfun,dosdx,dosal) int dosfun； unsigned dosdx； unsigned dosal；	根据 dosfun 的值使用 PC-DOS 的系统调用。把 dosdx 的值存入 DX 寄存器，把 dosal 的值存入 AL 寄存器。然后执行 INT 21H 指令。dosfun 的定义在 MS-DOS 程序员手册中	返回 AX 寄存器的值。若失败，返回–1
getdate	void getdate(dateblk) struct date * dateblk；	把系统当前日期填入 dateblk 所指向的结构 date 中，date 结构如下： struct date{ int da_year； char da_day； char da_mon；}	无

续表

函数名	函数类型与形参类型	功　能	返回值
getfat	void getfat(drive,fatblkp) int drive; struct fatinfo * fatblkp;	取回 drive 指定的驱动器文件分配表信息（0：缺省；1：A；2：B；等）。fathlkp 指向将要填入的 fatinfo(文件分配表信息)结构。 f atlnfo 结构定义如下： struct fatinfo{ char fi_sclus；/*每簇扇区数*, char fi_fatid；/*FAT ID 信息*/ int fi_clus；/*簇数*/ int fi_bysec；/*每扇区字节数*/}	
getftime	int getftime(handle,ftimep) int handle; struct time * ftimep;	取已打开的 handle 所对应的磁盘文件的文件时间和日期，并放入由 ftimep 所指的 time 结构中。 time 结构定义如下： struct time{ unsigned ft_sec：5; unsigned ft_min：6; unsigned ft_hour：5; unsigned ft_day：5; unsigned ft_month：4; unsigned ft_year：7；}	成功，返回 0。如果出错，则返回–1，并将全程变量度 errno 置成如下之一： EINVFNC 无效的函数号 EBADF 无效文件号
inport	int inport(port); int port;	从 port 指定的输入端口读入一个字	返回所读的值
inportb	int inportb(port); int port;	inportb 是一个宏。从 port 指定的输入端口读入一个字节	返回所读的值
int86	Int int86(int_num,inregs,outregs); int int_num; union REGS * inregs,outregs;	执行由 int_num 指定的 8086 软中断共用体 inregs 的值先被放到寄存器中，然后再执行中断。当 CPU 从中断返回值，把寄存器的值放到 outregs 中。构造体 REGS 在头文件中定义	返回 AX 的值
intdos	int intdos(inregs,outregs); union REGS inregs; union REGS outregs;	根据 inregs 指向的内容使用 PC-DOS 的系统调用。操作结果放在 outregs 指向的共用体中。实际上这个函数执行了 DOS 中断 0x21 来调用指定的 DOS 功能	返回 AX 寄存器的值

续表

函数名	函数类型与形参类型	功　能	返回值
keep	void keep(status,size) int status； int size；	返回 MS-DOS 并把出口状态保存在 status 中，当前程序仍驻留在内存中，程序所占的存储空间为 size，内存其余部分被释放	无
outp	void outp(port,value) int port； int value；	outp 是一个宏，向 port 指向的输出端口输出一个 value 给出的字	无
outport	void outport(port,word) int port； int word；	向 port 指向的输出端口输出一个由 word 给出的字	无
outportb	void outportb(port,byte) int port；char byte；	outportb 是一个宏，向 port 指向的输出端口输出 byte 给出的字节	无
peek	int peek(segment,offset) int segment； unsigned offset；	检查由 segment：offset 定址的存储器单元，若调用时包含了 dos. h 头文件，则 peek 被当作宏对待，若不包含头文件，则得到函数而不是宏	返回存储器地址，segment：offset 中的值，返回一个字
peekb	int peekb(segment,offset) int segment； unsigned offset；	检查由 segment：offset 定址的存储器单元，若调用时包含了 dos. h 头文件，则 peekb 被当作宏对待，若不包含 dos. h 头文件。则得到的是函数而不是宏	返回存储器地址。 segment：offset 中的值，返回一个字节
poke	void poke(segment,offset,value) int segment； int offset；int value；	把整数 value 存到存储单元 segment：offset 处。调用 poke 时，若包含了 dos.h 头文件，则可作为宏；否则，将得到函数	无
pokeb	void pokeb(segment,offset,value) int segment； int offset；char value；	把一个字节 value 的内容存到存储单元 segment：offset 处。调用 pokeb 时，若包含了 dos. h 头文件，则可做为宏；否则，将得到函数	无
randbrd	int randbrd(fcbptr,recent) struct fcb * fcbptr； int recent；	由 fcbptr 所指的打开的 FCB 读 recent 个记录。记录被读到当前磁盘传输地址所在的存储区，通过 DOS 系统调用 0x27 实现	0 所有记录被读 1 到达文件结尾，最后一个记录读完成 2 读入的记录在 0xFFFF 处被覆盖 3 到达文件尾，但最后一条记录未完成

续表

函数名	函数类型与形参类型	功　能	返回值
randbwr	int randbwr(fcbptr,reccnt) struct fcb *fcbptr; int reccnt;	向由 fcbptr 所指的打开的 FCB 所确定的随机记录域写数据，由 DOS 系统调用 0x28 实现	0 所有记录被写 1 没有足够的磁盘空间
segread	void segread(segtbl) struct SRECS *segtbl;	把段寄存器的当前值放到 segtbl 所指的结构中	无
setdate	void setdate(dateblk) struct date * dateblk;	设置系统日期（月，日，年）为 dateblk 所指的 date 结构的值。date 结构说明见 getdate	无
sleep	unsigned sleep(seconds); unsigned seconds;	调 sleep 时，当前程序暂停执行，挂起由参数 seconds 指示的秒数	无
sound	void sound(frequency) unsigned frequency;	按给定的频率打开 PC 扬声器，frequency 是以赫兹为单位的频率。调用 sound 之后想关闭扬声器可用 nosound 函数	无

6. 字符屏幕控制函数

字符屏幕控制函数为用户设计并实现美观清晰的显示画面、方便地控制 PC 字符显示提供了支持。字符屏幕控制函数提供了显示颜色、显示方式以及向固定位置输出等功能。

使用字符屏幕控制函数，应包含头文件 conio.h。

函数名	函数类型与形参类型	功　能	返回值
clreol	void clreol(void);	在当前文本窗口中将从光标位置到行末的所有字符清除，光标保持不动	无
clrscr	void clrscr(void);	清除当前窗口，并将光标移至左上角，即位置(1,1)	无
delline	void delline(void);	删除光标所在的那一行，并把以下各行上移一行。它在当前激活的文本窗口中操作	无
gettext	int gettext(left,top,right,bottom,destin); int left,top,right,bottom; void * destin;	把屏幕上由 left，top，right 和 bottom 定义的矩形区域的内容存入由 destin 所指的内存区域	成功，返回 1 失败，返回 0

续表

函数名	函数类型与形参类型	功　能	返回值
gettextinfo	void gettextinfo(inforec) struct text_info *inforec；	将当前文本显示信息填入 inforec 所指的 text_info 结构中 text_info 结构在 conio.h 中定义，其结构如下： struct text_info{ unsigned char winleft；/*左窗口坐标*/ unsigned char wintop；/*顶窗口坐标*/ unsigned char winright；/*右窗口坐标*/ unsigned char winbottom；/*底窗口坐标*/ unsigned char attribute；/*正文属性*/ unsigned char normatter；/*正常属性*/ unsigned char currmode； /*BW40,BW80,C40,or C80 */ unsigned char screenhight；/*由底向上*/ unsigned char screenwidth；/*从左到右*/ unsigned char curx；/*当前窗口 X 坐标*/ unsigned char cury；}/*当前窗口 Y 坐标*/	无
gotoxy	void gotoxy(x,y)； int x，y；	在当前文本窗口中移动光标到指定的位置，如果坐标无效，则对 gotoxy 的调用不起作用	无
highvideo	void highvideo(void)；	通过设置当前选择的前景颜色的高亮度位来选择高亮度字符	无
insline	void insline(void)；	用当前文本背景颜色，在文本窗口的光标位置处插入一空行。空行下面的所有各行都下移一行，底行滚出窗口底部	无
lowvideo	void lowvideo(void)	通过清除当前所选择的前景颜色高度位来选择低亮度字符	无
movetext	int movetext(left, top, right,bottom,newleft, newtop)； int left,top,right,bottom; int newleft, newtop；	把由 left，top，right，bottom 所定义的屏幕矩形区的内容复制到一个新的具有相同尺寸的矩形区。新矩形区的左上角位置由(newleft，newtop)确定。所有坐标均是绝对屏幕坐标	成功返回 1 失败返回 0
normvideo	void normvideo(void)；	在程序启动后，通过将正文属性（前景和背景）返回它所含的值来选择标准字符	无
puttext	int puttext(left,top, right,bottom,soure)； int left,top,right, bottom,；void *soure；	将 soure 指向的内存区域的内容写入由 left，top，right 和 bottom 定义的屏幕上矩形区，所有的坐标都是绝对的屏幕坐标	成功返回 1， 失败返回 0

续表

函数名	函数类型与形参类型	功　能	返回值
textattr	void textattr(attribute);	对 textattr 的一次调用就可以设置前景和背景颜色。该函数不影响当前在屏幕上的任何字符，只影响那些在该函数被调用后由直接控制台输出函数显示的字符。参数 attribute 中颜色信息编码如下： 7 6 5 4 │ 3 2 1 0 B b b b │ f f f f 在这个 8 位参数中， ffff 是 4 位前景颜色(0~15), bbb 是 3 位背景颜色(0~7), B 是闪烁允许位	无
textbackground	void textbackground(color); int color;	选择背景正文颜色，color 是 0~7 的整型数，颜色值也可使用在 conio. h 中定义的符号常量颜色的符号常量相应的数值对照如下表： 符号常量　数值　前景/背景 BLACK　0　前、背 BLUE　1　前、背 GREEN　2　前、背 CYAN　3　前、背 RED　4　前、背 MAGENTA　5　前、背 BROWN　6　前、背 LIGHTGRAY　7　前、背 DARKGRAY　8　前 LIGHTBLUE　9　前 LIGHTGREEN　10　前 LIGHTCYAN　11　前 LIGHTRED　12　前 LIGHTMAG ENTA　13　前 YELLOW　14　前 WHITE　15　前 BLANK　128　前 对前景颜色加 128，就可使字符闪烁，预定义常量 BLANK 就是为此目的而设置的	无

续表

函数名	函数类型与形参类型	功　能	返回值
textcolor	void textcolor(color) int color;	选择前景字符颜色，颜色值由 color 确定，color 是 0~15 的整型数，颜色的符号常量及数值对应关系见 textbackground	无
textmode	void textmode(mode) int mode;	通过使用枚举类型 text_modes 的符号常量（在 conio.h 中定义）给出文本模式（参数 mode），使用这些常量时，必须使用#include<conio．h> text_modes 类型常量、数值和指定模式如下表： 符号常量　数值　正文模式 LAST　–1　原文本模式 BW40　0　黑白，40 列 C40　1　彩色，40 列 BW80　2　黑白，80 列 C80　3　彩色，80 列 MONO　7　单色，80 列	无
wherex	int wherex(void);	返回当前光标位置（在当前正文窗口中）的 X 坐标	1~80 的一个整数
wherey	int wherey(void);	返回当前光标位置（在当前正文窗口中）的 Y 坐标	1~25 的一个整数
window	void window(left，top，right，bottom); int left,top; int right，bottom;	在屏幕上定义一窗口，左上角坐标是(left，top)，右下角坐标是(right，bottom)，正文窗口的最小尺寸是一行、一列，标准窗口是全屏幕。如果坐标非法，则对窗口的调用不起作用	无

附录 III Visual C++ 6.0 编译 C 语言程序常见错误信息

程序代码编写完成后，在程序的编译、链接和运行过程中，会出现各种错误信息，在 VC++ 的帮助文档中，有关于各种错误的详细说明，为了便于查阅，下面列出初学者在学习和使用 C 语言时出现的一些常见的编译错误信息，并指出可能的错误原因。

VC++6.0 编译出错时会指示出程序错误的位置，鼠标双击出错信息行，就可以实现错误的定位。编译错误信息一般以 C 开头（如 C2001 等），链接阶段的错误信息以 LNK 开头。

一、编译错误

1．fatal error C1003：error count exceeds number; stopping compilation

错误计数超过 number 正在停止编译。程序中的错误太多，无法恢复，编译器必须终止，需要修改错误，并再次编译。

2．fatal error C1004：unexpected end of file found

遇到意外的文件结束，一个函数或者一个结构定义缺少“}”，或者在一个函数调用或表达式中括号没有配对出现，或者注释符“/*…*/”不完整等。

3．fatal error C1083：Cannot open include file: 'xxx': No such file or directory

无法打开头文件 xxx：。没有这个文件或路径、头文件不存在、头文件拼写错误或者文件为只读。

4．error C2001：newline in constant

在常量中出现了换行，字符串常量不能在多行书写。

5．error C2006：#include expected a filename, found 'identifier'

#include 命令中需要文件名，一般是头文件未用一对双引号或尖括号括起来，如“#include stdio.h”。

6．error C2007：#define syntax

#define 语法错误，如“#define”后缺少宏名。

7．error C2008：'xxx' : unexpected in macro definition

宏定义时出现了意外的 xxx，宏定义时宏名与替换串之间应有空格，如“#define TRUE"1"”。

8．error C2009：reuse of macro formal 'identifier'

带参宏的形式参数重复使用，宏定义如果有参数时不能重名，如“#define s(a,a) (a*a)”中参数 a 重复。

9．error C2010：'character' : unexpected in macro formal parameter list

带参宏的形式参数表中出现未知字符，如“#define s(r|) r*r”中参数多了一个字符'|'。

10．error C2014：preprocessor command must start as first nonwhite space

预处理命令前面只允许空格，每一条预处理命令都应独占一行，不应出现其他非空格字符。

11．error C2015：too many characters in constant

常量中包含多个字符，字符型常量的单引号中只能有一个字符，或是以“\”开始的一个转义字符，如“char error = 'error';”。

12．error C2017：illegal escape sequence

转义字符非法，一般是转义字符位于 ' ' 或 " " 之外，如“char error = ' '\n;”。

13．error C2018：unknown character '0xhh'

未知的字符 0xhh，一般是输入了中文标点符号，如“char error = 'E';”，其中“;”为中文标点符号。

14．error C2019：expected preprocessor directive, found 'character'

期待预处理命令，但有无效字符，一般是预处理命令的#号后误输入其他无效字符，如“ #!define TRUE 1”。

15．error C2041：illegal digit 'x' for base 'n'

对于 n 进制来说，数字 x 非法。一般是八进制或十六进制数表示错误，如“int i = 081;”语句中数字“8”不是八进制的基数。

16．error C2048：more than one default

default 语句多于一个，switch 语句中只能有一个 default，删去多余的 default。

17．error C2050：switch expression not integral

switch 表达式不是整型的，switch 表达式必须是整型（或字符型），如“switch ("a")”中表达式为字符串，这是非法的。

18．error C2051：case expression not constant

case 表达式不是常量，case 表达式应为常量表达式，如“case "a"”中“"a"”为字符串，这是非法的。

19．error C2052：'type' : illegal type for case expression

case 表达式类型非法，case 表达式必须是一个整型常量（包括字符型）。

20．error C2057：expected constant expression

期待常量表达式，一般是定义数组时数组长度为变量，如“int n=10; int a[n];”中 n 为变量，这是非法的。

21．error C2058：constant expression is not integral

常量表达式不是整数，一般是定义数组时数组长度不是整型常量。

22．error C2059：syntax error : 'xxx'

‘xxx’语法错误，引起错误的原因很多，可能多加或少加了符号 xxx。

23．error C2078：too many initializers

初始值过多，一般是数组初始化时初始值的个数大于数组长度，如“int b[2]={1,2,3};”。

24．error C2082：redefinition of formal parameter 'xxx'

重复定义形式参数 xxx，函数首部中的形式参数不能在函数体中再次被定义。

25．error C2084：function 'xxx' already has a body

已定义函数 xxx，在 VC++早期版本中函数不能重名，6.0 版本中支持函数的重载，函数名可以相同但参数不一样。

26．error C2086：'xxx' : redefinition

标识符 xxx 重定义，变量名、数组名重名。

27．error C2087：'<Unknown>' : missing subscript

下标未知，一般是定义二维数组时未指定第二维的长度，如“int a[3][];”。

28．error C2100：illegal indirection

非法的间接访问运算符“*”，对非指针变量使用“*”运算。

29．error C2105：'operator' needs l-value

操作符需要左值，如“(a+b)++;”语句，“++”运算符无效。

30．error C2106：'operator': left operand must be l-value

操作符的左操作数必须是左值，如“a+b=1;”语句，“=”运算符左值必须为变量，不能是表达式。

31．error C2110：cannot add two pointers

两个指针量不能相加，如“int *pa,*pb,*a; a = pa + pb;”中两个指针变量不能进行“+”运算。

32．error C2117：'xxx' : array bounds overflow

数组 xxx 边界溢出，一般是字符数组初始化时字符串长度大于字符数组长度，如“char str[4] = "abcd";”。

33．error C2118：negative subscript or subscript is too large

负下标，定义数组大小的值大于数组大小的最大值或小于 0。

34．error C2124：divide or mod by zero

被 0 除或对 0 求余，如“int i = 1 / 0;”除数为 0。

35．error C2133：'xxx' : unknown size

数组 xxx 长度未知，一般是定义数组时未初始化也未指定数组长度，如“int a[];”。

36．error C2137：empty character constant。

字符型常量为空，一对单引号“''”中不能没有任何字符。

37．error C2146：syntax error : missing 'token1' before identifier 'identifier'

在标识符或语言符号 2 前漏写语言符号 1，可能缺少“{”、“)”或“;”等语言符号。

38．．error C2144：syntax error : missing ')' before type 'xxx'

在 xxx 类型前缺少“)”，一般是函数调用时定义了实参的类型。

39．error C2181：illegal else without matching if

非法的没有与 if 相匹配的 else，可能多加了“;”或复合语句没有使用“{}”。

40．error C2196：case value '0' already used

case 值 0 已使用，case 后常量表达式的值不能重复出现。

41．error C2297：'%' : illegal, right operand has type 'float'

%运算的右（左）操作数类型为 float，这是非法的，求余运算的对象必须均为 int 类型，应正确定义变量类型或使用强制类型转换。

42．error C2371：'xxx' : redefinition; different basic types

标识符 xxx 重定义；不同的基类型，已经声明该标识符。

43．error C2440：'=' : cannot convert from 'char [2]' to 'char'

赋值运算，无法从字符数组转换为字符，不能用字符串或字符数组对字符型数据赋值，更一般的情况，类型无法转换。

44．error C2448：'<Unknown>' : function-style initializer appears to be a function definition

函数样式初始值设定项类似函数定义，函数定义不正确，函数首部的“( )”后多了分号或者采用了老式的 C 语言的形参表。

45．error C2450：switch expression of type 'xxx' is illegal

“xxx”类型的 switch 表达式是非法的，switch 表达式计算为无效类型。它必须计算为 integer 类型，或具有到 integer 类型的明确转换的类型。如果它计算为用户定义的类型，则必须提供转换运算符。

46．error C2466：cannot allocate an array of constant size 0

不能分配长度为 0 的数组，错误原因一般是定义数组时数组长度为 0。

47．error C2601：'xxx' : local function definitions are illegal

函数 xxx 定义非法，一般是在一个函数的函数体中定义另一个函数。

48．error C2632：'type1' followed by 'type2' is illegal

类型 1 后紧接着类型 2，这是非法的，如“int float i;”语句。

49．error C2660：'xxx' : function does not take n parameters

函数 xxx 不能带 n 个参数，调用函数时实参个数不对，如“sin(x,y);”。

50．error C2664：'xxx' : cannot convert parameter n from 'type1' to 'type2'

函数 xxx 不能将第 n 个参数从类型 1 转换为类型 2，一般是函数调用时实参与形参类型不一致。

51．error C2676：binary '>>' : 'class ostream_withassign' does not define this operator or a conversion to a type acceptable to the predefined operator

“>>”、运算符使用错误，如“cin<<x; cout>>y;”。

52．error C4716：'xxx' : must return a value

函数 xxx 必须返回一个值，仅当函数类型为 void 时，才能使用没有返回值的返回命令。

二、链接错误

1．fatal error LNK1104：cannot open file "Debug/Cpp1.exe"

无法打开文件 Debug/Cpp1.exe，需要重新编译链接。

2．fatal error LNK1168：cannot open Debug/Cpp1.exe for writing

不能打开 Debug/Cpp1.exe 文件，以改写内容。一般是 Cpp1.exe 还在运行，未关闭。

3．fatal error LNK1169：one or more multiply defined symbols found

出现一个或更多的多重定义符号。一般与 error LNK2005 一同出现。

4．error LNK2001：unresolved external symbol _main

未处理的外部标识 main，一般是 main 拼写错误，如“void mian()”。

5．error LNK2005：_main already defined in Cpp1.obj

main 函数已经在 Cpp1.obj 文件中定义，未关闭上一程序的工作空间，导致出现多个 main 函数。

三、编译警告

1．warning C4003：not enough actual parameters for macro 'xxx'

宏 xxx 没有足够的实参，一般是带参宏展开时未传入参数。

2．warning C4067：unexpected tokens following preprocessor directive - expected a newline

预处理命令后出现意外的符号 - 期待新行，“#include<iostream.h>;”命令后的“;”为多余的字符。

3．warning C4091：ignored on left of 'type' when no variable is declared

当没有声明变量时忽略类型说明。

例如，语句“int ;”未定义任何变量，不影响程序执行。

4．warning C4101: 'xxx' : unreferenced local variable

变量 xxx 定义了但未使用，去掉该变量的定义，不影响程序执行。

5．warning C4244：'=' : conversion from 'type1' to 'type2', possible loss of data

赋值运算，从数据类型 1 转换为数据类型 2，可能丢失数据，需正确定义变量类型，数据类型 1 为 float 或 double、数据类型 2 为 int 时，结果有可能不正确，数据类型 1 为 double、数据类型 2 为 float 时，不影响程序结果，可忽略该警告。

6．warning C4305：'initializing' : truncation from 'const double' to 'float'

初始化，截取双精度常量为 float 类型，出现在对 float 类型变量赋值时，一般不影响最终结果。

7．warning C4390：';' : empty controlled statement found; is this the intent?

“;”控制语句为空语句，是程序的意图吗？if 语句的分支或循环控制语句的循环体为空语句，一般是多加了“;”。

8．warning C4508：'xxx' : function should return a value; 'void' return type assumed

函数 xxx 应有返回值，假定返回类型为 void，一般是未定义 main 函数的类型为 void，不影响程序执行。

9．warning C4552：'operator' : operator has no effect; expected operator with side-effect

运算符无效果；期待副作用的操作符，如“i+j;”语句，“+”运算无意义。

10．warning C4553：'==' : operator has no effect; did you intend '='?

“==”运算符无效；是否为“=”？，如“i==j;” 语句，“==”运算无意义。

11．warning C4700：local variable 'xxx' used without having been initialized

变量 xxx 在使用前未初始化，变量未赋值，结果有可能不正确，如果变量通过 scanf 函数赋值，则有可能漏写“&”运算符，或变量通过 cin 赋值，语句有误。

12．warning C4715：'xxx' : not all control paths return a value

函数 xxx 不是所有的控制路径都有返回值，一般是在函数的 if 语句中包含 return 语句，当 if 语句的条件不成立时没有返回值。

13．warning C4723：potential divide by 0

有可能被 0 除，表达式值为 0 时不能作为除数。

14．warning C4804：'<' : unsafe use of type 'bool' in operation

“<”：不安全的布尔类型的使用，如关系表达式“0<=x<10”有可能引起逻辑错误。

参考文献

[1] 韩增红，王冬梅. C 语言程序设计. 北京：人民邮电出版社，2009.

[2] 谭浩强. C 程序设计（第三版）. 北京：清华大学出版社，2006.

[3] Eric S.Roberts. The Art and Science of C. 北京：机械工业出版社，2006.

[4] 张海藩. 软件工程导论（第 5 版）. 北京：清华大学出版社，2008.

[5] 苏长龄，韩增红. C/C++程序设计教程. 长春：吉林科学技术出版社，2007.

[6] Stephen Prata. C Primer Plus（第 5 版）. 北京：人民邮电出版社，2006.

[7] H.M.Deitel，P.j.Deitel 著. 薛万鹏等译. C 程序设计教程. 北京：机械工业出版社，2005.

[8] 何钦铭，颜晖. C 语言程序设计. 北京：高等教育出版社，2008.

[9] 李明. C 语言程序设计教程. 上海：上海交通大学出版社，2008.

[10] 顾元刚. C 语言程序设计教程. 北京：机械工业出版社，2005.

[11] 林小茶. C 程序设计教程. 北京：清华大学出版社，2005.

[12] 郭翠英. C 语言课程设计案例精编. 北京：中国水利水电出版社，2004.